高｜等｜学｜校｜通｜识｜教｜育｜系｜列｜教｜材

大学计算机基础教程
Windows 7+Office 2016

武云云　熊曾刚　王曙霞　主　编
涂俊英　尹孟嘉　赵　罡　副主编

U0223294

清华大学出版社
北　京

内 容 简 介

"大学计算机基础"是大学新生入校后的第一门计算机课程,也是普通高等学校学生必修的公共基础课程。本书按照高等学校计算机基础课程的教学要求,结合当今最流行的计算机应用技术,汇聚多位作者多年教学实践经验编写而成。

全书共分7章:第1章着重介绍计算机基础知识和计算思维的概念;第2章详述 Windows 7 操作系统的特点、功能和基本操作;第3章介绍计算机网络与网络安全基础;第4~6章分别详述 Office 2016 中 Word、Excel 和 PPT 的特点、功能和基本操作;第7章针对计算机领域的新技术——人工智能、大数据、云计算、物联网做了引导性介绍。

本书适合作为普通高等学校计算机应用基础课程教材,也可用作各类计算机应用培训班、进修班教材以及工程技术人员和其他人员参加各种计算机等级考试的教材和参考资料。

图书在版编目(CIP)数据

大学计算机基础教程：Windows 7＋Office 2016/武云云等主编.—北京：清华大学出版社,2020.9
(2025.1 重印)

高等学校通识教育系列教材

ISBN 978-7-302-56292-4

Ⅰ.①大… Ⅱ.①武… Ⅲ.①Windows 操作系统－高等学校－教材 ②办公自动化－应用软件－高等学校－教材 Ⅳ.①TP3

中国版本图书馆 CIP 数据核字(2020)第 153065 号

责任编辑：刘向威　常晓敏
封面设计：文　静
责任校对：焦丽丽
责任印制：曹婉颖

出版发行：清华大学出版社
　　　　　网　　址：https://www.tup.com.cn,https://www.wqxuetang.com
　　　　　地　　址：北京清华大学学研大厦 A 座　　　　　**邮　　编**：100084
　　　　　社 总 机：010-83470000　　　　　**邮　　购**：010-62786544
　　　　　投稿与读者服务：010-62776969, c-service@tup.tsinghua.edu.cn
　　　　　质量反馈：010-62772015, zhiliang@tup.tsinghua.edu.cn
　　　　　课件下载：https://www.tup.com.cn,010-83470236
印 装 者：三河市龙大印装有限公司
经　　销：全国新华书店
开　　本：185mm×260mm　　　**印　　张**：23　　　　　**字　　数**：559 千字
版　　次：2020 年 9 月第 1 版　　　　　**印　　次**：2025 年 1 月第 14 次印刷
印　　数：30501～32500
定　　价：69.00 元

产品编号：088964-02

前 言

Microsoft Windows 和 Office 为代表的操作系统与办公软件一直是计算机基础教学的重要内容,也是社会计算机类等级考试选择的考试项目。2021 年,全国计算机等级考试中的 MS Office 高级应用将 Windows 7 与 Office 2016 作为指定考试平台。因此,本书以 Windows 7＋Office 2016 为主要平台进行编写。

本书由计算机基础知识与计算思维、Windows 7 操作系统、计算机网络与网络安全基础、Office 2016、计算机新技术等几部分构成。

第 1 章为计算机基础知识,主要介绍计算机发展历史与趋势,计算机特点、分类与应用领域;计算机结构及工作原理、软硬件系统和计算机维护;计算机数制,包含数制间的转换、二进制数的运算及数据与信息的表示。计算思维主要明确科学思维与计算思维的关系,举例说明了蕴藏在计算机学科中的计算思维方式,以及计算思维对其他学科的影响。通过了解和认识计算思维,希望读者可以在计算机相关课程的学习中有意识地培养计算思维,并能有效地将计算思维用在生活中的各个领域。

第 2 章为 Windows 7 操作系统,主要详述 Windows 7 操作系统的版本、特色、配置要求、基本操作。读者通过本章的阅读可以轻松上手 Windows 7 操作系统,熟悉系统中的基本操作、开始菜单、文件管理、控制面板和常用附件等功能。

第 3 章为计算机网络,较系统地介绍了网络的基本概念、体系结构与网络协议,重点介绍了 Internet、浏览器、收发邮件的应用。另外,本书中加重了网络安全的比重,介绍了网络安全的概念、威胁、防范措施、安全常识与网络文明。

第 4～6 章重点讲述 Office 2016,详细介绍了 Office 2016 几个常用软件的使用。Word 2016 介绍了基本的文字编辑,并重点强调大学生常用的长文件排版、目录生成等实用技能的使用;Excel 2016 主要强调表格计算功能,对数据分析等高级应用也进行了初步介绍;PowerPoint 2016 主要介绍了演示文稿设计,幻灯片的制作、美化与播放。

第 7 章关注计算机领域新技术,人工智能、大数据、云计算、物联网等都是目前计算机领域的技术热点,每个热点后面都包含着一个巨大的知识体系。本章仅为大学新生在这些热门领域打开一个新的视野,只针对各技术的定义、发展、关键技术和应用做引导性介绍,有兴趣的读者可通过其他资料系统学习。

本书突出了普及性、实用性、简明性。主要特色是:内容新颖,先进而实用;面向应用,突出操作;知识面齐全,覆盖面宽,符合培养应用型人才的要求。本书主要面向大学新生,除大学生必须具备的计算机基础知识和技能之外,也考虑到了学生参加新版全国计算机等级考试的需要,有意识地强化了相应的知识与技能。

本书由湖北工程学院计算机与信息科学学院多年来一直从事计算机基础教学的团队集

Ⅱ

体编写完成。本书第 1、2、6、7 章由武云云编写，第 3 章由赵罡编写，第 4 章由涂俊英编写，第 5 章由尹孟嘉编写。熊曾刚承担全书内容框架的设计及审核工作，王曙霞完成全书的修改及统稿。本书在编写过程中得到了湖北省高等学校省级教学研究项目"新工科背景下地方高校信息类专业人才培养模式改革与实践(No.2018432)"的立项支持。湖北工程学院教务处和计算机与信息科学学院也对本书的编写提供了帮助，在此表示衷心的感谢。

由于作者水平有限，加之时间紧张，书中难免存在疏漏之处，欢迎广大同行和读者批评指正。

作　者

2020 年 6 月

目 录

第 1 章　计算机基础知识与计算思维

1.1　概　　论

现在,计算机已经渗透到人们日常工作生活的方方面面。人们用计算机编辑文本、浏览网页、传输文件;用平板电脑玩游戏、看电视视频;用手机打电话、发送信息;火箭升空、卫星发射;生产车间智能化、现代化……这些改变都离不开计算机的发展与应用。

1.1.1　计算机发展简史

在人类文明发展的历史过程中,计算工具经历了从简单到复杂、从低级到高级的发展过程。在电子计算机问世之前,结绳计数、算筹、算盘、计算尺、手摇机械计算机与电动机械计算机等在其不同的历史时期发挥了各自的作用,同时也孕育了电子计算机的雏形。

电子计算机是一种能够按照指令对各种数据和信息进行自动加工和处理的电子设备。它是当代社会人们从事生产、科研、生活等活动所使用的一种电子工具,是 20 世纪人类最伟大、最卓越的技术发明之一,它标志着人类开始了一个新的信息革命时代。

1946 年,历史上注册专利的第一台电子数字积分计算机诞生了,它的名字叫埃尼阿克(Electronic Numerical Integrator and Computer,ENIAC),由美国宾夕法尼亚大学莫尔学院的莫奇列(John W. Mauchly)教授等研制成功。由于它是第一台注册专利的电子计算机,因此后人将它公认为第一台计算机。ENIAC 如图 1.1 所示,由 17 468 个电子管、60 000 个电阻器、10 000 个电容器和 6000 个开关组成,重达 30t,占地 167m^2,耗电 174kW,耗资 45 万美元,每秒能运行 5000 次加法运算或是 400 次乘法运算。ENIAC 的诞生为人类开辟了一个崭新的信息时代,具有划时代的意义,是 20 世纪科学技术发展最卓越的成就之一,使得人类社会发生了巨大的变化。

图 1.1　历史上注册专利的第一台电子计算机 ENIAC

针对 ENIAC 存在的缺陷,美籍匈牙利数学家冯·诺依曼(John von Neumann)提出了改进方案,并将新方案的计算机命名为电子离散变量自动计算机(Electronic Discrete Variable Automatic Computer,EDVAC)。图 1.2 是冯·诺依曼与 EDVAC。在 EDVAC中,冯·诺依曼明确提出计算机必须采用二进制,以充分发挥电子器件的工作特点,使结构紧凑且更通用化;明确规定出计算机的五大部件,包括运算器(CA)、逻辑控制器(CC)、存储器(M)、输入装置(I)和输出装置(O),并描述了五大部件的功能和相互关系。人们后来把按这一方案思想设计的机器统称为"冯·诺依曼机"。自冯·诺依曼设计的 EDVAC 计算机至今,计算机基本都遵循上述原则,冯·诺依曼也被誉为"电子计算机之父"。当前,随着科学技术的快速发展,一些新型的计算机,如量子计算机、生物计算机等,逐步打破了"冯·诺伊曼机"一统天下的格局,但冯·诺依曼对于发展计算机做出的巨大功绩,永远是计算机史上光辉的一笔。

图 1.2　冯·诺依曼与 EDVAC

特别值得一提的是被誉为"计算机科学之父"和"人工智能之父"的英国数学家、逻辑学家阿兰·图灵(Alan M. Turing),如图 1.3 所示。1950 年图灵发表论文《计算机器与智能》(*Computing Machinery and Intelligence*),为后来的人工智能科学提供了开创性的思维。同时,他提出著名的"图灵测试",指出如果第三者无法辨别人类与人工智能机器反应的差别,则可以论断该机器具备人工智能。图灵的机器智能思想是人工智能的直接起源之一,而且随着人工智能领域的深入研究,人们越来越认识到图灵思想的深刻性,如今图灵思想仍然是人工智能的主要思想之一。为了纪念图灵对计算机科学的巨大贡献,国际计算机学会(Association for Computing Machinery,ACM)于 1966 年设立了一年一度的"图灵奖",以表彰在计算机科学中做出突出贡献的人,图灵奖被喻为"计算机界的诺贝尔奖"。

图 1.3　阿兰·图灵与图灵测试

时至今日,电子计算机已经发展70多年。随着科学技术的不断发展,计算机的体积重量在不断减小,性能却在不断提升,运算能力加强、运算速度加快、应用更加广泛,且价格更加便宜。电子计算机的发展可以分为以下4个阶段。

第一阶段:电子管计算机时代。时间:1946—1958年。这一阶段计算机的主要逻辑器件是电子管,主存储器为磁鼓、磁芯,使用的是机器语言编程,之后又产生了汇编语言。运算速度为5000～30 000次/秒。主要应用范围为科学计算、军事和科学研究。

第二阶段:晶体管计算机时代。时间:1959—1964年。这一阶段计算机的主要逻辑器件是晶体管,主存储器为磁芯,使用汇编语言和FORTRAN等高级编程语言。运算速度为数十万～几百万次/秒。主要应用范围为数据处理、自动控制等。

第三阶段:中小规模集成电路计算机时代。时间:1965—1970年。这一阶段计算机的主要逻辑器件是中、小规模集成电路,主存储器为半导体,此时已经出现了操作系统、诊断程序和BASIC,Pascal等高级语言。运算速度为数百万～几千万次/秒。主要应用范围为科学计算、数据处理、事务管理、工业控制等领域。

第四阶段:大规模集成电路计算机时代。时间:1971年至今。这一阶段计算机的主要逻辑器件是大规模和超大规模集成电路及微处理器芯片,采用半导体大容量存储器,具备分时和实时处理数据能力。如今的计算机运算速度快、存储容量大、计算机技术与网络技术和通信技术相融合,计算机软件也有了突飞猛进的发展,同时各种操作系统、数据库技术和各种应用软件应运而生,已应用在工业、生活的方方面面。时至今日,大规模集成电路计算机仍是人们应用的主流电子设备。

每个发展阶段对应的主要元件如图1.4所示。

(a) 电子管

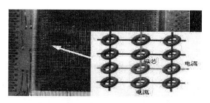

(b) 晶体管

(c) 集成电路

(d) 大规模集成电路

图1.4 每个发展阶段对应的主要元件

随着技术的发展,一些新型计算机的概念与研究也层出不穷。主要代表有量子计算机、生物计算机、光学计算机等,这些新型计算机也都在一定程度上得到了发展与进步,但目前仍处在研究阶段或在特殊领域有一些应用,尚不能完全取代电子计算机的位置。

1.1.2 我国计算机的发展

1956年,国家制定12年科学发展规划,把发展计算机、半导体等学科作为科学技术的重点。1958年组装调试成功第一台电子管计算机(103机),1959年研制成大型通用电子管计算机(104机),1960年研制成我国第一台自己设计的通用电子管计算机(107机)。

1964年,我国开始推出第一批晶体管计算机,如108、109机以及320机等,其运算速度为10万~20万次/秒。1971年研制成第三代集成电路计算机,如150机。1974年后DJS-130晶体管计算机形成了小批量生产。1982年采用大、中规模集成电路研制成16位的DJS-150机。

1983年,国防科技大学推出向量运算速度达1亿次/秒的银河Ⅰ型巨型计算机。到1997年银河Ⅲ投入运行,速度130亿次/秒,内存容量为9.15GB。

20世纪90年代以来,我国微型计算机形成大批量、高性能的生产局面,并且发展迅速,而且还产生了许多我国自己的知名微型计算机品牌,如联想等。

2009年10月国防科技大学研制成功的中国运算速度最快的超级计算机"天河一号",每秒峰值运算速度达1206万亿次/秒,它一天的计算量相当于一台主流个人计算机不间断地计算160年。这使得中国成为继美国之后第二个能研制千万亿次计算机的国家。超级计算机将主要用于石油勘探、生物医药研究、航空航天装备研制、新材料开发等领域。2010年11月14日,国际TOP500组织公布了最新全球超级计算机前500强排行榜,"天河一号"排名全球第一,直到2011年才被日本超级计算机"京"超越。2012年6月18日,国际超级计算机组织公布的全球超级计算机500强名单中,"天河一号"排名全球第五。

2013年5月,我国研制成功世界上首台5亿亿次(50PFlops)超级计算机——"天河二号",如图1.5所示,这是国家863计划"十二五"高效能计算机重大项目的阶段性成果。"天河二号"双精度浮点运算峰值速度达到5.49亿亿次/秒,Linpack(国际上流行的用于测试高性能计算机浮点计算性能的软件)测试性能已达到3.39亿亿次/秒,荣登全球运行最快的计算机。

图1.5 "天河二号"超级计算机

2018年11月,新一期全球超级计算机500强名单在美国达拉斯发布,中国超算"神威·太湖之光"位列第三,如图1.6所示。在此之前,"神威·太湖之光"已连续四次蝉联最快计算机。与大多数其他超级计算机不同,"神威·太湖之光"不依赖于Intel CPU,而是使用国产定制的申威处理器。一台机柜有1024块处理器,整台计算机共有40 960块处理器。每个单个处理器有260个核心,主板为双节点设计,每个CPU固化的板载内存为32GBDDR3-2133。最高性能(Linpack基准):9.3亿亿次;记忆:1.3PB;功耗:15371kW。

图 1.6 "神威·太湖之光"超级计算机

1.1.3 计算机的特点

1. 运算速度快、精度高

运算速度是计算机的重要指标之一，它的衡量标准较多，一般用每秒所执行的加法次数来衡量。目前，一般微型计算机的运算速度已达到每秒几千万次乃至数亿次，一些先进的超级计算机的运算速度已达到数亿亿次/秒。截至目前，全球排名第一的超级计算机是 IBM 和美国能源部橡树岭国家实验室（ORNL）推出的新超级计算机 Summit，其理论峰值性能达到 20 亿亿次/秒。

计算机的计算精度随着表示数字位数的增加而提高，再加上先进的算法，可以达到人们要求的任何精度，目前计算精度可以达到上亿位。

2. 具有逻辑判断和记忆功能

计算机具有准确的逻辑判断能力和高超的计算能力。目前微机上内存储器的容量已达到几吉字节。计算机的逻辑判断功能指的是计算机不仅能进行算术运算，还能进行逻辑运算和推理。计算机的计算能力、逻辑判断能力和记忆能力三者的结合，使之可以模仿人的某些智能活动。计算机已经不再只是计算工具，而是人类大脑延伸的重要工具。

3. 高度的自动化

由于计算机采用存储程序方式工作，即把编制好的程序输入计算机中，再向计算机发出运行命令，计算机便在该程序的控制下自动执行程序中的指令完成指定的任务。

4. 通用性强

人们使用计算机，不需要了解其内部构造和原理，满足各类用户应用于不同的领域，从而实现计算机的通用性，达到计算机应用的各种目的。

1.1.4 计算机的分类

目前使用的计算机琳琅满目、种类繁多，可以从不同的角度对其进行分类。

1. 按性能分类

按性能分类计算机可分为巨型计算机、大型计算机、小型计算机、微型计算机和工作站。

巨型计算机（Supercomputer）。巨型计算机是目前功能最强、速度最快、价格最贵的计算机，如前面所列举的"天河二号""太湖之光"等超级计算机。一般用于解决如气象、航天、

计算机基础知识与计算思维

能源、医药等尖端科学研究和战略武器研究中的复杂计算问题。

大型计算机(Mainframe Computer)。大型计算机具有很高的运算速度和很大的存储容量,有很强的数据处理和管理能力,工作速度相对较快。主要应用于高等学校、较大的银行和科研院所及大型数据库管理系统。

小型计算机(Minicomputer)。小型计算机规模小,结构简单(与上述机型相比较),价格便宜,而且通用性强,维修使用方便。其适合工业、商业和事务处理应用。

微型计算机(Microcomputer)。微型计算机也被称为个人计算机(Personal Computer,PC),它是当今最为普及的机型。PC体积小、功耗低、成本低、灵活性大,其性能价格比明显地优于其他类型的计算机,因而现在绝大多数个人用户使用的都是PC。近几年又出现了体积更小的微型计算机,如笔记本电脑、掌上电脑、平板电脑等。

工作站(Workstation)。工作站是一种新型的计算机系统,介于微型计算机和小型计算机之间的一种高档微型机。与微型计算机相比有较大的存储容量和较快的运算速度,主要用于图像处理和计算机辅助设计等。

2. 按处理的数据分类

按处理的数据类型分类,计算机可分为数字计算机、模拟计算机和混合计算机。

数字计算机处理的数据是数字量,处理后的结果仍以数字的形式输出。目前常用的计算机大都是数字计算机。模拟计算机处理的数据是连续的,称为模拟量。一般以电信号的幅值来模拟数字或某物理量的大小,如电压、电流等。能接受模拟数据,处理后仍以连续的数据输出,这种计算机称为模拟计算机。混合计算机集数字计算机和模拟计算机的特点,可以接受模拟量或数字量的运算,最后以连续的模拟量或离散的数字量为输出结果。

3. 按使用范围分类

按使用范围分类,计算机可分为通用计算机和专用计算机。通常所说的计算机均指通用计算机。专用计算机是为适应某种特殊应用而设计的计算机,一般只能作为专用,如嵌入式计算机等。

1.1.5 计算机的应用领域

由于计算机不但具有高速运算能力,而且还具有逻辑分析判断能力与高度自动化等特点。不仅能大大提高人们的工作效率,还可以部分替代人的脑力劳动,所以其应用领域非常广泛,几乎各行各业都能使用计算机帮助人们完成一定的工作。例如,从图书的编辑到最后的排版校对,从卫星研制到最后升空,以及工农业自动化的各个环节的管理等。

1. 科学计算

科学计算是计算机的传统应用领域之一。科学计算的步骤通常为构造数学模型、选择计算方法、编制计算机程序、上机计算和分析结果。随着计算机技术的发展,人们最终可从烦琐的计算中解放出来。如卫星轨道计算、天气预报、建筑结构分析及导弹发射等许多尖端科技的计算都离不开计算机。

2. 信息处理

信息处理是指计算机对大量的信息进行分析、合并、分类和统计等的加工处理,是目前计算机应用最广泛的领域之一。计算机广泛应用于信息管理,对管理自动化乃至社会信息化都有积极的推进作用。信息处理通常用在办公自动化、信息情报检索、物流管理、企事业管理等领域广泛应用。随着信息化进程的推进,信息管理中的信息过滤、分析及支持智能决策等方面的应用,是衡量社会信息化质量的主要依据。

3. 过程控制

过程控制也称实时控制。使用计算机采集各类生产过程中的实时数据,并按预定的算法将得到的数据进行处理,再反馈到执行机构去控制相应后续过程,实时地对控制对象进行自动控制。过程控制可以提高自动化程度,减轻工作人员的劳动强度,提高生产效率,节省生产原料,降低生产成本,提高产品质量与合格率。计算机过程控制已在机械、冶金、石油、化工、纺织、水电、航天等领域得到广泛的应用。

4. 计算机辅助设计与制造

计算机辅助设计(Computer Aided Design,CAD)。CAD 可以帮助设计人员实现最优化设计的判定和处理,以实现最佳设计效果的一种技术。例如,在建筑设计过程中,可以利用 CAD 技术进行力学计算、结构计算、绘制建筑图纸等,不断可以提高设计速度,还可以大大提高设计质量。

计算机辅助制造(Computer Aided Manufacturing,CAM)。CAM 利用 CAD 的输出信息控制、指挥生产和装配产品。将 CAD 和 CAM 技术结合,可以提高产品质量,降低成本,缩短生产周期,提高生产效率和改善劳动条件。目前,从复杂的飞机制造到简单的家电产品生产中都广泛使用了 CAD 和 CAM 技术。

5. 计算机辅助教育

计算机辅助教学(Computer Aided Instruction,CAI)。利用计算机系统使用课件来进行教学,可引导学生循序渐进地学习。CAI 更适用于学生个性化、自主化的学习,体现了现代学习的主动性。近几年广泛开展的网上"云课堂"等在线学习已经成为现在学习方式中不可或缺的部分。

计算机模拟也是一种计算机辅助教学的手段,如飞行模拟器用以训练飞行员等;计算机模拟还可以模拟现实生活中难以实现的事情,如核子反应堆的控制模拟等。

多媒体教学。利用计算机和相应的配套设备可以演示文字、图形、图像、动画和声音,为教学提供强有力的手段,使课堂教学变得图文并茂、生动直观。

6. 网络与通信

计算机网络是指通过通信线路把不同地理位置的若干台计算机连接起来,从而使这些计算机彼此间实现信息交流、资源共享等。随着信息技术的发展,通信业的发展将越来越迅速,计算机在通信领域的作用也会越来越大。目前全球最大的网络,即 Internet(国际互联网)已把全球的大多数国家联系在一起。

计算机在信息高速公路和电子商务等领域也得到了快速发展。信息高速公路是将所有的信息资源连接成一个全国性的大网络,让各种形态的信息(如文字、数据、声音和图像等)都能在大网络里交互传输。目前较热门的电子商务是通过计算机和网络进行商务活动,是发生在开放网络上的包含企业之间、企业和消费者之间的商业交易。消费者可通过网络进行选购和支付。电子商务的发展不仅会改变企业本身的生产、经营、管理活动,还将影响到整个社会的经济运行与结构。

7. 人工智能

人工智能是研究利用计算机模拟人的某些思维过程和智能行为(如学习、推理、思考、规划等)的学科,主要包括计算机实现智能的原理、制造类似于人脑智能的计算机,使计算机能实现更高层次的应用。因此,可以说人工智能是计算机科学的一个分支,它通过了解智能的实质,并生产出一种新的能以人类智能相似的方式作出反应的智能机器,该领域的研究包括早期的专家系统、支持向量机、机器学习,以及目前比较火热的机器人、知识图谱、计算机视觉、自然语言处理等。

自图灵首次提出人工智能的概念至今,人工智能的理论和技术日益成熟,应用领域也不断扩大。特别是从 2016 年 AlphaGo 打败李世石开始,人工智能开始走入了普通群众的视野,得到了广泛的关注和应用。目前,人工智能已在消防安全、交通运输、金融贸易、医药、诊断、物流、重工业、玩具和游戏等诸多方面展开应用,且潜力无限。可以设想,未来人工智能带来的科技产品,将会是人类智慧的"容器"。

1.1.6 计算机的发展趋势

计算机发展到今天,从发展趋势来看,将向着巨型化和微型化发展;从应用方面看,将向着多媒体化、网络化、智能化的方向发展;从结构来看,一些新型计算机逐渐出现,随着技术瓶颈的突破,有望得到大力发展。

1. 巨型化

巨型计算机运算速度快、存储容量大、通道速率快、处理能力强、工艺技术性能先进。主要用于复杂的科学和工程计算,如天气预报、飞行器的设计及科学研究等特殊领域。目前,巨型计算机的处理速度已达到数十亿亿次/秒。巨型计算机代表了一个国家的科学技术发展水平和国家的综合科技实力。

2. 微型化

微型计算机是计算机微型化的代表,如 PC、笔记本电脑、平板电脑、智能手机等。微型计算机体积小、功耗低、成本低、灵活性大,其性能价格比明显地优于其他类型的计算机。微型化是指计算机功能齐全、使用方便、体积微小、价格低廉。计算机的微型化可以拓展计算机的研究领域,使计算机进一步贴近人们的日常生活。

3. 网络化

计算机技术与现代通信技术的结合构成了计算机网络。计算机网络可以方便、快捷地实现信息交流、资源共享等。截至 2020 年 3 月,中国网民数量已经达到 9.04 亿,互联网普及率为 64.5%。手机网民规模达 8.97 亿,网民使用手机上网的比例达 99.3%。

4. 多媒体化

现代计算机可以集图形、图像、声音、文字处理为一体,使用户通过多个感官获取相关信息。最突出的领域是虚拟现实技术,可实现实验的可视化,可以图像与声音的集成形式实现最新的娱乐和游戏。

5. 智能化

未来计算机的智能化将会引领计算机的发展潮流。计算机的智能化是利用计算机模拟人的思维过程,称其为人工智能。这些方面包括:计算机视觉、自然语言理解、专家系统、机器人等,都可利用人们赋予计算机的智能来完成。计算机的智能化是人们长期追求并不懈努力的目标。

6. 新型化

光学计算机、量子计算机、生物计算机等新型计算机的概念相继被提出,研究表明,一旦新型计算机成熟,其运算速度将远超过目前计算机的运算速度,能耗也会大大降低,还具备一些新的功能,如生物计算机可模仿人脑机制等。

1.2 计算机系统组成

1.2.1 计算机结构及工作原理

完整的计算机系统包括硬件系统和软件系统两个部分。如图 1.7 所示,硬件系统包含主机和外部设备。以个人计算机(PC)为例,硬件主要由主机箱内部的中央存储器(CPU)、内存储器和主板,以及鼠标、键盘、光盘等外部设备组成。而 PC 的软件系统是指硬件设备上运行的各种程序、数据和有关的技术资料,它大致分为系统软件和应用软件两大类。没有安装任何软件系统的计算机称之为裸机,裸机是不能工作的。

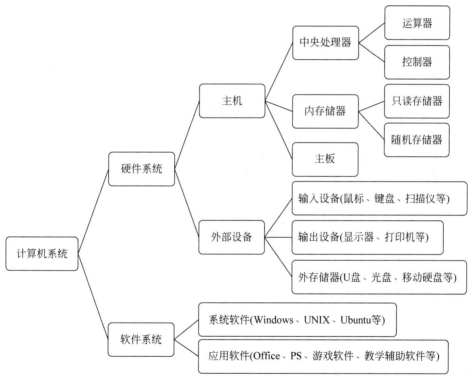

图 1.7　计算机系统组成示意图

根据冯·诺依曼体系结构的基本思想,计算机主要部件由运算器、控制器、存储器、输入设备和输出设备五个基本功能部件组成,如图 1.8 所示。冯·诺依曼体系结构的基本思想可描述为:①计算机由运算器、存储器、控制器、输入设备和输出设备五大部分组成;②指令和数据以同等地位存放与存储器内,并可按地址寻访;③指令和数据用二进制表示;④指令由操作码和地址码组成;⑤存储程序;⑥以运算器为中心。

计算机基础知识与计算思维

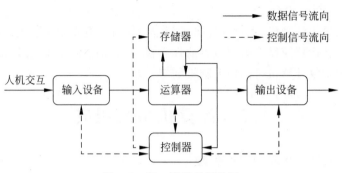

图 1.8　冯·诺依曼结构图

现代计算机结构是由冯·诺依曼奠定的,其主要部件组成和冯·诺依曼计算机相同,但其具体原理和方式也在此基础上做了一些改进。现代计算机仍然是由上述五大部件组成的,但以存储器为核心,如图 1.9 所示。

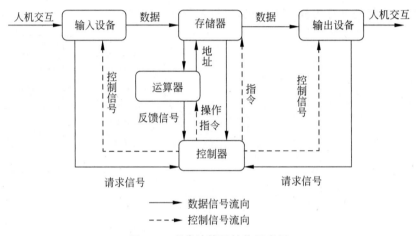

图 1.9　现代计算机结构示意图

计算机中的每个部件都有它特殊和不可缺少的功能。存储器用来存放数据和程序;运算器用来完成算术运算和逻辑运算,并将运算的中间结果暂存在运算器内;控制器用来控制、指挥程序和数据的输入、运行及处理运算结果;输入设备用来将人们熟悉的信息形式转换为机器能识别的信息形式;输出设备可将机器运算结果转换为人们熟悉的信息形式。计算机的五大部件(五大子系统)在控制器的统一指挥下,完成自动工作。

随着大规模集成电路制作工艺的出现,并且计算机的部件运算器和控制器在逻辑关系和电路结构上联系十分紧密,两大部件被集成在同一芯片上,这类芯片就是常说的 CPU (Central Processing Unit),即中央处理器。

CPU 的核心部件由两个单元组成,一个是算术逻辑单元(Arithmetic Logic Unit, ALU),用来完成算术逻辑运算;另一个是控制单元(Control Unit,CU),用来解释存储器中的指令,并发出各种操作命令来执行指令。

计算机的存储器,也被叫做主存储器(Main Memory,MM),用来存放程序和数据,可以直接与 CPU 交换信息。和主存储器相对应的是辅助存储器,简称辅存,又称外存。

输入设备和输出设备也常被简称为 I/O 设备(Input/Output Equipment)。

因此,现代计算机是由三大部分组成,即 CPU、I/O 设备和主存储器。

1.2.2 计算机硬件系统

以常用的微型计算机为例,其硬件指它的物理装置或物理实体,如中央处理器、主板、总线、存储器、输入输出设备等。

1. 中央处理器

中央处理器(CPU)是硬件的核心,主要包括运算器和控制器。CPU 芯片决定了计算机的档次,如图 1.10 所示的中央处理器为英特尔酷睿 i7 四核。

CPU 的内部结构可分为控制器、算术逻辑单元(ALU)和存储单元(主要指寄存器)3大部分。CPU 的工作原理就像一个工厂对

图 1.10　中央处理器

产品的加工过程:进入工厂的原料(数据信息与指令),经过物资分配部门(控制单元)的调度分配,被送往生产线(算术运算单元),生产出成品(处理后的数据)后,再存储在仓库(存储器)中。

CPU 的主要性能指标有:字长、主频、Cache、核心数。

(1) 字长。CPU 能同时处理的数据位数。字长越长,性能越强。CPU 的字长从早期的8 位、16 位(如 Intel 公司的 8088、80286)发展到 32 位(如 80386、80486)再到现在的 64 位(如 Intel 公司的 Pentium 及后续产品和 DEC 公司的 Alpha)。但是,要实现真正意义上的64 位计算,光有 64 位的处理器是不行的,还必须得有 64 位的操作系统及 64 位的应用软件才行,三者缺一不可,缺少其中任何一种要素都无法实现 64 位计算。

(2) 主频。CPU 工作的时钟频率,单位是兆赫(MHz)或千兆赫(GHz),如 Intel 酷睿 i73770 3.4G 中的 3.4G CPU 的主频。主频越高,计算机的速度越快。主频和实际的运算速度存在一定的关系,但并不是一个简单的线性关系。因此,CPU 的主频与 CPU 实际的运算能力是没有直接关系的,主频表示在 CPU 内数字脉冲信号振荡的速度。CPU 的运算速度还要看 CPU 的流水线、总线等各方面的性能指标。例如 Intel 系列中,1.5GHz Itanium 2大约跟 4GHz Xeon/Opteron 一样快。

(3) Cache。高速缓冲存储器(Cache)是介于中央处理器和主存储器之间的高速小容量存储器,其作用是为了让数据访问的速度适应 CPU 的处理速度。CPU 内缓存的运行频率极高,一般是和处理器同频运作,工作效率远远大于系统内存和硬盘。实际工作时,CPU 往往需要重复读取同样的数据块,而缓存容量的增大,可以大幅度提升 CPU 内部读取数据的命中率,而不用再到内存或者硬盘上寻找,以此提高系统性能。但是,考虑到 CPU 芯片面积和成本等因素,缓存都很小。例如,L1 Cache(一级缓存)的容量通常在 32～256KB,L2Cache(二级缓存)的容量通常在 1～8MB。

(4) 核心数。多内核(Multicore Chips)是指在一枚处理器(Chip)中集成两个或多个完整的计算引擎(内核)。使用多核技术的原因是仅提高单核芯片(One Chip)的速度会产生过多热量且无法带来相应的性能改善。2005 年 4 月 21 日,Intel 发布了双核心处理器Pentium Extreme Edition 840。目前,微机中所使用的 CPU 以 4 核和 8 核居多。2017 年,

Intel 推出酷睿 i9 处理器,最多包含 18 个内核。

2. 主板

主板实质上是一矩形电路板,如图 1.11 所示。它是一个提供了各种插槽和系统总线及扩展总线的系统版。主板上的插槽用来安装组成微型计算机的各部件,而主板上的总线可实现各部件之间的通信。主板主要包括控制芯片组、CPU 插座、内存插座、BIOS、CMOS、各种 I/O 接口、扩展插槽、键盘/鼠标接口、外存储器接口和电源插座等元器件。芯片组是主板的关键部件,用于控制和协调整个微型计算机系统的正常运行和各部件的选型,芯片组的性能在很大程度上决定了主板的性能,也决定了各部件的选型,进而影响到整个计算机系统。

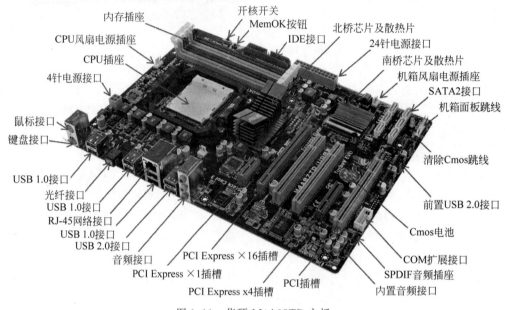

图 1.11　华硕 M4A87TD 主板

基本输入输出系统(Base Input/Output System,BIOS)全称为 ROM-BIOS,是主板上的一块只读存储器,里面存有与主板匹配的一组基本输入输出系统程序。

CMOS 是一片 RAM 存储器芯片,其中存储了系统运行所必需的配置信息,如系统的存储器、CPU、磁盘驱动器、显示器等设备的参数,以及系统日期、时间等。由于它由专门的电池供电,因此计算机关机后其中的信息不会丢失。

3. 总线

在计算机中通常采用总线(Bus)连接的方法将计算机的各部件连接在一起。各个部件由总线连接并经它相互通信,信息位在总线上传输。如在计算机系统中,它是 CPU、内存、输入、输出设备传递信息的公用通道,主机的各个部件通过总线相连接,外部设备通过相应的接口电路再与总线相连接。通过总线能使整个系统内各部件之间的信息进行传输、交换、共享和逻辑控制等功能。在总线上一次能传输的二进制位数定义为总线的宽度。根据所连接部件的不同,总线分为内部总线、系统总线和扩展总线。

内部总线也叫片总线,是同一部件(如 CPU)内部连接各寄存器及运算部件的总线。

系统总线是同一台计算机各部件之间相互连接的总线,系统总线又分为数据总线、地址总线和控制总线。地址总线是专门用来传送地址的。在设计过程中,从 CPU 地址总线来选用外部存储器的存储地址。地址总线的位数往往决定了存储器存储空间的大小,数据总线是用于传送数据信息,控制总线是用于传送控制信号和时序信号。例如,有时微处理器对外部存储器进行操作时要先通过控制总线发出读写信号、片选信号和读入中断响应信号等。

扩展总线是负责 CPU 与外部设备之间的通信。

通用串行总线(Universal Serial Bus,USB)是一个使计算机外接设备连接标准化、单一化的接口。一个 USB 接口可以支持多种计算机外部设备,实现真正的即插即用。利用 USB 接口,使外设与计算机之间的数据交换变得更方便、快捷。USB 自推出以来,已成功替代串口和并口,成为 21 世纪大量计算机和智能设备的标准扩展接口和必备接口之一,现已发展到 USB 4.0 版本。目前,计算机等智能设备与外界数据的交互主要以网络和 USB 接口为主。

4. 输入输出接口

输入输出(I/O)接口是 CPU 与外部设备之间交换信息的连接电路,它们通过总线与 CPU 相连。I/O 接口也称为适配器或设备控制器。主机与外设之间在速度、时序、信息格式和信息类型等方面存在不匹配,因此需要 I/O 接口使主机与外设协调工作。为了将外设的适配器连接到微机的主机中,在系统的主板上有一系列的扩展槽供适配器使用,适配器插入扩展槽后,通过系统总线与 CPU 连接,进行数据的传送。

5. 存储器

存储器是用来存放程序和数据的记忆装置,是计算机各种信息存放和交流的中心。存储器分为两大类:内存储器和外存储器。

1) 内存储器(主存)

内存储器用来存放运行的程序和当前使用的数据,它可以直接与 CPU 交换信息。一般地,内存分为读写存储器(Random Access Memory,RAM)和只读存储器(Read Only Memory,ROM)。

RAM 的特点是其中存入的内容可随时读出写入,断电后,RAM 中的内容全部丢失。计算机中直接与 CPU 打交道的程序和数据都是存放在 RAM,因此通常所说的计算机内存指的就是 RAM。内存容量是计算机性能的又一个重要指标,内存越大,"记忆"能力越强,程序运行的速度越快。微机 RAM 的容量已从最初的 256KB、512KB、640KB,逐步发展到 32MB、64MB,到目前的几十 GB。

ROM 的特点是其中存入的内容只能读出不能写入,断电后,ROM 中的内容仍然存在。一般固化在 ROM 中的是机器的自检程序、初始化程序、基本输入输出的驱动程序。

2) 外存储器(外存)

外存储器用于存放暂时不用的程序和数据,外存中的信息不能直接和 CPU 进行数据交换,需要先传送到内存后,才能被 CPU 使用。其容量可以很大,常见的外存储器有磁带、软盘、硬盘、光盘和 U 盘等。

现代信息存储技术的一个重要发展是移动存储技术和网络存储技术,如闪存卡、光盘、闪存盘(U 盘)、移动硬盘、云盘等。

(1) 软盘。早期使用的有 5.25 英寸软盘(存储容量为 1.2MB)和 3.5 英寸软盘(存储容量为1.44MB)。微机一般都配备有软盘驱动器,软盘驱动器是读写软盘的专用装置。一般用标识符 A:(或 B:)表示软盘驱动器(盘号)。现在的微机一般不使用软盘,已被 U 盘所取代。

(2)硬盘。由一组磁盘和硬盘驱动器构成,二者封装在金属盒中,称为硬盘。与软盘相比,硬盘容量更大,存取速度更快,目前微机上配备的硬盘容量都在120GB 以上。一般用 C:表示硬盘驱动器。硬盘若分成几个逻辑驱动器,一般再用 D:(或 E:等)表示。

(3)光盘。一般可分为 CD-ROM 和 DVD-ROM,CD-ROM 的容量为 670M 左右,DVD-ROM 的存储容量达到 4.7GB 以上;还有一次性写入光盘(WORM),用户可以对其写入信息,但只能写入一次,可多次读写;可擦写型光盘(CD-RW),用户可以多次对其进行读写。

(4)移动硬盘。以硬盘为基础,采用数据线接入的存储介质,便于携带。大多数的移动硬盘一般都是以标准硬盘为基础的。因为采用硬盘为存储介质,其数据的读写模式与标准的 IDE 硬盘相同。移动硬盘一般采用 USB、IEEE 1394 等传输速度较快的接口,可以以较快的速度与系统进行数据传输。

(5)闪存卡。利用闪存技术来实现存储电子信息的存储器。一般用在掌上计算机、数码相机等小型数码产品中作为存储介质。根据不同生产厂商的不同应用,闪存卡又分为 SmartMedia(SM 卡)、Compact Flash(CF 卡)、MultiMediaCard(MMC 卡)、Secure Digital (SD 卡)等。它们虽然规格不同,但技术原理相同。

(6)U 盘。即闪存盘,是一种体积小的移动存储装置,以闪存为存储核心,通过 USB 接口与计算机相连的便携式存储设备。其原理是将数据存储于内建的闪存中,利用 USB 接口以方便不同计算机间的数据交换。使用者只需将它插入计算机的 USB 接口,计算机软件系统的即插即用功能使得计算机自动侦测到此装置并可以使用。闪存盘的主要部件就是一枚闪存芯片和一枚控制芯片及电路板、USB 接口和外壳。闪存盘容量大、可靠性高、携带方便。

(7)云盘。云盘是一种专业的互联网存储工具,是互联网云技术的产物,它通过互联网为企业和个人提供信息的存储、读取、下载等服务。具有安全稳定、海量存储的特点。用户可以方便地将文档、照片、音乐、软件等各种资料保存在云盘,使得这些资料的存取不受时间、地点的限制。只要登录相关网络的地址与邮箱,就可以管理云盘中的文件和资料。

(8)高速缓冲存储器(高速缓存),即通常所说的 Cache。位于 CPU 与内存之间,用于解决 CPU 与内存之间的速度匹配问题。

(9)Cache 是一种特殊的存储器子系统,其中复制了频繁使用的数据以利于快速访问。Cache 中存储了频繁访问的 RAM 位置的内容及这些数据项的存储地址。当处理器引用存储器中的某地址时,高速缓冲存储器便检查是否存有该地址。如果存有该地址,则将数据返回处理器;如果没有保存该地址,则进行常规的存储器访问。因为 Cache 总是比主 RAM 存储器速度快,所以当 RAM 的访问速度低于微处理器的速度时,常使用高速缓冲存储器。

6. 输入设备

用户通过输入设备将数据和信息传入存储器。最常用的输入设备有键盘、鼠标、扫描仪、音频输入设备、视频输入设备等。

(1)键盘是计算机最常用的输入设备,它是组装在一起的一组按键矩阵。几乎所有的命令、汉字、各种语言程序、初始数据等都是从键盘输入的。常用的键盘有 101 键、104 键等几种,不同种类的键盘分布基本一致。

（2）鼠标是一种广泛用于图形用户界面的输入设备,用来控制显示屏幕上光标的移动位置和选择、移动显示屏幕上的内容。按工作原理鼠标分为机械式、光电式和无线。

（3）图形扫描仪是图片输入的主要设备,能把一幅画或一张照片转换成数字信号存储在计算机内,然后利用有关的软件编辑、显示和打印计算机内的数字化的图形。扫描仪的主要技术指标有：分辨率（DPI,即每英寸扫描所得到的像素点数）、灰度值或颜色数、幅面（A4、A3、A2 等）和扫描速度。

（4）音频输入设备主要由话筒和音频卡（俗称声卡）组成。音频卡可采集声音,然后将模拟信号数字化、压缩、存储,并提供各种音乐设备（如收录机、录放机、CD、合成器等）的数字接口。

（5）视频输入设备主要由视频设备（如数码相机、摄像机、手机摄像头等）和视频卡组成,视频卡可将视频模拟信号进行捕获、编码、压缩、解压等数字化处理,转换成数字信号。

（6）条形码阅读器是一种能够识别条形码的扫描装置,需连接到计算机上使用。当阅读器从左向右扫描条形码时,就把不同宽窄的黑白条纹翻译成相应的编码供计算机使用。许多自选商场和图书馆都使用条形码管理商品和图书。

（7）手写笔一般都由两部分组成,一部分是与计算机相连的写字板,另一部分是在写字板上写字的笔。手写笔的出现就是为了输入中文,使用者不需要再学习其他的输入法就可以很轻松地输入中文,当然这还需要专门的手写识别软件。同时,手写笔还具有鼠标的作用,可以代替鼠标操作 Windows,并可以作画。

（8）触摸板是一种在平滑的触控板上,利用手指的滑动操作来移动游标的输入装置。当使用者的手指接近触摸板时会使电容量改变,触摸板自身会检测出电容的改变量,转换成坐标。触摸板是借由电容感应来获知手指移动情况,对手指热量并不敏感。其优点在于使用范围较广,全内置、超轻薄笔记本均适用,而且耗电量少,可提供手写输入功能;因为触摸板是非机械式设计,使用时可以保证耐久与可靠。

（9）触摸屏是一种可接收触头等输入信号的感应式液晶显示装置,当接触了屏幕上的图形按钮时,屏幕上的触觉反馈系统可根据预先编程的程式驱动各种联结装置,可用以取代机械式的按钮面板,并借由液晶显示画面制造出生动的影音效果。触摸屏作为一种最新的计算机输入设备,它是目前最简单、方便、自然的一种人机交互方式。

7. 输出设备

计算机处理的结果通过输出设备向人们传送。显示器、打印机是计算机最基本的输出配置,此外还有绘图仪、语音输出设备等。

（1）显示器。显示器分为两种——阴极射线管显示器（Cathode Ray Tube,CRT）和液晶显示器（Liquid Crystal Display,LCD）。前者外形与家用电视相似,体积大而笨重,是最常用、最成熟的显示器件;后者体积小,重量轻,最初用于便携式计算机中,现在新出厂的计算机配置的基本上都是液晶显示器。

显示器的尺寸有 14、15、17、20、22、23、24 英寸（指对角线的长度）等多种规格,显示器的色彩有单色和彩色两种,显示器的显示方式有字符显示和图形显示两种。在字符工作方式下,显示器可显示 25 行,每行 80 个字符,汉字和图形必须在图形工作方式下才能显示。

字符显示方式：先把要显示字符的代码送入主存储器的显示缓冲区,再由该缓冲区送往字符发生器,将字符的代码转换成字符的点阵图形,最后通过视频控制电路送往屏幕显示。

图形显示方式:该显示方式是直接将显示字符或图像的点阵(非字符代码)送往显示缓冲区,再由缓冲区通过视频控制电路送往屏幕显示。该显示方式要求显示缓冲区很大,但可以直接对屏幕上的"点"进行操作。

显示器最重要的性能指标是分辨率,分辨率是在屏幕上横向和纵向像素的个数,如某显示器的分辨率为 1024×768,表示该显示器在水平方向能显示 1024 个点,在垂直方向能显示 768 个点,整屏能显示 1024×768 个点。目前,微型计算机上广泛使用的显示器的像素直径(点距)为 0.22mm 左右,分辨率越高,图像越清晰。

显示卡是显示器与主机连接的桥梁,所以显示器必须与显示卡匹配,目前常用的显示卡的标准是 VGA 标准。显示卡作为独立的计算机板卡,包括显示主芯片、显存、显示 BIOS、数据转换部分、总线接口等部分。

(2)打印机。打印机是计算机目前最常用的输出设备,目前常用的打印机分为喷墨打印机和激光打印机两大类。

喷墨打印机在工作时,喷嘴朝着打印纸不断喷出带电的墨水雾点,当它们穿过两个带电的偏转板时在信号的控制下,落在打印纸的指定位置上,形成正确的字符。喷墨打印机可打印高质量的文本和图形,还能进行彩色打印(如彩色照片等)。但喷墨打印机常需要更换墨盒,加大了打印成本。

激光打印机的核心技术就是所谓的电子成像技术,这种技术融合了影像学与电子学的原理和技术以生成图像,核心部件是一个可以感光的硒鼓。硒鼓是一只表面涂覆了有机材料的圆筒,预先带有电荷。硒鼓被照射的部分带上负电,并能吸引带色粉末。硒鼓与纸接触再把粉末印在纸上,接着在一定压力和温度的作用下熔结在纸的表面。目前,激光打印机成为打印机的主流。

1.2.3 计算机软件系统

相对于计算机硬件而言,操纵计算机正常运行的指令系统是一种独立于硬件的无形物质,称为软件(Software)。所谓软件,就是计算机程序、过程及计算机的文件资料等有序信息的总称。程序(Program)是操纵计算机从事某项工作的一组指令。指令(Instruction)是指规定计算机完成某项工作的操作。

根据软件在计算机工作中所担负的作用,计算机软件分为系统软件、开发软件和应用软件 3 大类。

1. 计算机软件的特点

软件是程序设计用一种计算机语言表达出来的程序,包含以下特点。

(1)软件是一种逻辑实体,不是具体的物理实体,具有抽象性。必须通过观察、分析、思考与判断了解它的功能。

(2)软件的生产与硬件等产品的生产不同,它没有明显的制造过程,软件开发成功后,可以很容易并大量复制同一内容的副本,生产效率极高。

(3)软件的功能改变或修改相对硬件容易,升级换代比硬件快。

(4)软件的开发和运行受到计算机系统的限制,对系统有不同程度的依赖。

（5）软件是复杂的。一方面是它所反映的实际问题是复杂的，另一方面，程序逻辑结构的复杂，由此导致软件开发的困难。软件的开发还涉及许多社会因素，如机构、体制及管理方式等问题，以及人的观念和心理。

2. 系统软件

系统软件（System Software）是指专为计算机系统本身配置的用于管理、操纵和维护计算机使其正常高效运行的各种软件。系统软件一般在购置计算机时随硬件一起交付给用户使用，是计算机正常运行不可缺少的软件。部分系统软件是在计算机制造过程中就预先编制好并装入 ROM 内部的，而大部分系统软件是计算机出厂后由销售商或用户存放在外存储器上的。系统软件包括操作系统和实用程序两类软件。

1）操作系统

操作系统（Operating System，OS）是计算机正常运行的必要软件，负责管理计算机软硬件资源的分配、调度、输入输出控制和数据管理等基本工作，使计算机能够自动高效地运行。没有 OS 的支持，任何软件都不能在计算机上运行。微机上常用的操作系统有Windows 系列（XP/7/8/Server 2008/Server 2012/10）和 Linux 系列（CentOS、Ubuntu、Red Hat Gentoo、Freebsd、Debian）。

操作系统是管理和控制计算机硬件与应用软件资源的计算机程序，是直接运行在"裸机"上的最基本的系统软件，任何其他软件都必须在操作系统的支持下才能运行。操作系统是用户和计算机的接口，同时也是计算机硬件和其他软件的接口，其在计算机系统中的位置如图 1.12 所示。操作系统管理计算机系统的硬件、软件及数据资源，控制程序运行，改善人机界面，为其他应用软件提供支持等，使计算机系统所有资源最大限度地发挥作用，提供了各种形式的用户界面，使用户有一个好的工作环境，为其他软件的开发提供必要的服务和相应的接口。

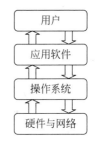

图 1.12　操作系统在计算机系统中的位置

操作系统是直接运行在计算机硬件上的第一个软件，它不仅用于启动计算机，而且在计算机启动后，管理计算机的软件和硬件。也就是说，只要计算机在运行着，那么操作系统便时时刻刻在工作，操作系统是一切其他软件运行的基础。一个完整的操作系统应具备处理机管理功能、存储器管理功能、设备管理功能和文件管理功能。此外，为了方便用户使用操作系统，还必须向用户提供一个使用方便的操作界面。

2）实用程序

实用程序（Utility Programs）又称为服务程序（Service Programs）是指支持和维护计算机正常处理工作的软件。这些程序在计算机软、硬件管理工作中执行某个专门功能。例如，诊断程序负责对计算机设备的故障及对某个程序中的错误进行检测、辨认和定位以便操作者排除和纠正。除此之外，还有追踪程序、输入输出程序、监督和管理程序、调试程序、计算机语言翻译、连接处理程序、数据库管理系统（Database Management System），以及软件开发工具及支持程序等。

3. 应用软件

应用软件（Application Software）是指为了让计算机应用到社会生活的各个领域之中（即将人类社会生活中的某些事务交给计算机进行处理）所设计编制出的一些程序或软件产

品。所有应用软件都是针对社会生活中某类特定问题使用计算机来解决而设计的一组程序。对社会生活中的一些常用问题,已有许多相应的应用软件。

(1)数字计算处理软件,如各种统计分析程序、数学方程求解程序等。

(2)让计算机从事文字工作的文字处理应用软件,从事印刷排版工作的排版软件,报表处理程序等。

(3)计算机辅助软件,如从事辅助教学工作的 CAI 软件,辅助工程设计和制造的 CAD 和 CAM 软件等。

(4)各种信息管理系统(Management Information System,MIS)。

(5)各种游戏软件。

4. 程序设计语言

程序设计语言(Programming Languages)又称开发软件(Developmental Software),是一种将人类语言与计算机语言进行沟通的语言转换指令体系。随着软件开发技术的发展,程序设计语言的发展大致经历了四代:面向机器的机器语言和汇编语言以及面向过程的高级语言和非过程化的高级语言。

1)机器语言

机器语言(Machine Language)是以二进制代码形式表示的机器指令的集合。每台计算机都配有自己的指令集合(即指令系统)。指令是指示计算机进行某种操作的命令。例如,应在什么地方提取数据,进行什么运算,结果存放在什么地方等,它与机器直接相关。因此,一条指令通常包括操作码和操作数两部分。操作码表示这条指令执行何种操作,而操作数是指示操作的对象或参数。

机器语言也被称为计算机低级语言,因为它的机器指令全都是由 0 和 1 这些二进制码组合而成的,用机器语言编写的程序能被计算机直接识别和执行,所以机器语言运行速度最快。

虽然有利于机器的识别,但与人的习惯用语和数据表达方式差别太大,所以难学、难记、难写、难检查、难修改等,总之用户很难方便地使用,这就给计算机的普及应用造成了很大的障碍。为了解决这些问题,人们研制出了汇编语言和高级语言。

2)汇编语言

汇编语言(Assembly Language)是在机器语言的基础上改进而来的,它使用符号代替二进制码来表示指令。汇编语言的优点也就在于较机器语言容易记忆和学习。

用汇编语言编写的程序称为源程序,源程序经过汇编程序的加工和翻译后成为计算机可执行的目标程序。然而,汇编语言虽然较机器语言已经有了很大的改进,但仍然比较复杂,且依赖于具体的机器。人们又继续研制了高级语言。

3)面向过程的高级语言

高级语言(High-Level Language)是一种在语句和命令上比较接近人们的学习习惯和自然语言(英文)的编程语言。它的运算符和算式也与数学中的用法很接近。这些都使人们易学、易用和易记,并且高级语言不再依赖于某台计算机。因而通用性好,并能为一般人所使用。

高级语言编写的源程序也和汇编语言编写的源程序一样不能直接被计算机直接识别和执行,而要使源程序经过"翻译程序"的加工翻译成为计算机可执行的目标程序,再用链接程序把目标程序链接成可执行程序后才能执行。所谓"翻译程序"也就是指编译程序或解释程序。

现在常用的高级语言有 Python、C/C++、Java、C♯等。

4）非过程化的高级语言

非过程化的高级语言称为第四代语言。在面向过程的语言中,问题求解不但要考虑做什么,同时还要考虑怎么做。非过程化的高级语言把求解问题的重点放在做什么上,只需向计算机说明做什么,如何去做,由计算机自己生成和安排执行步骤。这类语言有 SQL 和面向对象的程序设计语言。

SQL:结构化查询语言。用于数据库查询的程序设计语言,只需告诉计算机到什么数据库查询,满足什么条件的信息,不必说明怎样去查找的过程。

面向对象的程序设计语言:以对象为基础,把问题的求解视为对象之间相互作用的结果。对象是一个封装了对象特征和行为的抽象体,通过对象之间相互发送消息的方式来使程序得到执行,产生需要的结果。例如,Python、VC、Java、C♯等都是面向对象的程序设计语言,这一类程序设计语言是目前程序设计的主流语言。

1.2.4 计算机的维护

随着计算机的不断发展,计算机与人们的生活已越来越密切,这时维护计算机的"健康"与安全就越发显得重要。关于计算机的维护包括日常保养、硬件维护、软件维护等几个方面。

1. 日常保养

放置计算机的环境很重要,应注意将计算机安置在远离强磁、强电、高温、高湿及阳光直射之处,不要放在不稳定的处所。因为长期接近热源,机壳会变形;在阳光下,影响屏幕效果;更不要将机器放在通风不良的狭窄地方,影响机器散热,机器离墙应有 10cm 以上的距离;不要让机器淋雨或过度受潮。

计算机理想的工作温度是 10~30℃,太高或太低都会影响计算机配件的寿命。其相对湿度是 30%~80%,太高会影响 CPU、显卡等配件的性能发挥,甚至引起一些配件的短路;太低容易产生静电,同样对配件的使用不利。另外,空气中灰尘含量对计算机影响也较大。灰尘太多,天长日久就会腐蚀各配件和芯片的电路板并产生静电反应。因此,计算机室最好保持干净整洁。如果天气潮湿到一定程度,如显示器或机箱表面有水汽,此时绝不能未烘干就给机器通电,以免引起短路等造成不必要的损失。与其他电器一样,尘埃对计算机的威胁是明显的。大量的维修实践表明,在灰尘大的环境中工作,由于印刷电路板、磁头产生附着力很强的污垢,易使其绝缘程度下降,漏电电流增加而烧毁元件和划伤磁头盘片,从而使计算机系统瘫痪。因此,对计算机的各部件要定期清洁,特别是主板、磁头和光头。

正确地执行开机和关机顺序。开机的顺序是:先外设(如打印机、扫描仪、UPS 电源、Modem 等),显示器电源不与主机相连的,还要先打开显示器电源,然后再开主机;关机顺序则相反:先关主机,再关外设。其原因在于尽量减少对主机的损害。因为在主机通电时,关闭外设的瞬间,会对主机产生较强的冲击电流。关机后一段时间内,不能频繁地开、关机,因为这样对各配件的冲击很大,尤其是对硬盘的损伤更严重。关机时,应注意先关闭所有程序,再退出 Windows 操作系统,否则有可能损坏应用程序和数据。

计算机基础知识与计算思维

2. 硬件维护

硬件是计算机正常运行的基础。任何硬件的故障,都会造成计算机系统的工作异常。随着计算机硬件生产自动化程度的不断提高,维修的内容越来越少,而故障检测成为硬件维护的主要内容。

CPU 的散热问题是很重要的,如果 CPU 不能很好地散热,就有可能引起系统运行不正常、机器无缘无故重新启动、死机等故障。

计算机硬件故障是指造成计算机系统功能错误的物理损坏,这种损坏可能是电子故障、机械故障或是介质故障。

(1) 电子故障是指电路板或元件的失效所造成的逻辑错误。

(2) 机械故障是指计算机的机械部分如键盘失灵、磁盘驱动器磁头定位不准及打印机的机械故障等。

(3) 介质故障是指信息的介质载体(如磁盘)出现故障,造成信息无法正常读出。

计算机故障通用检测工具主要有万用表、示波器和逻辑测试笔等。专用的检测工具有逻辑分析仪、自动测试仪、逻辑示波器和维修卡等。一般用户不具备专用检测仪器,但可以使用一些通用工具,加上自己的知识和经验就可以处理相当一部分的故障。另外,工具软件也是很有效的检测工具,运行这些软件可以定位或诊断出一些硬件故障。计算机故障诊断包括人工诊断法与自动诊断法。

1) 人工诊断法

检查和维修计算机故障时应遵循以下原则:先静后动,先分析故障原因,再动手检查和维修;先软后硬,计算机出现故障后,应先排除外围设备的故障,然后再检查硬件设备;先外后内,如果确定为硬件故障,一般应先排除外围设备的故障。如首先检查系统配置及参数设置情况;其次检查计算机电源、跳线设置、信号链接,排除由于接触不良造成的简单故障;最后才检查 CPU、主板、内存条等设备配件的机械、电子部件造成的故障。一般诊断方法包括直接观察法、插拔法、试探法和交换法。

(1) 直接观察法。直接观察法就是通过看、听、摸、闻等方式检查机器的故障。利用人的感觉器官检查是否有火花、异常音响、元器件过热、烧焦、保险丝熔断,以及有关插件是否有松动、接触不良、断线等明显故障。

(2) 插拔法。将扩展卡、信号线拔出后再插回,可以排除扩展卡和信号线的接插松动造成的故障。可逐块拔下插件板,每拔一块测试一次机器状态,一旦拔出某一块,机器恢复正常状态,就可以断定为刚才那块板子的问题,插拔法也适用于集成电路芯片故障的检测。

(3) 试探法。计算机发生故障后,将计算机主板上所有非关键配件拆除,只保留 CPU、内存、显示卡等,逐一添加其他配件,如果在添加某个配件后计算机出现相同故障,说明此配件就是造成故障的配件。可用正常的插件板或好的组件(尤其是大规模集成电路)替换有故障疑点的插件板或组件。

(4) 交换法。把相同的插件或器件互相交换,观察故障变化的情况,是帮助找出故障原因的一种方法。计算机中有许多部分由完全相同的插件或器件组成。如果故障出现在这些部位,用交换法能很快排除故障。

2) 自动诊断(程序诊断)法

计算机的内部结构复杂,其可控、可观察性较差,因此对故障的直接检测比较困难。使用程序诊断能够有效地诊断出硬件故障。程序诊断的常用方法如下所示。

（1）简单功能测试。利用操作系统中的调试工具进行功能测试。调用 DEBUG 程序的各种命令，可以对系统的各个端口、内存、寄存器进行读写，以检查相应部件的功能。

（2）编写简易测试程序诊断。在简单功能测试的基础上，由用户针对具体故障专门编写的简单程序，进行机器故障诊断。有助于加快故障的定位。

（3）高级诊断程序诊断。利用诊断程序可以较严格地检查在运行的机器的工作情况。这种诊断程序常以菜单的形式为用户提供许多可以选择的测试项目，用户利用它可对自己的系统工作状态进行全面的检查。但这种检查必须在计算机系统基本正常之后才能使用，而且也只能检查到部件一级。

（4）加电自检程序诊断。当电源接通后，机器自行启动自检程序并进入系统测试状态。如果自检能够正常通过，然后才启动操作系统。如果自检不能正常通过，则显示出错代码信息并发出出错声响，指出故障的部件。是否启动操作系统，取决于故障的范围，对系统破坏的程度和用户对屏幕提示信息的回答。

（5）借助诊断卡诊断。利用计算机系统的开机自检程序，可对电源、主板、CPU、内存条、显示卡、硬盘、键盘、打印机接口等进行检测，并显示出便于识别的错误代码。借助诊断卡等工具进行检查，可方便地检测到故障原因和故障部位。

3. 软件维护

软件是计算机正常运行的必要条件。随着计算机应用的不断普及，软件维护便成为计算机系统正常运行的重要内容。

但计算机在使用的过程中总是会有各种各样的问题，如硬盘无法启动、无法打印、文件被误删除、磁盘信息读不出来、查找文件的时间变长、运行速度变慢或是感染病毒等，这时的计算机并没有物理故障，而是软件故障，需要进行软件维护，软件维护是保证计算机能够正常工作的一个不可缺少的过程。

软件维护的目的就是利用工具软件来修改和调整计算机系统运行的软件环境，保证计算机系统能够高效率的运行。软件维护的工作主要有以下 6 项。

（1）数据备份。数据备份是数据遭到破坏后，恢复数据最简单有效的方法。

（2）整理和删除无用的文件。很多系统软件在运行的过程中会产生一些临时文件。这些文件会占用大量磁盘空间，这类文件应该删除，收回磁盘空间。

（3）正确的配置系统。

（4）合理的安排硬盘的文件目录。

（5）恢复被破坏文件的数据。

（6）整理磁盘的文件分配。磁盘在使用过程中，反复生成删除文件，或文件经常修改，文件在磁盘上的位置变得不连续，出现很多小的"碎片"。这时读文件的速度就会降低。需要对磁盘文件进行整理，对磁盘性能进行优化。

4. 工具软件

工具软件是功能强大、针对性强、比较实用的各种计算机管理和维护软件的总称。随着计算机软件技术的不断发展，软件版本的不断更新，各种工具软件的功能也越来越强大，涉及的范围也越来越广。

工具软件涉及的内容很广,包括磁盘管理工具、病毒清除、数据恢复、系统优化、加密解密及网络通信,还有计算机安全防护、上传下载、图形图像、娱乐视听、文件管理、光盘刻录与镜像、系统管理、网络工具等诸多方面。根据工具软件用途的不同,其大体上可分为以下几类。

(1) 系统管理工具。系统管理工具是指对计算机软、硬件系统进行管理的一类工具软件。

(2) 磁盘复制工具。磁盘复制工具是指专门用于磁盘复制,方便磁盘系统之间进行数据高效复制的一类工具软件。

(3) 数据压缩工具。数据压缩工具是指通过对磁盘数据的压缩,以减少数据所占用的磁盘空间,使在原来的磁盘空间不变的情况下,能存储更多数据的一类工具软件。

(4) 加密与解密工具。加密工具是指用于保护软件开发者的合法权益,防止软件被非法复制及修改、算法分析及目标代码反汇编等,达到控制和延缓非法扩散目的的一类工具软件。解密工具是指针对加密工具开发的,进行反加密的一类工具软件。

(5) 系统测试工具。系统测试工具是指用来测试系统总体或局部性能指标的一类工具软件。

(6) 编程调试工具。编程调试工具是指用于编制和调试程序的一类工具软件。

(7) 硬件仿真工具。硬件仿真工具是指用软件的方式来模仿硬件的一些功能的一类工具软件。

(8) 多媒体工具。多媒体工具是指对声音、图像、文本、动画、视频等多种媒体进行创作、编辑,以及将各种媒体有机结合起来,制作多媒体软件的一类工具软件。

(9) 网络与通信工具。网络与通信工具是指能使计算机之间通过网络互相传输数据,互相进行通信的一类工具软件。

(10) 游戏工具。游戏工具是指能实现计算机游戏逻辑型、数值型等变量的修改,对内存进行跟踪、定位,以及截取屏幕画面等功能的一类工具软件。

(11) 综合性工具。综合性工具是指功能强大,将一系列实用工具软件集成的综合性工具软件包。

1.3 计算机数制与数据表示

1.3.1 数制概述

计算机的显著特点之一就是它强大的存储能力,但计算机是如何将这么多数据准确无误地进行存储呢? 下面介绍计算机使用的数制和常用编码。

人们在生产实践中,创造了数的多种表示方法,这些数的表示规则称为数制。其中,按照进位方式记数的数制叫做进位记数制。

以生活中人们常用的十进制数为例,一个数字可以展开成如图 1.13 所示,由数码、基数和位权有规律的表述。对于十进制而言,其基数为 10;对于任意 R 进制而言,则基数为 R,其中 R 为任意正整数,如二进制的 R 为 2,十六进制 R 为 16 等。

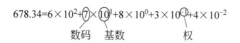

$$678.34 = 6 \times 10^2 + \textcircled{7} \times \textcircled{10}^1 + 8 \times 10^0 + 3 \times 10^{\textcircled{-1}} + 4 \times 10^{-2}$$

数码　　基数　　　　权

图 1.13　十进制数的加权表示方法示意

基数：一个记数制所包含的数字符号的个数称为该数制的基数，用 R 表示。如十进制有 10 个数字符号 0～9；二进制有两个数字符号 0,1；八进制有 8 个符号 0～7；十六进制有十六个数字符号，用 0～9、A～F 表示（其中 A、B、C、D、E、F 分别表示十进制数 10、11、12、13、14、15）。对于数字串，人们习惯在一个数的后面加上字母 D（十进制）、B（二进制）、O（八进制）及 H（十六进制）来表示其前面的数是哪种进位制。例如，$(AF05)_H$ 就表示十六进制数 AF05。

位权：任何一个 R 进制数都是由一串数码组成的，每位数码所表示的实际值的大小除数字本身外，还与它所处的位置有关，该位置的基准值称为位权。位权用 R 的 i 次幂表示。对于 R 进制数，小数点前的一位的位权为 R^0，小数点前的第 i 位的位权为 R^{i-1}，小数点后的一位为 R^{-1}，依次类推。

数的按位权展开：类似十进制数值的表示。任一 R 进制的数都可以表示为各位数码本身的值与其所在位的位权的乘积之和，如图 1.14 所示。

$$N = a_{n-1} \times r^{n-1} + a_{n-2} \times r^{n-2} + \cdots + a_0 \times r^0 + a_{-1} \times r^{-1} + \cdots + a_{-m} \times r^{-m}$$
$$= \sum_{i=-n}^{n-1} a_i \times r^i$$

图 1.14　R 进制数的加权表示方法

例如，二进制数 $(101.01)_2 = 1 \times 2^2 + 0 \times 2^1 + 1 \times 2^0 + 0 \times 2^{-1} + 1 \times 2^{-2} = 5.25$。

二进制是计算机中采用的记数方式，因为二进制具有以下特点。

（1）电路简单。计算机是由逻辑电路组成的，逻辑电路通常只有两个状态。例如，开关的"通"和"断"，电压的"高"和"低"。这两种状态正好用二进制的 0 和 1 来表示。

（2）工作可靠。两种电的稳定状态表示两个数据，数字传输和处理不容易出错，因而电路更加可靠。

（3）简化运算。二进制运算法则简单。

（4）逻辑性强。计算机工作原理是建立在逻辑运算基础上的，逻辑代数是逻辑运算的理论依据。二进制只有两个数码，正好代表逻辑代数的"true"（真）和"false"（假）。

但是，二进制数的明显缺点是数字冗长、书写量过大、容易出错、不便阅读。因此，在计算机中常用八进制数或十六进制数表示。

1.3.2　数制间的转换

在日常生活中，人们习惯用十进制记数，而计算机则使用二进制记数方式。因此，要想使人机顺利交流，首先应了解数制之间的转换方法。表 1.1 列出了二进制数与其他数制之间的对应关系。

表 1.1 二进制与其他数制之间的对应关系

二　进　制	十　进　制	八　进　制	十　六　进　制
0	0	0	0
1	1	1	1
10	2	2	2
11	3	3	3
100	4	4	4
101	5	5	5
110	6	6	6
111	7	7	7
1000	8	10	8
1001	9	11	9
1010	10	12	A
1011	11	13	B
1100	12	14	C
1101	13	15	D
1110	14	16	E
1111	15	17	F
10000	16	20	10

1. 十进制与二进制的相互转换

1）二进制数→十进制数

基本规则：以 2 为基数按权展开并相加。

二进制数用$(N)_2$表示。例如，$(0)_2$、$(1)_2$、$(10)_2$、$(101)_2$ 等。

二进制数转换为十进制数常用公式为

$$M_n \times 2^{n-1} + M_{n-1} \times 2^{n-2} + \cdots + M_2 \times 2^1 + M_1 \times 2^0$$

其中，M 为每位二进制数（0 或 1），n 为二进制位数。

例：求$(1101.101)_2$的等值十进制数。

$$
\begin{aligned}
(1101.101)_2 &= 1 \times 2^3 + 1 \times 2^2 + 0 \times 2^1 + 1 \times 2^0 + 1 \times 2^{-1} + 0 \times 2^{-2} + 1 \times 2^{-3} \\
&= 8 + 4 + 0 + 1 + 0.5 + 0 + 0.125 \\
&= (13.625)_{10}
\end{aligned}
$$

2）十进制数→二进制数

整数部分和小数部分分别用不同的方法进行转换。

整数部分的转换采用的是除 2 取余法。其转换原则是：将该十进制数除以 2，得到一个商和余数(K_0)，再将商数除以 2，又得到一个新的商和余数(K_1)，如此反复，直到商是 0 时得到余数(K_{n-1})，然后将得到的各次余数，以最后余数为最高位，最初余数为最低依次排列，即 $K_{n-1} \cdots K_1 K_0$。这就是该十进制数对应的二进制。如图 1.15 所示，$(13)_{10} = (1101)_2$。

小数部分的转换采用的是乘 2 取整法。其转换原则是：将十进制的小数乘以 2，取乘积中的整数部分作为相应二进制小数点后最高位 K_{-1}，反复乘 2，逐次得到 K_{-2}、K_{-3}、$\cdots$、K_{-m}，直到乘积的小数部分为 0 或位数达到精确度要求为止。然后，把每次乘积的整数部分由上而下依次排列起来（$K_{-1} K_{-2} \cdots K_{-m}$）即是所求的二进制数。如图 1.16 所示，

$(0.625)_{10} = (0.101)_2$，综合起来则有$(13.625)_{10} = (1101.101)_2$。

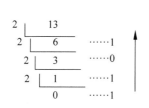

图 1.15 整数转换方式

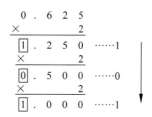

图 1.16 小数转换方式

提示：在小数转换时，有些十进制小数不能转换为有限位的二进制小数，则只有用近似值表示。例如，$(0.57)_{10}$ 不能用有限位二进制表示，如果求 6 位小数近似值，则得 $(0.57)_{10} \approx (0.100100)_2$。

2. 十进制与八进制的相互转换

1）八进制数→十进制数

转换规则：以 8 为基数按权展开并相加。

例：求$(125.5)_8$ 的等值十进制数。

$$(125.5)_8 = 1 \times 8^2 + 2 \times 8^1 + 5 \times 8^0 + 5 \times 8^{-1}$$
$$= 64 + 16 + 5 + 0.625$$
$$= (85.625)_{10}$$

2）十进制数→八进制数

转换规则：整数部分，除 8 取余；小数部分，乘 8 取整。

例：求$(212.52)_{10}$ 的等值八进制数。

解题过程如图 1.17 所示，$(212.52)_{10} \approx (324.412)_8$。

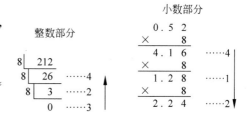

图 1.17 十进制数转换为八进制数示例

3. 十进制与十六进制的相互转换

1）十六进制数→十进制数

转换规则：以 16 为基数按权展开并相加。

2）十进制数→十六进制数

转换规则：整数部分，除 16 取余；小数部分，乘 16 取整。

可以看出，十进制和十六进制的转换规则与十进制和八进制的转换规则类似，此处不再赘述。

4. 二进制与八进制的相互转换

1）二进制数→八进制数

二进制数转换成八进制数所采用的转换原则是"三位并一组"，即以小数点为界，整数部分从右向左每 3 位为一组，若最后一组不足 3 位，则在最高位前面添 0 补足 3 位，然后将每组中的二进制数按权相加得到对应的八进制数；小数部分从左向右每 3 位分为一组，最后一组不足 3 位时，尾部用 0 补足 3 位，然后按照顺序写出每组二进制数对应的八进制数即可。

例：把$(1101001.1011)_2$ 转换为八进制数。

$$(1101001.1011)_2 = (001)(101)(001).(101)(100) = (151.54)_8$$

2）八进制数→二进制数

八进制数转换成二进制数的转换原则是"一位拆三位"，即把一位八进制数写成对应的3位二进制数，然后按顺序连接即可。

例：把$(166.47)_8$转换为二进制数。

$$(166.47)_8 = (1)(6)(6).(4)(7) = (001)(110)(110).(100)(111)_2$$

$$(166.47)_8 = (1110110.100111)_2$$

5. 二进制与十六进制的相互转换

1）二进制数→十六进制数

转换原则是"四位并一体"。二进制和十六进制数的转换与二进制数和八进制数的转换相似。

2）十六进制数→二进制数

十六进制数转换成二进制数的转换原则是"一位拆四位"，即把一位十六进制数写成对应的4位二进制数，然后按顺序连接即可。

例：把$(5D.7A4)_H$转换为二进制数。

$$(5D.7A4)_H = (0101)(1101).(0111)(1010)(0100) = (1011101.0111101001)_2$$

1.3.3 二进制数的运算

二进制的运算可分为算术运算和逻辑运算。

1. 二进制的算术运算

二进制的算术运算也就是通常所说的四则运算，即加法、减法、乘法和除法运算。具体运算规则是：逢二进一，借一当二。

2. 二进制的逻辑运算

计算机所用的二进制数1和0可以代表逻辑运算中的"真/假""是/否""有/无"。由此可见，二进制适宜逻辑运算的特性也是计算机采用二进制的一个原因。

逻辑运算包括"非""与""或""异或"4种。

1）逻辑"或"(or)运算

逻辑"或"运算也被称为逻辑加法，通常用符号"＋"或"∨"来表示，其运算法则如表1.2所示。

表 1.2　逻辑"或"运算法则

A	B	A＋B/A∨B
0	0	0
0	1	1
1	0	1
1	1	1

由其运算法则可以得出逻辑"或"运算的意义，即在所给的逻辑变量A、B中，只要有一个为1，逻辑"或"运算的结果就是1。

2）逻辑"与"(and)运算

逻辑"与"运算也被称为逻辑乘法，通常用符号"×"或"∧"或"·"来表示，其运算法则如

表 1.3 所示。

表 1.3 逻辑"与"运算法则

A	B	A×B/A∧B/A·B
0	0	0
0	1	0
1	0	0
1	1	1

由其运算法则可以得出逻辑"与"运算的意义,即在所给的逻辑变量 A、B 都是 1 时,逻辑"与"运算的结果才是 1。也就是说,在当所有的条件都符合时,逻辑结果才为肯定值(1)。

3)逻辑"非"(negate)运算

逻辑"非"运算也被称为逻辑否运算,通常是在逻辑变量上加上画线来表示,即 $\overline{A}$,其运算法则如表 1.4 所示。逻辑"非"运算的逻辑意义就是,不是 0,则唯一的可能就是 1,反之亦然。

表 1.4 逻辑"非"运算法则

A	$\overline{A}$	A	$\overline{A}$
0	1	1	0

4)逻辑"异或"(exclusive-or)运算

逻辑"异或"运算通常用符号"⊕"表示,其运算法则如表 1.5 所示。它的逻辑意义是指当逻辑运算中变量的值不同时,结果为 1;而变量的值相同时,结果为 0。例如,在判断两个带符号数的符号是否相同,只需对两数进行"异或"运算,运算结果的最高位若为 0 就表示两数符号相同,若为 1,就表示不同。

表 1.5 逻辑"异或"运算法则

A	B	A⊕B
0	0	0
0	1	1
1	0	1
1	1	0

1.3.4 数据与信息的表示

本节将介绍计算机如何用 0 和 1 两个数字表示出人们所熟知的数字、字母、文字、标点符号、运算符等复杂的数据与信息。

1. 数据单位

在计算机内部,数据都是以二进制的形式存储和运算的。当数据存储和运算时,通常要涉及的单位有:位、字节、字、字长、指令、容量。

位:计算机中所有的数据都是以二进制来表示的,一个二进制代码称为一位,记为 bit。位是计算机中最小的信息单位。

字节：在对二进制数据进行存储时，以八位二进制代码为一个单元存放在一起，称为一个字节，记为 Byte。字节是计算机中次小的存储单位。

字：一条指令或一个数据信息，称为一个字。字是计算机进行信息交换、处理、存储的基本单元。

字长：CPU 中每个字所包含的二进制代码的位数，称为字长。字长是衡量计算机性能的一个重要指标。字长越长，数据所包含的位数越多，精度越高。

指令：指挥计算机执行某种基本操作的命令称为指令。一条指令规定一种操作，由一系列有序指令组成的集合称为程序。

容量：容量是衡量计算机存储能力常用的一个名词，主要指存储器所能存储信息的字节数。常用的容量单位是 B、KB、MB、GB、TB、PB，它们之间的换算关系是：1KB＝1024B，1MB＝1024KB，1GB＝1024MB，1TB＝1024GB，1PB＝1024TB。

2. 带符号数的表示

1）机器数

在计算机中，通常把一个数的最高位定义为符号位，用"0"表示正，"1"表示负。把在机器内存放的正、负号数码化的数称为机器数。

在计算机中有符号的数字有 3 种表示方法：原码、反码和补码。

2）原码表示法

用机器数的最高位代表符号位，其余各位是数的绝对值。符号位若为 0，则表示正数；若为 1，则表示负数。

例：

$$X＝＋1001010 \qquad Y＝－1001010$$
$$[X]_原＝01001010 \qquad [Y]_原＝11001010$$

3）反码表示法

正数的反码和原码相同，负数的反码是对原码除符号位外各位取反。

例：

$$[X]_反＝01001010 \qquad [Y]_反＝10110101$$

4）补码表示法

正数的补码和原码相同，负数的补码是该数的反码加 1。

例：

$$[X]_补＝01001010 \qquad [Y]_补＝10110110$$

需要说明的是：引入补码的概念后，加、减法运算都可以用加法来实现，而且符号位也和数字一样对待，且两数的补码之"和"等于两数"和"的补码。这为加、减法运算带来很多方便。另外，计算机中的"乘""除"也可以转换成"加""减"进行运算。在计算机中只设计一个简单的加法器就可以执行各种算术运算，从而大大简化了电路设计。因此，在近代计算机中，"加""减"多采用补码运算。

3. 带小数点数的表示

为了不仅能够表示正数和负数，也能表示带小数点的数，计算机内部数据表示法又产生了定点数表示和浮点数表示。

1）定点数（Fixed-Point Number）

将小数点的位置固定的数称为定点数，它又区分为定点纯整数和定点纯小数。定点纯整数就是将小数点固定在机器数的最低位(最右边)之后,对于带符号整数,符号位放在最高位。它表示的数值范围是$-(2^{n-1}-1)\sim(2^{n-1}-1)$。

定点纯小数,小数点不用明确表示出来,因为总是指把小数点固定在符号位与最高数字位之间,它表示的数值范围是$-(1-2^{-(n-1)})\sim(1-2^{-(n-1)})$。

2) 浮点数(Floating-Point Number)

浮点数则是指小数点位置可以变动的数。这种表示方法类似于十进制的科学记数法,它增加了数值的表示范围,有效地防止了溢出的发生。所谓溢出(Overflow)就是指一种运算结果超出机器表示数值范围而导致运算结果错误的现象。

因此,用浮点数来表示一个既有整数部分又有小数部分的二进制数 P 时,可以表示为$P=M\times2^E$的形式,其中,M 为一个二进制定点小数,称为尾数(Mantissa),这里尾数要求是大于 0.5 的数,即尾数最左边数值位为"1";尾数的位数依数的精度要求而定。E 为二进制定点整数,称为阶码(Exponent),阶码的位数随数字表示的范围而定,它体现了二进制数 P 小数点的实际位置。

例:二进制数-110101101.01101可以表示为

$$-0.11010110101101\times2^{1001}$$

在具体进行数的表示时,浮点数的正、负是由尾数的数符决定的,而阶码的正、负只决定小数点的位置,即决定浮点数绝对值的大小。

4. 信息编码

信息编码的表示方式很多,在这里只介绍 4 种常用的编码方式。

1) BCD(Binary-Coded Decimal)码

由于通常人们习惯用十进制来记数,而计算机采用的是二进制记数,因此为了方便,将十进制的 0~9 这 10 个数字分别用四位二进制数来表示的编码就称为 BCD 码。表 1.6 列出了这一对应关系。

表 1.6　十进制、BCD 码、二进制对照表

十　进　制	BCD 码	二　进　制
0	0000	0000
1	0001	0001
2	0010	0010
3	0011	0011
4	0100	0100
5	0101	0101
6	0110	0110
7	0111	0111
8	1000	1000
9	1001	1001

由于 8421BCD 码只能表示 10 个十进制数,所以在原来 4 位 BCD 码的基础上又产生了 6 位 BCD 码,它能表示 64 个字符,其中包括 10 个十进制数,26 个英文字母和 28 个特殊字符。但在某些场合,还需要区分英文字母的大、小写,这就提出了扩展 BCD 码,它是由 8 位组成,可表示 256 个符号,其名称为 EBCDIC(Extended Binary Coded Decimal Interchange Code)码。EBCDIC 码是常用的编码之一,IBM 等计算机采用这种编码。

计算机基础知识与计算思维

2）ASCII 码

目前，在计算机中最普遍采用的字符编码是 ASCII（American Standard Code for Information Interchange）码，即美国标准信息交换码。它是用七位二进制数进行编码的，可以表示 128 个字符，其中包括 0～9 十个数码，以及大小写英文字母和一些其他字符。例如，字母"A"的 ASCII 码为"1000001"；"!"的 ASCII 码为"0100001"。7 位 ASCII 码如表 1.7 所示。

表 1.7　7 位 ASCII 码表

$b_4 b_3 b_2 b_1$	$b_7 b_6 b_5$							
	000	001	010	011	100	101	110	111
0000	NUL	DLE	SP	0	@	P	`	P
0001	SOH	DC1	!	1	A	Q	a	Q
0010	SRX	DC2	"	2	B	R	b	R
0011	ETX	DC3	#	3	C	S	c	S
0100	EOT	DC4	$	4	D	T	d	T
0101	ENQ	NAK	%	5	E	U	e	U
0110	ACK	SYN	&	6	F	V	f	V
0111	BEL	ETB	'	7	G	W	g	W
1000	BS	CAN	(	8	H	X	h	X
1001	HT	EM	)	9	I	Y	I	Y
1010	LF	SUB	*	:	J	Z	j	Z
1011	VT	ESC	+	;	K	[	k	{
1100	FF	S	,	<	L	\	l	|
1101	CR	GS	—	=	M	]	m	}
1110	SO	RS	.	>	N	^	n	~
1111	SI	US	/	?	O	_	o	DEL

因为字节（8 位二进制数）是基本的存储单位，所以实际上一个字符的 ASCII 码占有 8 个二进制位，即一个字节，最高位用作奇偶校验位。

说明：奇偶效验（Odd-Even Check）是为了防止数据传送错误而采用的一种措施。当传送数据时，通过调整字节最高位的值使字节在传送之前包含有奇数/偶数个"1"，传送到达之后检查"1"仍为奇数/偶数个，就认为传送正确，否则认为错误。

3）Unicode 编码

扩展的 ASCII 码提供了对应的 256 个字符，用来表示世界各国的文字编码是不够的，为了能表示更多的字符和意义，又出现了 Unicode 编码。

Unicode（统一码、万国码、单一码）编码是一种在计算机上使用的字符编码。它为每种语言中的每个字符设定了统一并且唯一的二进制编码，以满足跨语言、跨平台进行文本转换、处理的要求。

Unicode 编码于 1990 年开始研发，1994 年正式公布。随着计算机工作能力的增强，Unicode 编码也在面世以来的十多年里得到普及。Unicode 编码是一种 16 位的编码，能表示 65000 多个字符或符号。目前，世界上各种语言所使用的符号都在 3400 个，因此 Unicode 编码可以用于任何一种语言。Unicode 编码与现在流行的 ASCII 码完全兼容，二者的前 256 个字符一样。

4）汉字编码

ASCII 码只对英文字母、数字和标点符号进行编码。为了使计算机能够识别和处理汉字,同样也需要对汉字进行编码。在汉字处理的过程中,根据要求的不同,采用的编码也不同。下面就对不同处理环节的汉字编码逐一进行介绍。

（1）汉字信息交换码。汉字的交换码即中华人民共和国国家标准信息交换用汉字编码字符集-基本集,代号为 GB 2312—1980。它是一种机器内部编码,作用在于可以使不同系统之间所用的不同编码,将不同系统使用的不同编码统一转换成国标码,以汉字信息处理系统之间或汉字信息处理系统与通信系统之间的信息交换的代码。

国标码中共收录了汉字、字母、图形等字符 7445 个,其中有 6763 个汉字和 628 个其他基本图形字符。其中,一级汉字 3775 个,二级汉字 3008 个,图形字符 682 个。

国家标准将汉字和符号放置在一个 94 行×94 列的二维阵列中,阵列中的每行称为汉字的"区",用两位十进制的区号表示;每列称为汉字的"位",用两位十进制的位号表示。一个汉字的区号与位号的组合就是该汉字的"区位码"。例如,字符集中的第一个汉字"啊"位于第 16 行第 1 列,所以它的区位码就是 1601。

国标码由区位码转换得到,转换方法是:将十进制的区码和位码分别转换为十六进制编码,再将这个代码的第一个字节和第二个字节分别加上 20H。例如,"啊"的十六进制表的区位码是(1001)H,国标码为(3021)H。

（2）汉字输入码。为将汉字输入计算机而编制的代码称为汉字输入码,也称为外码。汉字输入码的作用是使用户能够利用英文键盘输入汉字。根据汉字的特点和人们不同的习惯,现今已经设计出了多种输入编码,它们主要可以分为 4 类如下 4 类。

- 数字编码,如电报码、区位码。
- 字音编码,如全拼、双拼输入方案。
- 字形编码,如五笔字型、表形码。
- 音形编码,如根据语音和字形双重因素确定的输入码。

对于同一个汉字,不同的输入法有不同的输入码,这些不同的输入码,通过输入字典转换到统一的国标码之下。

（3）汉字的内码。由于汉字的内码是为计算机内部对汉字进行存储、处理而设置的汉字编码。当一个汉字输入计算机后就转换为内码,然后才能在机器内传输、处理。为与英文区别起见,规定英文字符的机内代码是最高位为 0 的 8 位 ASCII 码,而国标码的前后字节的最高位也是 0,与 ASCII 码冲突,因此将汉字字符机内代码的两个字节的最高位都置为 1,即把 GB 2312—1980 规定的汉字国标码直接加上(8080)H 后作为汉字机内码。

例:汉字"啊"的国标码是 00110000 00100001,即（3021）H;而汉字"啊"的内码是 10110000 10100001,即（B0A1）H。

（4）汉字的输出码。汉字的输出码提供了输出汉字时所需的汉字字形。计算机的汉字字形通常有点阵和矢量两种表示。

点阵表示中,字形存在字模点阵之中,字模点阵就是指用同样大小方框中的 m 行和 n 列的小圆点来表示每个汉字。

如果在汉字的字模点阵中,将每点用二进制数表示,有笔形的位为 1,否则为 0,就可以得到该汉字的字形码。由此可见,汉字字形码是一种汉字字模点阵的二进制码,是汉字的输出码。

早期的计算机中显示的汉字通常采用的是 16×16 的字模点阵。这样,每个汉字的字形码就要占用 32 个字节(每行占用 2 个字节,总共 16 行,如图 1.18(a)所示)。

早期打印使用的汉字字形通常采用的是 24×24 点阵、32×32 点阵、48×48 点阵等,这时所需要的存储空间自然也会相应增加。当然,点阵的密度越大,输出的效果越好。

汉字的点阵字形在汉字输出时要经常使用,所以要把各个汉字的字形码固定存储起来。存放各个汉字字形码的实体称为汉字库。为满足不同需要,出现了各种各样的字库,如宋体字库、楷体字库、繁体字库等。矢量字体的每个字形都是通过数学方程来描述的,一个字形上分割出若干个关键点,相邻关键点之间由一条光滑曲线连接,这条曲线可以由有限的参数来唯一确定,如图 1.18(b)所示。矢量字的好处是字体可无级缩放而不会产生变形。目前,主流的矢量字体格式有 3 种:Type1、TrueType 和 OpenType,这 3 种格式都是与平台无关的。

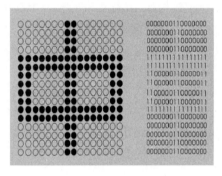
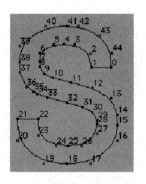

(a) 汉字"中"的16×16的字模点阵　　(b) 字母"S"的矢量字形的关键点

图 1.18　字形点阵与矢量示意图

(5) 汉字的地址码。汉字的地址码是指汉字库(主要指字形点阵式字模库)中存储汉字字形信息的逻辑地址码。汉字库中的字形信息都是按一定的顺序连续存放在存储介质中的,所以汉字的地址码也大多是连续有序的,且与汉字内码间有简单的对应关系,以简化汉字内码到汉字地址码的转换。因此,计算机显示一个汉字的过程首先是根据其内码找到该汉字在字库中的地址,然后将该汉字字形显示在屏幕上。

在汉字的输入、处理和输出的过程中,汉字输入码向内码的转换,是通过使用输入字典实现的。在计算机的内部处理过程中,汉字信息的存储和各种必要的加工都是以汉字内码形式进行的。在汉字的通信过程中,系统将汉字内码转换为适合于通信的交换码(国标码),以实现通信处理。在汉字的输出过程中,系统根据汉字内码计算出汉字的地址码,按地址码从字库中取出汉字字形码,以实现汉字的显示或打印输出。

1.4　计算思维简介

由于计算技术和计算科学的进步,计算思维成为日常生活中无处不在的一种思考能力。它不仅是在计算机领域的学习中为人们提供解决问题的能力,更延伸至人们生活工作的方方面面,扩展人们的思路、提高工作效率、避免错误和意外、学会思考问题和解决问题的新方法,以及增强与他人沟通的能力。

1.4.1 科学思维与计算思维

科学思维通常是指理性认识及其过程,是人脑对科学信息的加工活动。在科学认识活动中,科学思维必须遵守 3 个基本原则:在逻辑上要求严密的逻辑性,达到归纳和演绎的统一;在方法上要求辩证地分析和综合两种思维方法;在体系上,实现逻辑与历史的一致,达到理论与实践具体历史的统一。科学思维的含义和重要性在于它反映的是事物的本质和规律。

从人类认识世界和改造世界的思维方式出发,科学思维可分为理论思维(Theoretical Thinking)、实验思维(Experimental Thinking)和计算思维(Computational Thinking)3 种。一般来说,理论思维、实验思维和计算思维分别对应于理论科学、实验科学和计算科学。理论科学、实验科学、计算科学被称为推动人类文明进步和科技发展的三大科学,或者叫三大支柱。其中,理论思维又称逻辑思维,是以推理和演绎为特征的推理思维,以数学学科为代表;实验思维又称实证思维,是以观察和总结自然规律为特征的,以物理学科为代表;计算思维又称构造思维,以设计和构造为特征,以计算机学科为代表。随着科学技术的进步,理论与实验手段在面临大规模数据的情况下,不可避免地要用计算手段来辅助进行。

计算思维是人类科学思维活动的重要组成部分,尽管以“计算”命名,但绝不是只与计算机科学有关的思维,而是随着计算机技术的出现及广泛应用,极大地强化了计算思维的意义和作用,并且在计算机科学的研究和工程应用中得到了广泛的认同。

“计算思维”一词萌芽于 20 世纪 80 年代,麻省理工学院的 Seymour Papert 教授的 *Mindstorms: Children, Computers, and Powerful Ideas* 一文。1996 年,Seymour Papert 教授在阐述和解释几何理论时,再次提及计算思维,但并未对其进行定义。2006 年 3 月,美国卡内基-梅隆大学的周以真(Jeannette M. Wing)教授首次对“计算思维”做了界定。周以真认为:计算思维是运用计算机科学的基础概念去求解问题、设计系统和理解人类行为的,它涵盖了计算机科学的一系列思维活动。

2010 年 11 月中国科学技术大学陈国良院士在“第六届大学计算机课程报告论坛”倡议将计算思维引入大学计算机基础教学以后,计算思维得到了国内计算机基础教育界的广泛重视。

后来,国际教育技术协会(ISTE)和计算机科学教师协会(CSTA)于 2011 年给计算思维做了一个可操作性的定义,即计算思维是一个问题解决的过程,该过程包括以下特点。

(1)制定问题,并能够利用计算机和其他工具来帮助解决该问题。

(2)要符合逻辑地组织和分析数据。

(3)通过抽象,如模型、仿真等,再现数据。

(4)通过算法思想(一系列有序的步骤),支持自动化的解决方案。

(5)分析可能的解决方案,找到最有效的方案,并且有效结合这些步骤和资源。

(6)将该问题的求解过程进行推广并移植到更广泛的问题中。

2016 年,美国计算机科学教师协会颁布的 *K-12 Computer Science Standards* 文件中将“计算思维”视为“一种解决问题的方法论”,总结并阐释了“计算思维”的 3 个核心特征,即

计算机基础知识与计算思维

抽象、自动化、分析。

1.4.2 计算机学科中蕴涵的计算思维

即使没有计算机,计算思维也会逐步发展,但是由于计算机的出现,给计算思维的研究和发展带来了根本性的变化,计算机所具有的对信息和符号的快速处理能力,使得许多原本只是理论可以实现的处理过程变成了现实可实现的过程。例如,高精度的计算、海量数据的处理、机械自动化的实现等,借助计算机可以实现从想法到产品生产整个过程的自动化、精确化和可控性,大大拓展了人类认知世界和解决问题的能力和范围。

用计算机替代人类完成部分机械性甚或智力活动相关工作的方式,凸显了计算思维的重要性,推进了对于计算思维的形式、内容和表达的深入探索。与此同时,计算思维也受到了前所未有的重视。

研究一个问题如何变换成能够用计算机求解的方式及如何利用计算机解决问题,是目前众多学科领域的研究者需要思考的问题。一些属于计算思维的特点被逐步揭示出来,计算思维与逻辑思维、实验思维的差别也越来越清晰。

1. 图灵机与可计算性——模式化、抽象化思维

被誉为计算机与人工智能之父的阿兰·图灵在 24 岁时发表文章介绍了一种计算模型,其基本思想是用机器来模拟人类用纸笔进行数学运算的过程,现在称为"图灵机"。图灵机由以下几个部分组成。

(1) 一条无限长的纸带 TAPE。纸带被划分为一个接一个的小格子,每个格子上包含一个来自有限字母表的符号,字母表中有一个特殊的符号表示空白。纸带上的格子从左到右依此被编号为 0,1,2,…,纸带的右端可以无限伸展。

(2) 一个读写头 HEAD。该读写头可以在纸带上左右移动,它能读出当前所指的格子上的符号,并能改变当前格子上的符号。

(3) 一套控制规则 TABLE。该控制规则根据当前机器所处的状态及当前读写头所指的格子上的符号来确定读写头下一步的动作,并改变状态寄存器的值,令机器进入一个新的状态。

(4) 一个状态寄存器。该状态寄存器用来保存图灵机当前所处的状态。图灵机的所有可能状态的数目是有限的,并且有一个特殊的状态,称为停机状态。

注意:这个机器的每部分都是有限的,但它有一个潜在的无限长的纸带,因此这种机器只是一个理想的设备。图灵认为这样的一台机器就能模拟人类所能进行的任何计算过程。图 1.19 给出一种图灵机模型。冯·诺依曼结构的计算机也被证明等价于图灵机,其中字母表是{0,1},数据和指令定义了它的动作和状态。

在图灵机概念出现之前,人们对于可计算性的理解是模糊的,什么是可计算的,什么是不可计算的,缺乏一种公认的标准。迄今为止,人们提出的所有计算模型都能够用图灵机模型模拟。任何计算装置:算盘、超级计算机、智能手机等,都不能超越图灵机模型的计算能力(不考虑速度,只考虑可计算性)。这就是"图灵-邱奇论题"(Turing-Church Thesis)。这是一个没有得到证明的假说,但是越来越多的验证使人们越来越确信这个假说是真的。有些模型的计算能力弱于图灵机,图灵机可模拟它们,而它们无法模拟图灵机;有些模型等价于图灵机,它们与图灵机可以互相模拟。

图 1.19　一种图灵机模型

图灵机是关于计算机的抽象模型。首先提炼可计算性的一般规律,然后通过抽象,剥去事务不重要的方面而关注实质内容,从而把复杂事务变得非常清晰。模式化、抽象化是计算思维的重要特征之一,是计算思维中十分重要的基础概念和广泛用于各种问题求解的基本方法。学习过程中,应逐步养成科学地抽象问题的习惯,关注事务发展变化规律、内在联系及本质问题。

2. 冯·诺依曼结构——结构化、分治化思维

这里回顾一下本章 1.2 节讲述的计算机结构,一台完整的计算机系统包括硬件系统和软件系统两个部分。以 PC 为例,硬件主要由主机箱内部的中央存储器(CPU)、内存储器和主板,以及鼠标、键盘、光盘等外部设备组成;而软件系统是指硬件设备上运行的各种程序、数据和有关的技术资料,它大致分为系统软件和应用软件两大类。

现代计算机由五大部件组成,以存储器为核心。

(1) 存储器:用来存放数据和程序。

(2) 运算器:用来完成算术运算和逻辑运算,并将运算的中间结果暂存在运算器内。

(3) 控制器:用来控制、指挥程序和数据的输入、运行及处理运算结果。

(4) 输入设备:用来将人们熟悉的信息形式转换为机器能识别的信息形式。

(5) 输出设备:可将机器运算结果转换为人们熟悉的信息形式。

计算机的五大部件(五大子系统)在控制器的统一指挥下,完成自动工作。

现代计算机的强大计算能力已是有目共睹的,从现代计算机的结构分层、任务分工明确,可以看出另一种强有力的计算思维形式,当面临一个复杂待解决的问题时,把一个大的问题分解成一个个子问题,再把一个子问题分解成为子问题,直到不需要分解,这就是自顶向下和结构化设计的方法。有了结构化设计思想,就会简化问题,从而"分而治之,各个击破"。

这一思维方式已被广泛应用,如一个大学仅有学生和老师是远不足以支撑其运转的,还要设置多个部门,第一层会分为教学科研机构和职能部门。教学科研机构主要由不同院系组成,院系里又分为不同专业方向;职能部门则包含教务处、学生工作处、图书馆、人事处、财务处、保卫处等多个部门。每个部门职责细分后,各自负责自己的责任领域,整个学校也被治理的有条不紊。同样地,这种思想在各个大的公司企业、政府领域乃至国家层面都在贯彻执行。同时值得思考的是,这样的思维方式是否可以在日常生活与学习工作中得以体现和实施,这就需要每个人都有意识地、系统地去学习计算思维方式。

在计算机领域,算法设计与编程实现过程也全面体现了结构化、分治法的思维方式。在

计算机基础知识与计算思维

算法设计中,工程师通常也会把一个大的算法拆分成许多功能性小模块,常被称为"函数",函数又可以包含子函数,每个子函数负责完成某部分功能,在程序运行过程中可以反复调用这些函数,支撑一个算法的完成。除此以外,算法设计的思想还包含流程化、自动化的特点。

3. 算法与编程——流程化、自动化思维

算法是为一个问题或一类问题给出的解决方法与具体步骤,是对问题求解过程的一种准确而完整的逻辑描述。程序则是为了用计算机解题或控制某一过程而编写的一系列指令的集合。程序不等于算法。但是,通过程序设计可以在计算机上实现算法。

下面举例来看一个日常生活中解决问题的对比方案,从中初步领略算法与编程的魅力。

例如,某地区采用阶梯形电价收费方式,具体收费方式如表 1.8 所示。某住户一月用电量为 190 度,二月用电量为 170 度,三月用电量为 290 度,请问每月分别应该缴纳多少电费?

表 1.8　阶梯形电价收费表

阶　梯　档　次	户　月　电　量	电　价　标　准
第一档	180 度及以下	0.56 元/度
第二档	180～260 度	0.61 元/度
第三档	260 度以上	0.86 元/度

解题方法一:

一月份 190 度处入第二档,因此一月电费＝180×0.56＋(190−180)×0.61＝106.9(元);

二月份 170 度处入第一档,因此二月电费＝170×0.56＝95.2(元);

三月份 290 度处入第三档,因此三月电费＝180×0.56＋80×0.61＋(290−260)×0.86＝175.4(元)。

解题方法二:

分析题目,寻找规律,抽象出电量 Q,电费 P,建立 Q 与 P 之间的关系,制定如图 1.20 的算法流程。根据流程编写程序,接下来输入电量 Q,运行程序,计算机可自动输出电费 P。

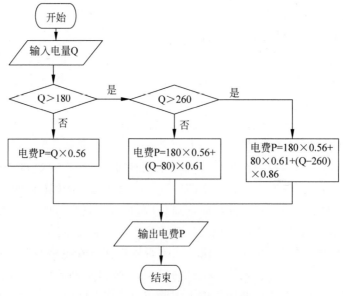

图 1.20　阶梯式电费算法流程图

对比上述两种解题方法,从表面上看,计算一个月的电费用方法一很快就得出了结果。但是交电费是每个月都要发生的事情,如果每个月都手动计算比较耗费精力,并且容易出错。而采用方法二编程的方式来实现可以一劳永逸,一旦程序设计好以后,每次只要给定一个输入电量,程序就能自动计算出电费。

再进一步,这个算法流程还可以推广到更多的场景,如阶梯式税费、阶梯式停车费等,只需要在程序中修改相关参数即可,而不用更改程序框架。从中可以体会到计算机算法与编程的流程化、自动化带来的便利。

设计算法和程序来解决现实问题是非常典型的计算思维的运用过程,但并不能把计算思维等同于算法和程序设计,如果把问题的解决视为一种泛义上的"计算"的话,那么"怎么算",要比"算出来"重要得多。怎么算,其实就是一个大概念,涉及计算机乃至生活的各个领域。但毋庸置疑的是,学习计算机科学中的算法与程序设计是建立计算思维的重要途径之一。

4. 计算机类工程师的计算思维

微软创始人比尔·盖茨说:不一定要会编程,但学习工程师的思考方式,了解编程能做什么以及不能做什么,对未来会很有帮助。

当遇到一个新问题的时候,一个计算机科学类的工程师是如何找出问题间的交互关系,并建立永久性解决方案的呢?

工程师在解决问题时有如下特定的思考流程。

第1步,将一个大问题拆解成可管理大小的子问题,这个体现了结构化、分治化的计算思维。

第2步,寻找问题之间的关联、趋势或规律,体现了模式化的计算思维。

第3步,将问题简化,忽略细节,只关注重要信息,总结归纳出规律,用符号去描述,体现了抽象化的计算思维。

第4步,设计一个算法,制定合理的算法流程,使用严格的语言描述解决问题的每个步骤,并用计算机指令表述出来,其他的交给计算机去运行,即可顺利解决此类问题。通过算法设计和程序编制,使解决问题的过程流程化、自动化,并且以后遇到此类问题时,可以直接调用该算法。通过算法来解决问题,不仅高效和方便,而且严格、精确和稳定。

从上述步骤中,可以看到用计算思维来解决问题的一个完整流程。计算机类工程师清楚地知道计算机可以做什么,不可以做什么。在其思维方式中,复杂、无聊、枯燥的计算过程交给计算机来完成,工程师则更多地去关注事物的本质与规律。

随着计算机科学的发展,以及人们对计算思维重视,更多蕴涵在计算机学科中的计算思维被逐步挖掘出来。简单的"备份"操作,背后隐藏着"未雨绸缪""应急预案"的周全思想;"批处理"的运行,暗含了"流程化、制度化、自动化"的管理智慧;"二进制"结构则体现了"简而不凡"的人生哲理。

1.4.3 计算思维与其他学科的关系

实际上,不是从事计算机科学专业的人才需要学习计算思维,更不是说计算思维只对计算机专业的人员有用。即使从事的是非计算机专业工作,计算思维也是非常重要的。一方面,从非计算机学科以及生活中也可以提炼出许多计算思维方式;另一方面,随着学科高度交叉融合,研究者们尝试在许多学科领域中应用计算思维来解决问题。

计算思维对各个学科都有或多或少的影响,计算博弈理论改变着经济学家的思考方式,纳米计算改变着化学家的思考方式,量子计算改变着物理学家的思考方式,人工智能则全面影响着生物学、医学、金融学、电子商务等各个学科和行业的思考方式。

化学和物理都是基于实验的学科,是实验思维的代表学科。化学和物理不仅需要用实验思维去观察实验现象,同时也需要通过建立理论去解释实验现象。从这个层面讲,计算思维有助于研究者们对现象的本质有更深的认识。

一个典型的应用是运用计算思维构建模型分析物理和化学实验现象背后的本质问题,可以更方便设计不同的探究实验,观察不同因素的影响。通过建立模型能够更好地看出现象背后的本质,还能排除其他不确定因素,以便更好地观察单一要素的影响。实际应用中,通常让实验探究和模型构建结合起来,从两个不同的角度更深入地理解现象背后的科学规律。

计算思维不仅带动了生物学、物理、化学、机械等领域的发展,同时在文学、社会研究和艺术方面有着独特的影响力。

现如今,人们可以借助算法与计算机程序给 DNA 中数以百万计的碱基对进行排序,绘制人类基因序列;可以通过计算机对大数据的分析,为社会研究者提供决策依据;可以通过算法与计算机程序学习名人画作风格,绘制与生成特定风格的艺术作品;可以通过计算思维发现已有音乐作品中的存在方式与规律,编写程序,生成全新的音乐作品。

再者,计算思维还可以延伸到人们生活的方方面面,如当烹饪美味食品时,可在计算思维的指导下形成科学食谱,每次只要按照食谱执行即可烹饪出同样的味道;当出行时,可在计算思维的指导下选择一条合理的路线,提高出行体验;当制定学习计划时,可在计算思维的指导下做出合理的安排,提高学习效率;当创新创业时,可在计算思维的指导下构建科学方案,完善管理与实施过程。

1.5　本章小结

本章 1.1～1.3 节主要讲述了计算机基础知识。首先介绍了计算机的发展史、特点、分类、应用领域和发展趋势等;接下来介绍了计算机的系统组成,包含其结构、工作原理、软硬件系统等;然后针对二进制计算机讲述了数制间的转换、运算及如何用二进制表示各种数据和信息。

本章 1.4 节是对计算思维的简介,主要明确科学思维与计算思维的关系及计算思维的定义,举例揭示了蕴藏在计算机学科中的计算思维方式,以及计算思维对其他学科的影响。通过了解和认识计算思维,希望读者可以在计算机相关课程的学习中有意识地去培养计算思维,并能有效地将计算思维用在生活中的各个领域。

思 考 题 1

1. 现代计算机结构与冯·诺依曼提出的计算机结构的异同点?
2. 人们生活中还有哪些常用的记数制?

3. 计算机通过什么方式表示 26 个英文字母的？

4. 计算机如何表示中文汉字？

5. 什么是计算思维？

6. 学习计算机编程对培养计算思维有什么作用？

7. 试着思考可否用计算思维来解决自己所学专业领域遇到的问题。

第2章　Windows 7 操作系统

现在,常用的操作系统有 Windows、Mac OS、UNIX、Linux、iOS、Android 等。Microsoft 公司开发的 Windows 是目前世界上用户最多,并且兼容性最强的操作系统。

2.1　操作系统简介

2.1.1　操作系统的功能

操作系统是直接运行在计算机硬件上的第一个软件,它不仅用于启动计算机,而且在计算机启动后,管理计算机的软件和硬件。也就是说,只要计算机在运行着,那么操作系统就时时刻刻在工作,操作系统是一切其他软件运行的基础。一个完整的操作系统应具备几方面的功能:处理机管理功能、存储器管理功能、设备管理功能和文件管理功能。此外,为了方便用户使用操作系统,还必须向用户提供一个使用方便的操作界面。

1. 存储器管理的功能

存储器管理的主要任务是为多道程序的运行提供良好的环境,方便用户使用存储器,提高存储器的利用率,以及能从逻辑上扩充内存。为此,存储器管理应具有内存分配、内存保护、地址映射和内存扩充 4 种功能。

2. 处理机管理的功能

处理机管理的主要任务是对处理机进行分配,并对其运行进行有效的控制和管理。在多道程序环境下,处理机的分配和运行都是以进程为基本单位的,因而对处理机的管理可归结为对进程的管理。它包括进程控制、进程同步、进程通信和调度等 4 个方面。

3. 设备管理的功能

设备管理器的主要任务是完成用户提出的 I/O 请求,为用户分配 I/O 设备,提高 CPU 和 I/O 设备的利用率,提高 I/O 速度,以及方便用户使用 I/O 设备。为实现上述任务,设备管理应具有缓冲管理、设备分配、设备处理及设备独立性和虚拟设备等功能。

4. 文件管理的功能

在现代计算机系统中,总是把程序和数据以文件的形式存储在磁盘和光盘上,供所有的或指定的用户使用。因此,在操作系统中必须配置文件管理机构。文件管理的主要任务是对用户文件和系统文件进行管理,方便用户使用,并保证文件的安全性。为此,文件管理应具有对文件存储空间的管理、目录管理、文件的读写管理,以及文件的共享与保护等功能。

5. 用户接口

为了方便用户使用操作系统,操作系统又向用户提供了"用户与操作系统的接口",该接口通常是以命令或系统调用的形式呈现在用户面前。前者提供用户在键盘终端上使用,称之为命令接口;后者则提供用户在编程时使用,称为程序接口。

在较晚出现的操作系统中,又向用户提供了图形接口,20 世纪 90 年代后推出的主流 OS 都提供了图形用户接口。例如,IBM 公司的 OS/2 2.1;Apple 公司的 Macintosh OS;Microsoft 公司的 Windows。

2.1.2 操作系统的分类

从出现操作系统开始,操作系统的发展经历了批处理、实时系统和分时系统 3 个阶段。计算机操作系统可以分为以下几种类型。

1. 批处理操作系统

批处理操作系统(Batch Processing Operating System,BPOS)的工作方式是:首先用户将作业交给系统操作员,系统操作员将许多用户的作业组成一批作业,之后输入计算机中,在系统中形成一个自动转接的连续的作业流;然后启动操作系统,系统自动、依次执行每个作业;最后由操作员将作业结果交给用户。批处理操作系统的特点是多道和成批处理。

2. 分时操作系统

分时操作系统(Time Sharing Operating System,TSOS)的工作方式是:一台主机连接了若干个终端,每个终端有一个用户在使用。用户交互式地向系统提出命令请求,系统接受每个用户的命令,采用时间片轮转方式处理服务请求,并通过交互方式在终端向用户显示结果。用户根据上述显示结果发出下一步的命令。分时操作系统将 CPU 的时间划分成若干个片段,称为时间片。操作系统以时间片为单位,轮流为每个终端用户服务。每个用户轮流使用一个时间片,而使每个用户并不感到有别的用户存在。分时系统具有多路性、交互性、"独占"性和及时性的特征。多路性指,当有多个用户使用一台计算机时,宏观上看是多个人同时使用一个 CPU,微观上是多个人在不同时刻轮流使用 CPU。交互性指,用户根据系统响应结果进一步提出新请求(用户直接干预每步)。"独占"性指,用户感觉不到计算机为其他人服务,就像整个系统为他所独占。及时性指,系统对用户提出的请求及时响应。分时操作系统支持位于不同终端的多个用户同时使用一台计算机,彼此独立互不干扰,用户感到好像一台计算机全为他所用。

常见的通用操作系统是分时操作系统与批处理操作系统的结合。其原则是:分时优先,批处理在后。"前台"响应需频繁交互的作业,如终端的要求;"后台"处理时间性要求不强的作业。

3. 实时操作系统

实时操作系统(Real Time Operating System,RTOS)是指使计算机能及时响应外部事件的请求,在规定的严格时间内完成对该事件的处理,并控制所有实时设备和实时任务协调一致工作的操作系统。实时操作系统要追求的目标是:对外部请求在严格时间范围内作出反应,有高可靠性和完整性。其主要特点是:资源的分配和调度首先要考虑实时性,然后才是效率。此外,实时操作系统应有较强的容错能力。

4. 网络操作系统

网络操作系统(Network Operating System,NOS)通常运行在服务器上,是基于计算机网络的,是在各种计算机操作系统上按网络体系结构协议标准开发的软件,包括网络管理、通信、安全、资源共享和各种网络应用。其目标是相互通信及资源共享。在网络操作系统的支持下，网络中的各台计算机能互相通信和共享资源。其主要特点是与网络的硬件相结合来完成网络的通信任务。网络操作系统被设计成在同一个网络中（通常是一个局部区域网络 LAN，一个专用网络或其他网络）的多台计算机可以共享文件和打印机访问。流行的网络操作系统有 Linux、UNIX、BSD、Windows Server、Mac OS X Server、Novell NetWare 等。

5. 分布式操作系统

分布式操作系统是为分布计算系统配置的操作系统。大量的计算机通过网络被联结在一起，可以获得极高的运算能力及广泛的数据共享。这种系统被称作分布式系统（Distributed System），它在资源管理、通信控制和操作系统的结构等方面都与其他操作系统有较大的区别。由于分布式计算机系统的资源分布于系统的不同计算机上，操作系统对用户的资源需求不能像一般的操作系统那样等待有资源时直接分配的简单做法，而是要在系统的各台计算机上搜索，找到所需资源后才可进行分配。对于有些资源，如具有多个副本的文件，还必须考虑一致性。所谓一致性是指若干个用户对同一个文件同时读出的数据是一致的。为了保证一致性，操作系统需控制文件的读、写操作，使得多个用户可同时读一个文件，而任一时刻最多只能有一个用户在修改文件。分布式操作系统的通信功能类似于网络操作系统。由于分布式计算机系统不像网络分布得很广，同时分布式操作系统还要支持并行处理，因此它提供的通信机制和网络操作系统提供的有所不同，其要求通信速度高。分布式操作系统的结构也不同于其他操作系统，它分布于系统的各台计算机上，能并行处理用户的各种需求，有较强的容错能力。

分布式操作系统是网络操作系统的更高形式，它保持了网络操作系统的全部功能，而且还具有透明性、可靠性和高性能等。网络操作系统和分布式操作系统虽然都用于管理分布在不同地理位置的计算机，但最大的差别是：网络操作系统知道确切的网址，而分布式操作系统则不知道计算机的确切地址；分布式操作系统负责整个的资源分配，能很好地隐藏系统内部的实现细节，如对象的物理位置等，这些都是对用户透明的。

6. 大型机操作系统

大型机（Mainframe Computer），也称为大型主机。大型机使用专用的处理器指令集、操作系统和应用软件。最早的操作系统是针对 20 世纪 60 年代的大型主结构开发的，由于对这些系统在软件方面做了巨大投资，因此原来的计算机厂商继续开发与原来操作系统相兼容的硬件与操作系统。这些早期的操作系统是现代操作系统的先驱。现代的大型主机一般也可运行 Linux 或 UNIX 的变种。

7. 嵌入式操作系统

嵌入式系统是一种专用的计算机系统，作为装置或设备的一部分。通常，嵌入式系统是一个控制程序存储在 ROM 中的嵌入式处理器控制板。事实上，所有带有数字接口的设备，如手表、微波炉、录像机、汽车等，都使用嵌入式系统，有些嵌入式系统还包含操作系统。嵌入式操作系统（Embedded Operating System）是指用于嵌入式系统的操作系统。由于嵌入式系统一般是应用于小型电子装置的，系统资源相对有限，因此其操作系统内核较之传统的操作系统要小得多。嵌入式操作系统是一种用途广泛的系统软件，通常包括与硬件相关的底层驱动软件、系统内核、设备驱动接口、通信协议、图形界面、标准化浏览器等。嵌入式操作系统负责嵌入式系统的全部软、硬件资源的分配、任务调度，控制、协调并发活动。它必须体现其所在系统的特征,能够通过装卸某些模块来达到系统所要求的功能。目前,在嵌入式领域广泛使用的操作系统有:嵌入式 Linux、Windows Embedded、VxWorks 等,以及应用在智能手机和平板电脑的 Android、iOS 等。

2.1.3 常见的操作系统

1. UNIX

UNIX 是一个强大的多用户、多任务操作系统,其支持多种处理器架构。按照操作系统的分类,UNIX 属于分时操作系统。UNIX 最早由 Ken Thompson 和 Dennis Ritchie 于 1969 年在美国 AT&T 的贝尔实验室开发。

类 UNIX(UNIX-like)操作系统指各种传统的 UNIX(如 System V、BSD、FreeBSD、OpenBSD、SUN 公司的 Solaris)以及各种与传统 UNIX 类似的系统(如 Minix、Linux、QNX 等)。它们虽然有的是自由软件,有的是商业软件,但都相当程度地继承了原始 UNIX 的特性,与 UNIX 有许多相似之处,并且都在一定程度上遵守 POSIX 规范。由于 UNIX 是 The Open Group 的注册商标,特指遵守此公司定义的行为的操作系统。而类 UNIX 通常指的是比原先的 UNIX 包含更多特征的操作系统。类 UNIX 系统可在非常多的处理器架构下运行,在服务器系统上有很高的使用率,如大专院校或工程应用的工作站。

某些 UNIX 的变种,如 HP 公司的 HP-UX 及 IBM 公司的 AIX,仅设计用于自家的硬件产品上,而 SUN 公司的 Solaris 可安装于自家的硬件或 x86 计算机上。苹果计算机的 Mac OS X 是一个从 NeXTSTEP、Mach 及 FreeBSD 共同派生出来的微内核 BSD 系统,此 OS 取代了苹果计算机早期非 UNIX 家族的 Mac OS。

2. Linux

基于 Linux 的操作系统是 1991 年推出的一个多用户、多任务的操作系统,它与 UNIX 完全兼容。Linux 最初是由芬兰赫尔辛基大学计算机系的学生 Linux Torvaids,在基于 UNIX 的基础上开发的一个操作系统的内核程序,Linux 的设计是为了更有效地运用在 Intel 微处理器上;其后在理查德·斯托曼的建议下以 GNU 通用公共许可证发布,成为自由软件 UNIX 的变种。它的最大的特点在于它是一个源代码公开的自由的操作系统,其内核源代码可以自由传播。经历数年的披荆斩棘,自由开源的 Linux 系统逐渐蚕食以往专利软件的专业领域。

Linux 有各种发行版本,通常为 GNU/Linux,如 Debian(及其衍生系统 Ubuntu 和 Linux Mint)、Fedora、openSUSE 等。Linux 发行版作为个人计算机操作系统或服务器操作系统,在服务器上已成为主流的操作系统。Linux 在嵌入式方面也得到广泛应用,基于 Linux 内核的 Android 操作系统已经成为当今全球最流行的智能手机操作系统。

3. Mac OS X

Mac OS X 是苹果 Macintosh 计算机操作系统软件的 Mac OS 最新版本。Mac OS 是一套运行于苹果 Macintosh 系列计算机上的操作系统,是首个在商用领域成功的图形用户界面。Mac OS X 于 2001 年首次在商场上推出。它包含两个主要的部分:以 BSD 原始代码和 Mach 微核心为基础的 Darwin,它类似于 UNIX 的开放原始码环境,由苹果计算机采用与独立开发者协同做进一步的开发;由苹果计算机开发的命名为 Aqua 的 GUI。

4. Windows

Microsoft 公司的操作系统 Windows 是一个多任务的操作系统，它采用图形窗口界面，用户对计算机的各种复杂操作只需通过单击鼠标就可以实现。Windows 系统，如 Windows 2000、Windows XP 皆是创建于现代的 Windows NT 内核。Windows NT 内核是由 OS/2 的基础上发展而来的。Windows 可以在 32 位和 64 位的 Intel 和 AMD 的处理器上运行，但是早期的版本也可以在 DEC Alpha、MIPS 与 PowerPC 架构上运行。

Windows 系统也被用在低级和中阶服务器上，并且支持网页服务的数据库服务等一些功能。Microsoft 公司花费了很大研究经历与开发经费用于使 Windows 拥有能运行企业的大型程序的能力。

现在广泛使用的 Windows 操作系统有：桌面操作系统 Windows XP、Windows 7、Windows 8、Windows 10；网络操作系统 Windows 2008 Server、Windows 2012 Server、嵌入式操作系统 Windows Phone、Windows CE。

2020 年 5 月，根据百度统计份额，Windows 7 系统份额占据了国内市场份额的 48.24％；Windows 10 系统份额为 33％；Windows XP 系统份额为 4.73％；iPad OS 系统份额为 4.09％；Windows 8 系统份额为 3.91％；Mac OS 系统份额为 3.7％；Windows Server 2003 系统份额为 1.23％；Linux 系统份额为 0.79％；其他系统份额为 0.31％。其对比如图 2.1 所示，可见 Windows 系统稳居第一的位置。

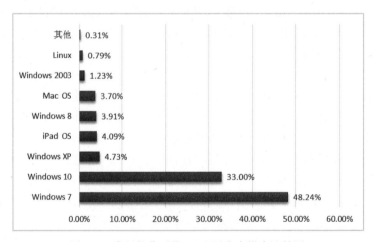

图 2.1　常用操作系统 2020 国内市场占比情况

5. Android

Android 操作系统是一种以 Linux 为基础的开放源代码操作系统，主要用于便携设备。Android 操作系统最初由 Andy Rubin 开发，最初主要支持手机。2005 年由 Google 收购注资，并组建开放手机联盟进行开发改良，逐渐扩展到平板电脑及其他领域上。2011 年第一季度，Android 操作系统在全球的市场份额首次超过 Symbian 系统，跃居全球第一。2019 第二季度数据显示，在移动操作系统市场领域，Android 操作系统占比为 77.14％，高居榜首。

6. iOS

iOS 操作系统是由苹果公司开发的手持设备操作系统。苹果公司最早于 2007 年 1 月 9

日的 Mac World 大会上公布这个系统，最初是设计给 iPhone 使用的，后来陆续套用到 iPod touch、iPad 及 Apple TV 等苹果产品上。iOS 与苹果的 Mac OS X 操作系统一样，也是以 Darwin 为基础的，因此同样属于类 UNIX 的商业操作系统。原本这个系统名为 iPhone OS，2010 年 6 月 7 日，在 WWDC 大会上宣布改名为 iOS。2019 第二季度数据显示，在移动操作系统市场领域，iOS 操作系统占比 22.83%，仅次于 Android。

7. 国产操作系统

目前，国外操作系统品牌几乎垄断了巨大的中国市场，其中在桌面端、移动端的市场占有率分别超过 94.75%、98.86%。国产操作系统起步较晚，困难重重，但也逐渐看到曙光。

国产操作系统主要以开源 Linux 内核为基础进行改革开发，提升性能与安全性。目前代表性的国产操作系统有 Deepin、鸿蒙、优麒麟、中标麒麟、红旗 Linux、UOS、AliOS 等。

2.1.4　Windows 操作系统发展史

Microsoft Windows 操作系统是 Microsoft 公司研发的一套操作系统，它问世于 1985 年，起初仅是 Microsoft-DOS 模拟环境，后续的系统版本由于不断地更新升级，不但易用，也是当前应用最广泛的操作系统。目前最新版本为 Windows 10。

Windows 采用了图形化模式 GUI(Graphical User Interface)，比起从前的 DOS 需要输入指令使用的方式，更为人性化。Windows 操作系统从发布之初到现在已经 30 余年，随着计算机硬件和软件的不断升级，Windows 也在不断升级，从架构的 16 位、32 位再到 64 位，系统版本从最初的 Windows 1.0 到大家熟知的 Windows 95、Windows 98、Windows 2000、Windows XP、Windows Vista、Windows 7、Windows 8、Windows 8.1、Windows 10 和 Windows Server 企业级操作系统，Microsoft 公司一直致力于 Windows 操作系统的开发和完善。

Microsoft Windows 1.0 是 Windows 系列的第一个产品，于 1985 年开始发行。Windows 1.0 是 Microsoft 公司基于早期的 MS-DOS 操作系统研发出的一个多任务的图形用户界面。其特点是重视鼠标操作，可现实 256 种颜色，窗口可缩放(但不能同时显示多个窗口，打开一个窗口时其他窗口必须最小化)，自带日历、记事本、计算器等一些简单的应用程序，允许用户同时执行多个程序，并在各个程序之间进行切换。在 Windows 1.0 中，已经出现了控制面板(Control Panel)，对驱动程序、虚拟内存有了明确的定义，不过功能非常有限。

1987 年，Microsoft 公司发布 Windows 2.0。在 Windows 2.0 中，用户不但可以缩放窗口，而且可以在桌面上同时显示多个窗口(也就是现在的层叠模式)，但由于当时硬件水平的限制，这个版本依然没有获得用户的认同。

Windows 3.0 于 1990 年 5 月发布，由于在界面、人性化、内存管理多方面的巨大改进，终于获得用户的认同。Windows 3.0 是第一个在家用和办公室市场上取得立足点的版本，其主要特点有：具备了模拟 32 位操作系统的功能；系统开始支持 16 位(65536 种)色；DOS 的文件管理程序被基于图标的程序管理器及基于列表的文件管理器所取代；简化了程序的启动；诞生了打印管理器；控制面板成为系统设置的核心。

1992 年 4 月，一个更为成熟的版本 Windows 3.1 诞生了。Windows 3.1 添加了多媒体功能、CD 播放器，以及对桌面排版很重要的 True Type 字体。1994 年 Windows 3.2 发布，这也是 Windows 操作系统第一次有了中文版。由于消除了语言障碍,降低了学习门槛,因此在国内得到了较为广泛的应用。

1995 年 8 月,Microsoft 公司推出了 Windows 95,实际版本号为 4.0,是一个 16 位和 32 位混合模式的系统,可以完全独立于 MS-DOS 运行。Windows 95 操作系统带来的"开始"按钮及工具栏等特性一直在 Windows 系统中沿用至今,也是从 Windows 95 操作系统开始,正式支持 FAT32 文件系统格式,并且微软还在之后将 Internet Explorer 3(IE3)浏览器整合到了 Windows 95 系统中。Windows 95 版本是 Microsoft 公司发展史上的重要里程碑。

1998 年 6 月 Microsoft 公司推出了全新桌面操作系统 Windows 98,它是 Windows 95 的改进版,且延续了 Windows 95 的成功。Windows 98 不仅改良了多项特性,还增加了许多新功能,更加方便易用,内存应用效率大大提升,并且任务管理器功能加强。Windows 98 中集成了 IE 4,具有 Web 集成和活动桌面,增加了频道等网络功能,采用 FAT32 文件系统,并提供 FAT32 转换工具,支持 DVD 功能。

2000 年,Microsoft 公司推出 Windows 2000(Windows NT 5.0),并且提供了 4 个不同版本,分别是 Professional(专业版)、Server(服务器版)、Advanced Server(高级服务器版),以及 Datacenter Server(数据中心服务器版)。Windows 2000 是一个先占式多任务、可中断的、面向商业环境的图形化操作系统,为单一处理器或对称多处理器的 32 位 Intel x86 计算机而设计。它的客户机版本(Professional 版本)在 2001 年 10 月被 Windows XP 所取代;而服务器版本则在 2003 年 4 月被 Windows Server 2003 所取代。

2001 年 10 月 Microsoft 公司发布了 Windows XP(XP 是 Experience 的缩写)。Windows XP 是个人计算机的一个重要里程碑,它不仅集成了数码媒体、远程网络等最新的技术规范,还具有很强的兼容性,外观清新美观,能够带给用户良好的视觉感受。Windows XP 包括了针对个人用户的家庭版(Windows XP Home Edition)和针对商业用户的专业版(Windows XP Professional)。

2005 年 7 月,Microsoft 公司发布 Windows Vista。Windows Vista 较上一个版本 Windows XP 增加了上百种新功能,其中包括被称为"Aero"的全新图形用户界面、关机特效、加强后的搜索功能(Windows Indexing Service)、新的媒体创作工具(如 Windows DVD Maker),以及重新设计的网络、音频、输出(打印)和显示子系统。

2009 年 10 月,Microsoft 公司推出了 Windows 7,核心版本号为 Windows NT 6.1。Windows 7 可供家庭及商业工作环境、笔记本电脑、平板电脑、多媒体中心等使用。Windows 7 先后推出了简易版、家庭普通版、家庭高级版、专业版、企业版等多个版本。Windows 7 的启动时间大幅缩减,增加了简洁的搜索和信息使用方式,改进了安全和功能合法性,使用 Aero 效果更显华丽和美观。

2012 年 10 月,Microsoft 公司正式推出 Windows 8。Windows 8 支持个人计算机(x86 构架)及平板电脑(x86 构架或 ARM 构架)。Windows 8 大幅改变以往的操作逻辑,提供更佳的屏幕触控支持。

2014 年 10 月,Microsoft 公司对外展示了新一代 Windows 操作系统,将它命名为

"Windows 10",新系统的名称跳过了数字"9"。2015 年 7 月 29 日,微软发布 Windows 10 正式版。

2.2　Windows 7 基础

2.2.1　Windows 7 版本

Windows 7 是由 Microsoft 公司开发的操作系统。Microsoft 公司 2009 年 10 月 22 日于美国、2009 年 10 月 23 日于中国正式发布 Windows 7,2011 年 2 月 22 日发布 Windows 7 SP1。Windows 7 共有 5 个版本,如图 2.2 所示。

1. Windows 7 Home Basic(家庭普通版)

Windows 7 Home Basic 主要新特性有无限应用程序、增强视觉体验(没有完整的 Aero 效果)、高级网络支持(Ad-Hoc 无线网络和互联网连接支持 ICS)、移动中心(Mobility Center)。缺少的功能:玻璃特效功能;实时缩略图预览;Internet 连接共享;不支持应用主题。

2. Windows 7 Home Premium(家庭高级版)

Windows 7 Home Premium 有 Aero Glass 高级界面、高级窗口导航、改进的媒体格式支持、媒体中心和媒体流增强(包括 Play To)、多点触摸、更好的手写识别等。包含的功能:玻璃特效;多点触控功能;多媒体功能;组建家庭网络组。

图 2.2　Windows 7 的 5 个版本及其之间的关系

3. Windows 7 Professional(专业版)

Windows 7 Professional 替代 Vista 下的商业版,支持加入管理网络(Domain Join)、高级网络备份等数据保护功能、位置感知打印技术(可在家庭或办公网络上自动选择合适的打印机)等。包含的功能:加强网络的功能,如域加入;高级备份功能;位置感知打印;脱机文件夹;移动中心(Mobility Center);演示模式(Presentation Mode)。

4. Windows 7 Enterprise(企业版)

Windows 7 Enterprise 构建于 Windows Vista 基础之上,是面向企业市场的高级版本,满足企业数据共享、管理、安全等需求。Windows 7 企业版具备许多专业版所不具备的功能,主要包括:直接访问(Direct Access)、分支缓存(Branch Cache)、企业搜索范围(Enterprise Search Scopes)、驱动器加密(BitLocker)、应用程序控制策略(App Locker)、虚拟桌面基础架构(Virtual Desktop Infrastructure,VDI)优化、多语种用户界面等。

5. Windows 7 Ultimate(旗舰版)

Windows 7 Ultimate 旗舰版包含上述版本的所有功能,对支撑硬件的要求也是最高的,与企业版基本是相同的产品,仅在授权方式及其相关应用及服务上有区别,主要面向高端用户和软件爱好者。

2.2.2 Windows 7 特色

1. 易用

Windows 7 版本对启动时的画面做了许多方便用户的设计，如快速最大化，窗口半屏显示，跳转列表（Jump List），系统故障快速修复等。

2. 快速

Windows 7 大幅缩减了 Windows 的启动时间，据实测，2008 年的中低端配置的计算机运行，系统加载时间一般不超过 20 秒，这与 Windows Vista 的 40 多秒相比，是一个很大的进步。

3. 简单

Windows 7 将会让搜索和使用信息更加简单，包括本地、网络和互联网搜索功能，直观的用户体验将更加高级，还会整合自动化应用程序提交和交叉程序数据透明性。

4. 安全

Windows 7 包括改进了的安全和功能合法性，还会把数据保护和管理扩展到外围设备。Windows 7 改进了基于角色的计算方案和用户账户管理，在数据保护和坚固协作的固有冲突之间搭建沟通桥梁，同时也会开启企业级的数据保护和权限许可。

5. Aero 特效

Windows 7 效果图的 Aero 效果更华丽，有碰撞、水滴的效果，还有丰富的桌面小工具。但是，Windows 7 的资源消耗却是最低的，不仅执行效率快人一筹，笔记本的电池续航能力也大幅增加。

Windows 7 及其桌面窗口管理器（DWM.exe）能充分利用 GPU 的资源进行加速，而且支持 Direct3 D11 API。

2.2.3 Windows 7 配置最低要求

Windows 7 最低硬件配置要求详见表 2.1。

表 2.1　Windows 7 最低硬件配置要求

设备名称	基本要求	备注
CPU	1GHz 及以上	Windows 7 包含 32 位与 64 位两种版本，如果希望安装 64 位操作系统，则需要 CPU 支持才可以
内存	1GB 及以上	64 位系统需要 2GB 以上
硬盘	16GB 以上可用磁盘空间	64 位系统需要 20GB 以上
显卡	DirectX 9 支持显卡 WDDM 1.0 或更高版本	
其他设备	DVD-R/RW 驱动器或者 U 盘等其他存储介质	安装操作系统时使用。如果需要可以用 U 盘安装 Windows 7，这需要制作 U 盘引导
	互联网连接/电话	需要联网/电话激活授权，否则只能进行为期 30 天的试用评估

2.3 Windows 7 的基本操作

2.3.1 几个常用的基本术语

桌面：桌面指启动 Windows 7 后，出现在屏幕上的整个区域。

对象：对象指的是 Windows 7 中的各种组成元素。包括程序、文件、文件夹、快捷方式、任务栏、开始按钮甚至桌面本身等。

图标：图标是代表程序、文件、文件夹等各种对象的小图像。一般情况下，图标的上面是图形，下面是文字说明(也就是图标名)。

文件夹：文件夹是一组对象，如文件、文件夹、程序等的集合。文件夹也称为目录。

快捷方式：快捷方式是某对象的一个链接，保存该对象的地址。打开一个快捷方式，就是打开该快捷方式对应的对象。

窗口菜单与快捷菜单：Windows 7 中的程序运行时，一般都会产生一个窗口，在窗口的上部有一个菜单，称为窗口菜单(简称为菜单)；快捷菜单是指在 Windows 的对象上右击鼠标弹出的菜单，通过快捷菜单能快速地对对象进行相关操作。

2.3.2 启动 Windows 7

如果计算机已经安装了 Windows 7 操作系统，那么只需接通主机电源，打开显示器、音响设备等，按下主机上的电源开关，稍等片刻计算机就会进入 Windows 7 的启动界面。如果系统设置了多个用户则会出现用户选择界面，如图 2.3 所示。当用户选择了多个用户中的某一个，或者只有一个用户时，如果该用户设置了密码，将会出现密码输入界面，如图 2.4 所示；否则将直接进入系统。

图 2.3　Windows 7 的登录界面

在密码输入框中输入正确的密码后单击按钮 ⊙ 即可进入系统。系统正确启动后，可看到 Windows 7 的桌面。由于用户对系统的设置不同，不同用户的桌面有所不同。

图 2.4　密码输入

2.3.3　退出 Windows 7

退出 Windows 7 操作系统一定要按照正确步骤进行,直接切断电源等非正常关机可能造成数据的丢失和资源的浪费,严重时还将造成系统的损坏。正确退出 Windows 7 的具体操作步骤如下所示。

(1) 先将所有已经打开的文件和应用程序关闭。

(2) 单击屏幕左下角的“开始”按钮 ,打开“开始”菜单。

(3) 单击“关机”按钮。

系统首先会关闭所有运行中的程序(如果某些程序不太配合,可以选择强制关机);然后系统后台服务关闭;接着系统向主板和电源发出特殊信号,让电源切断对所有设备的供电,计算机彻底关闭,下次开机就完全是重新开始启动计算机了。

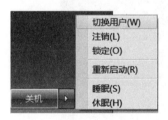

图 2.5　“关机”菜单

“关机”菜单中的其他选项如图 2.5 所示,其功能如下所示。

睡眠:计算机在睡眠状态时,将关闭显示器和硬盘,以使计算机使用较少的电量。想重新使用计算机时,它将快速退出等待状态,而且桌面精确恢复到等待前的状态。工作过程中短时间离开计算机时,应当使用睡眠状态来节省电能。因为睡眠状态并没有将桌面状态保存到磁盘,待机状态时的电源故障可能会丢失未保存的信息。

休眠:在使用休眠模式时,可以关掉计算机并切断电源,并确保在回来时所有工作(包括没来得及保存或关闭的程序和文档)都会完全精确地还原到离开时的状态。内存中的内容会保存在磁盘上,显示器和硬盘会关闭,同时也节省了电能,降低了计算机的损耗。一般来说,使计算机解除休眠状态所需的时间要比解除睡眠状态所需的时间要长。因此,在将计算机置于睡眠模式前应该保存文件。如果用户希望在离开计算机时自动保存所做的工作,可使用休眠模式而非睡眠模式。但是,休眠模式将关闭计算机。

重新启动:重新启动保留用户本次开机更改了的 Windows 设置,并将内存中的信息写到硬盘上,再重启计算机。

锁定:锁定正在使用的用户,回到登录界面。锁定计算机后,只有锁定的用户或管理员才能将其解除锁定。

注销:向系统发出清除现在登录用户的请求,返回到登录界面。注销后,其他用户可以登录而无须重新启动计算机。

切换用户:返回到登录界面,允许另一个用户登录计算机,但前一个用户的操作依然被保留在计算机中,其请求并不会被清除,一旦计算机又切换到前一个用户,那么他仍能继续操作,这样就可保证多个用户互不干扰地使用计算机了。

计算机是否支持睡眠和休眠模式受显卡、主板和操作系统以及正在运行的程序(如正在播放视频)或服务的影响。

2.3.4 鼠标及键盘的基本操作

1. 鼠标的基本操作

当用户握着鼠标移动时,计算机屏幕上的鼠标指针就随之移动。在操作过程中,只要将鼠标指针指向某个按钮、图标或某条命令并单击鼠标左/右键,就可以执行相应的操作或命令。鼠标的左键称为主键,右键称为副键。有些鼠标还配有滚轮,其作用是滚动显示的图像或文本,使得在有限的窗口中可以看到图像或文本的其他部分。在 Windows 7 中的大部分操作都是通过使用鼠标左键来完成的,右键主要用于打开"快捷菜单"。鼠标有以下几种基本操作。

指向:移动鼠标,使鼠标指针指向某一对象。

单击:快速按一下鼠标左键并立即释放。单击操作一般用于选定对象。

右击:将鼠标指针指向某一个对象,然后快速按一下鼠标右键。

双击:将鼠标指针指向某一个对象,快速地连续按两次鼠标左键并立即释放。

三击:在不移动鼠标的情况下,快速地连续三次按下鼠标左键再松开左键的动作。

拖动:将鼠标指针指向某一个对象,按住鼠标左键不放,然后移动鼠标指针到指定位置后再释放鼠标左键。

释放:将按住鼠标左/右键的手指松开。

在 Windows 7 环境下操作时,一般情况下,鼠标指针的形状是一个小箭头 ⌗ ,随着鼠标指针指向不同的对象或对象位置,或者当系统处于某种状态时,鼠标指针在屏幕上会出现不同的符号形状。表 2.2 中列出了一些鼠标指针的符号形状及其含义。

表 2.2　常见鼠标指针符号

指 针 符 号	指针名及作用简述
⌗	标准选择:出现在非文本区。主要用于选择菜单项目或命令
⌗?	帮助选择:选择"帮助"菜单中的"这是什么?"时出现
⌗⧖	后台操作:表明计算机正在执行一些后台处理任务
⧖	忙:表示计算机正处于执行用户某一命令的过程中

指 针 符 号	指针名及作用简述
＋	精度选择
I	文字选择：出现在文本区，表示插入点
✎	手写
⃠	不可用：表明当前的操作无效
↕	调整垂直大小：可调整对象垂直方向的大小，出现在窗口边框等处
↔	调整水平大小：可调整对象水平方向的大小，出现在窗口边框等处
↖	对角线调整 1：在对角线方向上调整对象的大小，出现在窗口角等处
↗	对角线调整 2：在对角线方向上调整对象的大小，出现在窗口角等处
✛	移动：当出现此指针时，可使用方向键移动整个窗口或表格
↑	其他选择
👆	链接选择：指向并选定桌面或窗口中的文件或文件夹时出现

2. 键盘的基本操作

键盘是计算机系统最常用的输入设备。键盘操作可以分为输入操作与命令操作。

输入操作以向计算机输入信息为主要目的，用户可以通过键盘输入英文字母、汉字、数字及各种符号。当在屏幕上有光标闪烁时，说明用户处于输入状态，用户可直接进行输入操作。在进行输入操作时，用户所输入的字符都将显示在屏幕上。

命令操作的目的是向计算机发布一个命令，让计算机完成一件工作。如在 Windows 7 中，用户按下 Ctrl＋Esc 快捷键就可以计算机命令打开"开始"菜单。命令操作通过特定的键或几个键组合来表示一个命令，这些键被称为快捷键。在 Windows 7 中有很多快捷键，用户可以利用这些快捷键发布不同的命令。

快捷键常常是多个按键的组合，书写时表示为 XXX＋XXX，描述为"同时按下"这几个按键，操作时可以选按下其中一个或几个键不松开，然后再按其他键。如 Ctrl＋Esc 快捷键操作，可以选按住 Ctrl 键不松开，再按 Esc 键。

以下列出 Windows 7 中常用的快捷键。

F1：显示当前程序或者 Windows 的帮助内容。

F2：当用户选中一个文件时，这意味着"重命名"。

F3：当用户在桌面上时打开"查找：所有文件"对话框。

F5：刷新。

F10 或 Alt：激活当前程序的菜单栏。

Ctrl＋Alt＋Delete：打开启动任务管理器、锁定、切换、注销、更改密码等选择界面。

Delete：删除被选择的项目，如果是文件，将被放入回收站。

Shift＋Delete：删除被选择的项目，如果是文件，将被直接删除而不是放入回收站。

Ctrl＋N：新建一个文件。

Ctrl＋O：打开"打开文件"对话框。

Ctrl＋P：打开"打印"对话框。

Ctrl＋S：保存当前操作的文件。

Ctrl＋X：剪切被选择的项目到剪贴板。

Ctrl＋Insert 或 Ctrl＋C：复制被选择的项目到剪贴板。

Shift＋Insert 或 Ctrl＋V：粘贴剪贴板中的内容到当前位置。

Alt＋Backspace 或 Ctrl＋Z：撤销上一步的操作。

Alt＋Shift＋Backspace：重做上一步被撤销的操作。

Windows 或 Ctrl＋Esc：打开开始菜单。

Windows＋M：最小化所有被打开的窗口。

Windows＋D：切换桌面。

Windows＋Ctrl＋M：重新恢复上一项操作前窗口的大小和位置。

Windows＋E：打开资源管理器。

Windows＋F：打开"查找：所有文件"对话框。

Windows＋R：打开"运行"对话框。

Windows＋L：锁定计算机。

Windows＋Break：打开"系统属性"对话框。

Windows＋Home：最小化/还原其他窗口。

Windows＋Ctrl＋F：打开"查找：计算机"对话框。

Windows＋#（#＝数字键）：运行任务栏上第 N 个程序。

Windows＋ ＋：打开放大镜/放大。

Windows＋ 一：缩小放大镜。

Windows＋P：切换显示输出。

Windows＋X：打开 Windows 移动中心。

Windows＋Up：最大化。

Windows＋Left：通过 AeroSnap 靠左显示。

Windows＋Right：通过 AeroSnap 靠右显示。

Windows＋U：打开"轻松访问中心"。

Windows＋T：选中任务栏首个项目，再次按下则会在任务栏上循环切换。

Windows＋Shift＋T：反向选中任务栏项目。

Shift＋F10 或鼠标右击：打开当前活动项目的快捷菜单。

Alt＋F4：关闭当前应用程序。

Alt＋Space（空格键）：打开窗口左上角的菜单（控制菜单）。

Alt＋Tab：切换当前程序（给出程序列表进行选择）。

Alt＋Esc：切换当前程序（直接切换）。

Alt＋Enter：将 Windows 下运行的 MSDOS 窗口在窗口和全屏幕状态间切换。

Print Screen：将当前屏幕以图像方式复制到剪贴板。

Alt＋Print Screen：将当前活动程序窗口以图像方式复制到剪贴板。

Ctrl＋F4：关闭当前应用程序中的当前文本（如 Word 中）。

Ctrl＋F6：切换到当前应用程序中的下一个文本（加 Shift 可以跳到前一个窗口）。

Ctrl＋F5：强行刷新。

其他快捷键可查阅相关资料。

2.3.5 剪贴板及其操作

1. 剪贴板基本原理

剪贴板是在 Windows 系统中单独预留出来的一块内存,它用来暂时存放在 Windows 应用程序间要交换的数据,借助剪贴板,只需要简单地按几个键就可以将数据从一个文件复制到另一个文件中去。这些数据可以是文本、图像、声音或应用程序等。简单地说,只要能够在硬盘上存储的数据,就能存放在剪贴板里。剪贴板并不是一个独立的应用程序,而是 Windows 中的一类 API 函数(应用程序编程接口函数),各种应用程序通过调用这类函数来管理应用程序间进行的数据交换。

Windows 应用程序中的剪切、复制、粘贴命令是剪贴板应用的典型操作,它的流程就是当用剪切或复制命令对数据进行操作后,这些数据就被暂时存放在剪贴板当中,使用粘贴命令就会把这些数据从剪贴板中复制到目标应用程序中,剪切和复制命令的不同之处就在于执行的结果,剪切会删除原来的数据,而复制操作后仍保留原来的数据。

在剪贴板中在同一时间只能存放此前最后一次剪切或复制的数据,再进行剪切或复制操作时,新的数据就会覆盖掉原有的数据。由于剪贴板是存在于系统内存中的,因此一旦关闭了计算机,上面的数据就会消失,但是只要不关闭计算机,剪贴板中的数据就会一直存在内存中。

2. 剪贴板的操作

对剪贴板的操作有两种：一是将数据放入剪贴板；二是将剪贴板中的数据取出并放置在目标位置。

要想把数据放进剪贴板中,可以通过复制或剪切操作来完成。在复制或剪切前必须要先选中指定的数据,这些数据可以是一段文字、图像或程序。不同的数据有不同的选定方法,如选中文字可通过拖动的方法,程序则可用单击选中。复制操作的方法很多,可以从程序的"编辑"菜单中选择"复制"命令,也可以单击工具栏上的"复制"按钮,或者在快捷菜单中选择"复制"命令,当然最快捷的方法还是按 Ctrl＋C 快捷键。剪切操作的方法基本同上,可以从程序的"编辑"菜单中选择"剪切"命令,如图 2.6 所示,也可以单击工具栏上的"剪切"按钮,或者在快捷菜单中选择"剪切"命令,当然也可以用 Ctrl＋X 快捷键。

有两种特殊的剪贴板操作可以将屏幕和窗口的内容以图片的方式存入剪贴板中,要把整个屏幕的抓图复制到剪贴板中,可按 PrtSc 键(Print Screen),如果只把当前窗口的抓图复制到剪贴板中,按下 Alt 键不放,再按 PrtSc 键即可。

粘贴操作可以把剪贴板中的数据复制到指定位置,首先将鼠标指针定位于目的位置,然后从窗口的"编辑"菜单中选择"粘贴"命令,也可单击工具栏上的"粘贴"按钮,或者在快捷菜单中选择"粘贴"命令,也可以按 Ctrl＋V 快捷键。在粘贴时要注意的是剪贴的数据必须粘贴在相兼容的程序里,例如,可以粘贴一个图形到 Word 中,也可以从 Excel 中粘贴一个电子表格到 Word 中去,但都不能粘贴到记事本中去,因为记事本程序不支持图片和表格。

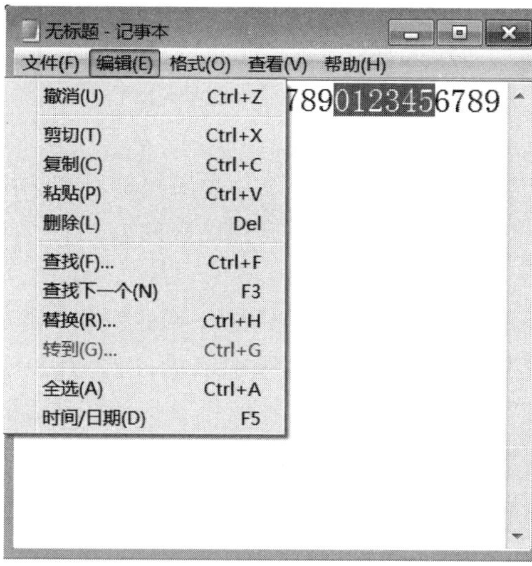

图 2.6　窗口中剪贴板操作及快捷键

2.3.6　桌面及其操作

1. 桌面的组成

进入 Windows 7 后,初始桌面显示如图 2.7 所示。

图 2.7　Windows 7 桌面

Windows 7 的初始桌面非常简洁,包括"开始"按钮、"回收站"图标、任务栏等。

从桌面上可以看到,Windows 7 默认的桌面上只有"回收站"一个图标,其他图标都被转移到"开始"菜单中去了,可以根据需要发送到桌面。

2. 桌面的操作

1) 移动图标

一般情况下,桌面上的图标都放在左上部,但用户需要时可将图标放在另外的位置。移动图标时,用鼠标指向某个图标并且拖动图标到适当的位置。用户也可同时移动多个图标,操作时,首先按住 Ctrl 键,同时用鼠标去单击每个需要的图标,这样单击过的图标就被选中了;然后用鼠标拖动被选中的任一图标,则所有被选中的图标都随之移动。

2) 排列图标

在桌面的空白处单击鼠标的右键,桌面上会弹出快捷菜单,用鼠标单击"排列图标"选项,此时弹出一子菜单,让用户根据所需选择排列图标的方式。

3) 重命名图标

每个图标都由两部分组成,上面是图标的图形,下面是用来说明图标内容的图标名。用户可根据自己的喜好来对图标进行重命名。重命名的方法为:一种方法是单击图标,此时图标被选中并以深色显示,图标名变为蓝底白字,再单击图标名,图标名出现黑色的边框,这时用户即可重新编辑图标名;另一种方法是用鼠标右击图标,在弹出的快捷菜单上单击"重命名"选项,这样就可以重新编辑图标名了。

4) 添加新对象

用户往往需要在桌面上添加新对象,其方法为:一种是从别的地方用鼠标拖来一个新的对象,对象放置到桌面上后,它就处于 Desktop 目录下;另一种是在桌面的空白处右击,弹出快捷菜单,单击"新建"选项,用户可根据需要选择新建一个文件夹或者新建一个快捷方式。

5) 启动程序或窗口

在桌面上启动程序或窗口的方法十分简单,只要双击桌面上的对象图标即可,正因为如此,用户才有必要在桌面添加新对象。对一些常用的应用程序或文件夹,用户经常会在桌面上建立它们的快捷方式图标。

2.3.7　窗口及其操作

窗口是桌面上用于查看应用程序或文档的一个矩形区域。窗口分为应用程序窗口、对话框窗口、文档窗口等。在 Windows 7 中,每运行一个应用程序,一般都要打开一个窗口,在窗口中操作非常直观和方便。

1. 窗口的组成

虽然每个窗口的内容各不相同,但所有窗口都有一些共同点。一方面,窗口始终显示在桌面(屏幕的主要工作区域)上;另一方面,大多数窗口都具有相同的基本部分。一个典型的窗口如图 2.8 所示。窗口主要由控制菜单按钮、标题栏、菜单栏、工具栏、边框、状态栏、滚动条以及工作区等部分组成。

控制菜单按钮:位于标题栏的最左端。当用鼠标单击控制菜单按钮时(或在任务栏中用鼠标右击该窗口的图标),将弹出一个控制菜单,其中包含"恢复""移动""大小""最小化""最大化""关闭"等命令。当双击控制菜单按钮,或单击控制菜单中的"关闭"命令时,关闭该窗口。

标题栏:位于窗口最上面的第一行,用于显示窗口的名称,通常是应用程序名或对话框名等。

菜单栏:菜单栏是位于标题栏下面的水平条,其中包括"文件""编辑""帮助"等菜单项。只要单击其中某个项目,就会打开其相应的下拉菜单。

图 2.8 典型窗口的各个部分

工具栏：位于菜单栏下，是一些常用命令的快捷方式。

边框和角：包围窗口周围的四条边及角。

状态栏：位于窗口的最下边，用于显示一些与窗口中的操作有关的提示信息。

滚动条：当窗口无法显示所有的内容时，就会在窗口的右边或下边出现垂直或水平滚动条。利用滚动条，可以上下左右滚动显示窗口中的信息。

最小化、最大化和关闭按钮：这些按钮分别可以隐藏窗口、放大窗口使其填充整个屏幕及关闭窗口。

2．窗口的基本操作

窗口的基本操作包括移动窗口、改变窗口的大小、使窗口最小化、使窗口最大化、还原窗口、关闭窗口、排列窗口等。

1）移动窗口

将鼠标指针指向标题栏，按住鼠标左键不放并移动鼠标，将窗口拖动到新的位置，然后释放鼠标按钮。

2）改变窗口的大小

使用鼠标可以方便地改变窗口的大小。操作方法是：将鼠标指针指向窗口的边框或窗口角上，当鼠标指针变成双箭头形状时，按住鼠标左键不放并移动鼠标，窗口的边框将随着鼠标的移动而放大或缩小。当窗口改变到需要的大小时，即可释放鼠标。

3）使窗口最小化

单击窗口右上角的最小化按钮 ，窗口就会缩小到任务栏上。

4）使窗口最大化

单击窗口右上角的最大化按钮 ，窗口就会放大到它的最大尺寸。当窗口最大化后，"最大化"按钮就变成了"还原"按钮 ，单击"还原"按钮，可将窗口还原成原来的大小。

5）滚动窗口中的内容

为了全面观察窗口中的内容,可以用鼠标来滚动窗口。最简单的操作方法是:如果要上下滚动窗口中的内容,将鼠标指针指向垂直滚动条并按住鼠标左键,然后上下移动鼠标即可移动垂直滚动条;如果要左右滚动窗口中的内容,将鼠标指针指向水平滚动条并按住鼠标左键,然后左右移动鼠标即可移动水平滚动条。

6）关闭窗口

单击窗口右上角的关闭按钮 ✕ ,就会关闭窗口。

图 2.9　快捷菜单

7）排列窗口

Windows 允许同时打开多个窗口,但活动窗口(或称前台窗口)只有一个。活动窗口的标题栏呈高亮度显示,其他窗口的标题栏呈浅灰色显示。如果要使其中某个窗口成为活动窗口,只要用鼠标单击该窗口的任一部分即可。当同时打开多个窗口时,为了便于观察和操作,可以对窗口进行重新排列,其方法是:右击任务栏中的任意空白处,弹出如图 2.9 所示的快捷菜单;从快捷菜单中选择排列方式。

2.3.8　对话框及其操作

对话框是 Windows 提供的一种人机交互的方式,是一种特殊的窗口。Windows 7 通过对话框与用户交流信息。例如,当 Windows 7 运行已选取的命令而需要更多的信息时,就用对话框来提问,用户通过回答问题来完成对话。运行后面跟有"…"标志的菜单项,就会打开对话框。例如,当从"记事本"的"文件"菜单中选择"打开"菜单项时,"记事本"就显示"打开"对话框,询问需要打开文件的文件名。

Windows 7 也可使用对话框显示附加信息、警告信息或解释为什么要求的任务没有完成等信息。大多数对话框都包括任选项询问不同的信息,在提供了所有要求的信息后可选择命令键以执行该命令。有标题的对话框在桌面上可以像窗口那样自由移动,只需用鼠标拖动标题栏到所需要的位置即可。

在 Windows 7 中,有的对话框只是要求用户在某个操作前进行确认,如选择"是"确认操作,或选择"否"终止操作;而有一些对话框相当复杂,往往要求指定几个选项。一个对话框中如果有多个可操作项,一般是通过鼠标选择要操作的项目,也可以通过按 Tab 键来在各个可操作项之间切换。

下面通过"页面设置"对话框介绍各个操作项,如图 2.10 所示。

1. 文本框

文本框用于提供给用户输入信息。若要使用鼠标激活文本框,只需单击文本框即可。在编辑文本框内容时,单击文本框,框内会显示一个插入点,即一根闪动的竖线,它指示输入的文字出现的位置,如图 2.11 所示。

2. 列表框

列表框显示可用于选取栏目。若有很多的选取项,则提供滚动条,以便用户可以使用鼠标快速移动。有时会有一个文本框与列表框关联,从列表框中选择的列表项出现在与列表框关联的文本框中。下拉列表框是一个单行列表框,右边有一个下箭头按钮,单击该箭头

图 2.10 "页面设置"对话框中的可操作项

图 2.11 对话框中的文本框示例

时,下拉列表框会打开一个选项列表。

通常,只从列表框中选择一项,但有些列表框允许进行多项选择。若要从列表框中选择一项,单击该列表框中的表项,即选中该项。若是下拉列表框,首先必须单击列表框旁边的下拉箭头,打开列表,然后才能选择其中的内容。如果应用程序允许在列表框中选择多项,用户可选择任意多的项,也可取消任何项。

3. 单选按钮

单选按钮是对话框中一些互斥的选项列表。每次可从中选择一项,通过选择不同的选项可改变选择。被选择的按钮前有一个黑点,不可用的单选按钮在屏幕上显示灰色。

4. 复选框

复选框列出可以开和关的任选项。用户可以适当地选择一个或多个选项。当复选框被选择时,一个对勾号会出现在框中,指示相关联的命令选项是活动的。

若要用鼠标选择或解除一个复选框,单击它即可。

5. 数值框

单击数值框右边的上、下箭头,可以更改数值的大小,也可以直接输入数值。

6. 选项卡

Windows 7 使用选项卡将对话框中的选项进行分类,但不是所有的对话框都有选项卡。

选项卡出现在某些对话框的顶部,且每个加选项卡的部分含有不同的一组选项。单击一个选项卡,进入该区域对话框,并访问该选项卡的选项,通过方向键也可以进入各选项卡。

7. 命令按钮

在对话框中会经常看到命令按钮,单击命令按钮会执行一个命令(执行某操作)。按 Enter 键的功能与单击选中(带有轮廓的)命令按钮执行的操作相同。

命令按钮的外观各有不同,因此,有时很难确定到底是不是命令按钮。例如,命令按钮会经常显示为没有任何文本或矩形边框的小图标(图片),如图 2.12(a)所示。

确定是否是命令按钮的最可靠方法是将指针放在按钮上面,如果按钮"点亮"并且带有矩形框架,则它是命令按钮。大多数按钮还会在指针指向时显示一些有关功能的文本。

如果指向某个按钮时,该按钮变为两个部分,则这个按钮是一个拆分按钮,如图 2.12(b)所示。单击该按钮的主要部分会执行一个命令,而单击箭头则会打开一个有更多选项的菜单。

8. 滑块

滑块的作用是可让用户在一定的范围调整设置,它的外观如图 2.13 所示。

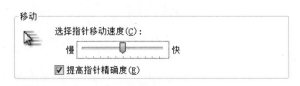

(a)命令按钮　(b)拆分按钮

图 2.12　命令按钮和拆分按钮　　　　　　　　　图 2.13　滑块

2.3.9　菜单及其操作

为了方便用户使用,Windows 根据命令功能的不同组织成不同的菜单,每个命令对应于菜单中的某个菜单项。

1. 菜单的约定

1) 正常的菜单选项与变灰的菜单项

正常的菜单项是用黑色字符显示出来的,用户可以随时选取它。变灰的菜单项是用灰色字符显示出来的,表示在当前情形下它是不能被选取的。例如,当在"计算机"窗口中不选取任何对象时,"组织"菜单下的"剪切""复制"等选项都是变灰的菜单项,这是因为"剪切""复制"选项都要求有相应的对象,因为没有选取对象,剪切和复制命令就无法执行。当在窗口中选取了对象后,如选择"本地磁盘","复制"就成为正常的菜单项,用户可以选用它们来进行复制操作。

2) 名称后跟有省略号(…)的菜单项

选择这种菜单项就会弹出一个相应的对话框,要求用户输入某种信息或改变某些设置。

3) 名称右侧带有三角标记的菜单项

这种带有三角标记的菜单项表示在它的下面还有一级子菜单,当鼠标指向该菜单项时,就会自动弹出下一级子菜单。这种菜单称为级联菜单,此菜单可以多层嵌套。

4) 名称后带有组合键的菜单项

这里的组合键是一种快捷键,用户在不打开菜单的情况下,直接按下该快捷键,即可执行相应的菜单命令。例如,按 Ctrl+X 快捷键就可以对选中的对象进行剪切。

5)菜单的分组线

一般来说,菜单选项会按照功能分为多组,每组之间用隐形的分组线分开。例如,在桌面上右击,可打开如图 2.14 所示的快捷菜单,该菜单按照功能不同被分为 6 组。

6)名称前带"√"记号的菜单项

这种菜单项可以让用户在两个状态之间进行切换。在"查看"菜单中的"状态栏"菜单项之前带有"√",表示此状态栏已在当前窗口显示;否则,该状态栏隐藏。单击该菜单项就可以在这两种状态之间进行切换。

图 2.14　菜单的分组线

7)名称前带"●"记号的菜单项

这种菜单项表示它是可以选用的,但在它的分组菜单中,同时只可能有一个且必定有一个菜单被选中,被选中的菜单项前带有"●"记号。若后来又选中了同一分组中的另一个菜单项,则前一个选项的"●"标记就会消失。

8)变化的菜单项

一般来说,一个菜单中的菜单项是固定不变的。不过也有些菜单可以根据当前环境的变化,适当地改变某些选项。例如,在"本地磁盘"窗口中选取了对象后和在没有选取对象前,"组织"菜单的菜单项内容是不一样的,选取对象后,"组织"菜单中的菜单项发生了改变。

9)带有用户信息的菜单

有的菜单,其选项用来保留某些用户信息。如图 2.15 所示,在"写字板"程序的"文件"菜单中,就保留了最近打开过的文件名称,即把这些文件名变成了菜单项,用户只需单击这样的选项,就会打开相应的文件。

图 2.15　"写字板"的"文件"菜单

2. 菜单的操作

1)打开菜单

用鼠标单击菜单栏上的菜单名,就会打开相应的菜单。对于窗口控制菜单,用鼠标单击窗口左上角的控制按钮就可以将其打开。此外,用鼠标右击某一对象,还会打开一个带有许多可用命令的对象快捷菜单。指向对象的不同,右击打开的快捷菜单的内容有所不同。

2)撤销菜单

打开菜单之后,如果不想选取菜单项,则可以在菜单以外的任意空白位置处单击,这样就可以撤销该菜单。此外,按 Esc 键也可撤销菜单。如果打开一个菜单之后,想撤销菜单并打开另一个菜单,则只需把鼠标指向菜单栏上的另一菜单名就可以了。利用键盘上的上下左右方向键也可以完成这一操作。

2.3.10 任务栏及其操作

桌面的底部是任务栏,它的形状是一个长条。任务栏上一般有"开始""输入法提示""音量调节""时钟显示"等选项。任务栏上的图标如果显示的是立体图标,表示该对应的程序正在运行,否则该程序没有运行。可以将正在运行的程序锁定到任务栏上,之后可以直接在任务栏上单击图标即可启动该程序。

与以往版本不同的是,当一个程序打开了多个窗口或程序执行了多次,在任务栏上却只显示一个图标,这是因为该图标具有层叠效果,当光标放置其上时,会在其上部列出所有的窗口信息。

可以对任务栏进行调整,要执行此操作,首先需要解除任务栏的"锁定"状态,方法是:在任务栏空白处右击,在弹出的快捷菜单中取消"锁定任务栏"的选中状态即可。

1. 改变任务栏的尺寸

要改变任务栏的尺寸,先把鼠标移到任务栏与桌面交界的边缘上,此时鼠标的形状变为垂直箭头;然后按住左键,拖动鼠标,就可以改变任务栏的大小了。图 2.16 表示的是任务栏大小改变之前的样子,由于打开的程序较大部分被隐藏起来了;图 2.17 则为改变尺寸后的任务栏,每个子栏都变宽了,看上去更为清楚。因此,当桌面上打开的窗口较多或想更清楚地显示各个子栏的内容时,就可以考虑改变任务栏的尺寸。

图 2.16　原始任务栏的尺寸

图 2.17　任务栏改变后的尺寸

2. 改变任务栏位置

屏幕上有 4 个位置可以安置任务栏:屏幕的底部、顶部以及左右两侧。单击任务栏上的空白区,并按住左键不放,然后拖动鼠标,移动到目标位置后,松开鼠标按钮即可。

3. 可覆盖性

有时,用户希望任务栏总是完整地显示在屏幕上,无论缩放窗口还是其他操作都不能覆盖它。这样的优点是可以确保任何时候,任务栏都是完整可见的;缺点则是会占用一定的可用屏幕空间。一般而言,这种模式对于初学者比较合适,因为它保证了任务栏的可见性和可操作性,不会出现因为偶然覆盖了任务栏而使用户一筹莫展的情形。初次启动时的默认模式就是任务栏不可覆盖模式。

如果用户觉得任务栏碍事,则可以把它隐藏起来。其操作步骤如下所示。

(1) 在任务栏空白处右击,在弹出的快捷菜单中选择"属性"菜单项,打开"任务栏和「开始」菜单属性"对话框。

(2) 选中"自动隐藏任务栏"复选框,然后单击"确定"按钮,如图 2.18 所示。这时,如果屏幕上存在激活的窗口,任务栏就会被隐藏起来。

图 2.18 "任务栏和「开始」菜单属性"对话框

在隐藏模式下,任务栏并没有真正消除,只不过是在屏幕上看不见而已。如果用户此时想要对任务栏进行操作的话,也很容易。因为任务栏隐藏起来后,会在屏幕边缘留下一道白线。只要把鼠标移动到这根白线上,任务栏就会自动显示出来,用户就可以对它进行操作了。操作完毕,当鼠标离开任务栏之后,任务栏又会自动隐藏起来。

4. 自定义任务栏

用右键单击任务栏的空白处,会弹出一个快捷菜单,利用此快捷菜单中的"工具栏"子菜单,用户可以将"地址""桌面""链接""新建工具栏"放到任务栏。

5. 将程序锁定到任务栏及解锁

如果某个程序的使用频率很高,为方便起见可以将该程序锁定在任务栏上。如果该程序正在运行,可右击任务栏上的该程序图标,在快捷菜单中单击"将此程序锁定到任务栏"。如果某程序没有打开,则右击该程序,在快捷菜单中单击"将此程序锁定到任务栏"。

右击任务栏上的已锁定的程序图标,在快捷菜单中单击"将此程序从任务栏解锁"可以解除程序的任务栏锁定。

图 2.19　任务栏通知区

6. 选择在任务栏上出现的图标和通知

默认情况下,通知区位于任务栏的最右侧,如图 2.19 所示,它包含程序图标,这些程序图标提供有关传入的电子邮件、更新、网络连接等事项的状态和通知。安装新程序时,可以将此程序的图标添加到通知区。

新的计算机在任务栏通知区经常已有一些图标,而且某些程序在安装过程中会自动将图标添加到任务栏通知区。可以更改出现在通知区中的图标和通知,如图 2.20 所示;对于某些特殊图标(称为"系统图标"),可以选择是否显示它们,如图 2.21 所示;可以通过将图标拖动到所需的位置来更改图标在通知区中的顺序以及隐藏图标的顺序。

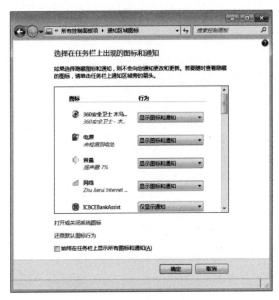

图 2.20　任务栏图标和通知设置

图 2.21　任务栏系统图标

2.3.11　Windows 7 的汉字输入法

1. 启动汉字输入系统

在 Windows 7 中启动汉字输入法的方法如下所示。

(1) 单击任务栏右边的输入法按钮，打开输入法菜单。在输入法菜单中有多种输入法,如图 2.22 所示,用户可根据需要选择一种汉字输入法。

(2) 选择一种输入法。例如,若要使用"微软拼音-新体验 2010",单击输入法菜单中的"微软拼音-新体验 2010"命令,立即出现该汉字输入法的状态条,如图 2.23 所示。

2. 输入法间的切换

利用下列快捷键可进行中英文输入法的切换。

(1) 中英文输入切换:Ctrl+Space。

(2) 中文输入法切换:Ctrl+Shift。

（3）全角与半角切换：Shift＋Space。

（4）中英文标点符号切换：Ctrl＋.。

图 2.22　输入法菜单

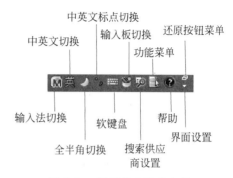

图 2.23　汉字输入法状态条

2.3.12　任务管理器

任务管理器系统是自带的一个很方便的软件,它能很直观地反映系统当前的应用程序、进程及其他相关属性。在系统运行的任何时候,可以同时按下 Ctrl＋Alt＋Del 快捷键启动任务管理器,或者用鼠标在任务栏空白处右击,在弹出的快捷菜单选择任务管理器。下面介绍任务管理器的常用用法。

1. 应用程序选项卡

如图 2.24 所示,列出了目前系统中正在运行的应用程序及它们的状态。在各应用程序状态中,有些是"正在运行",说明这些应用程序是正常运行的。还有一种可能的状态是"未响应",这说明这种状态的应用程序目前由于所需资源不充分等原因暂时无法正常运行,而它们的存在会使系统变得很慢,并影响其他进程的运行,这时应该终止这些应用程序,使系统恢复到正常状态。终止"未响应"状态的应用程序的操作方法是:选定某个"未响应"的应用程序,再单击下面的"结束任务"按钮即可。

图 2.24　"Windows 任务管理器"对话框的"应用程序"选项卡

2. 进程选项卡

如图 2.25 所示，进程也是系统中正在运行的程序，一个应用程序对应着一个或多个进程，这里显示许多专业的分析项目，各进程所占资源(如虚拟内存大小和占用 CPU)的情况。因此，一些进程占用较多的存储器和 CPU 时间时，说明它们也是影响系统运行的进程，这时可以选中这些进程，单击结束进程，以终止这些进程，使系统脱离不正常状态。

图 2.25　任务管理器进程选项卡

3. 用户选项卡

在用户选项卡中，可以注销已经登录本机的用户。如果当前用户的权限足够，就可以断开任何登录用户的登录。如果有远程用户登录本机，还可以向该用户发送消息。

2.4　"开始"菜单的使用

"开始"菜单是 Windows 7 的控制中心，"开始"菜单按钮总是位于任务栏的左端，只需单击"开始"按钮即可打开"开始"菜单，如图 2.26 所示。当鼠标指向菜单中带有三角标记的菜单项时，就会自动打开相应的级联子菜单。使用"开始"菜单可执行下列常见的活动：

- 启动程序
- 打开常用的文件夹
- 搜索文件、文件夹和程序
- 调整计算机设置
- 获取有关 Windows 操作系统的帮助信息
- 关闭计算机
- 注销 Windows 或切换到其他用户账户

2.4.1　"开始"菜单的构成

"开始"菜单由如下 3 个主要部分组成。

（1）左边的大窗格上部显示计算机上程序的一个短列表。列表分为两部分：上部分是

图 2.26 "开始"菜单

附加的程序列表；下部分是最近打开的程序列表(条目数可自定义,锁定到任务栏上的程序和附加的程序将不显示在该列表中)。这两类程序如果曾经有相应的文档被打开,则在项目的右边显示跳转菜单按钮 ▶ 。单击"所有程序"可在上部显示程序的完整列表。

（2）左边窗格的底部是搜索框,通过输入搜索项可在计算机上查找程序和文件。

（3）右边窗格提供对常用文件夹、文件、设置和功能的访问。在这里还可注销Windows 或关闭计算机。

2.4.2 自定义"附加的程序"

如果经常使用某个程序,可以通过将程序图标锁定到"开始"菜单,以创建程序的快捷方式。被锁定的程序图标将出现在"开始"菜单的左侧。

右键单击想要锁定到"开始"菜单中的程序图标,然后单击"锁定到「开始」菜单"。

若要解锁程序图标,右键单击被锁定程序的图标,然后单击"从「开始」菜单解锁"。

附加的程序按附加的先后顺序排列,若要更改固定的项目的顺序,可将程序图标拖动到列表中的新位置。

2.4.3 自定义"开始"菜单

可以添加或删除出现在"开始"菜单右侧的项目,如计算机、控制面板和图片；还可以更改一些项目,以使其他项目显示,如链接或菜单,如图 2.27 所示。

（1）单击打开"任务栏和「开始」菜单属性"。

（2）单击"「开始」菜单"选项卡,然后单击"自定义"。

（3）在"自定义「开始」菜单"对话框中,从列表中选择所需选项,单击"确定",然后回到"「开始」菜单"选项卡,再次单击"确定"。

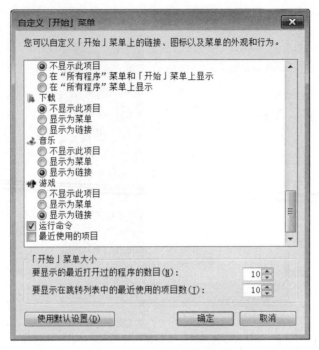

图 2.27   自定义"开始"菜单

2.4.4   利用"开始"菜单启动应用程序

在计算机中安装了新的程序后，一般都会在"开始"菜单中创建启动该程序的快捷方式。在 Windows 7 中，启动应用程序、打开文件窗口大多通过"开始"菜单来实现。例如，用户通过"开始"菜单，可以打开 Internet Explorer 浏览器浏览网页；可以打开文字处理软件编辑文字；可以打开"控制面板"对计算机进行设置等。这里以打开"计算器"软件为例，介绍利用"开始"菜单启动程序的方法，其操作步骤如下所示。

（1）单击"开始"按钮，打开"开始"菜单。选择"所有程序"，弹出"所有程序"子菜单，选中子菜单中的"附件"命令，出现"附件"子菜单。

（2）选择"附件"子菜单下的"计算器"命令，即可启动"计算器"软件。

2.4.5   利用"运行"命令启动程序

对于在"开始"菜单中没有列入的程序，也可以用"运行"命令来启动。用 Windows＋R 快捷键，或依次单击"开始"→"所有程序"→"附件"→"运行"，打开"运行"对话框。在该对话框的输入框中输入路径和程序名称或单击"浏览"按钮来查找所需的程序，然后单击"确定"按钮，就可以运行所输入的程序。另外，也可以单击输入框右端的向下箭头按钮，从下拉列表中选取程序运行，这个下拉列表中保存了最近几次使用"运行"所启动程序的名称。

通过自定义"开始"菜单可以把"运行"命令放置在自定义项目列表中，见 2.4.3 节。

2.4.6   使用"搜索"命令

搜索框是在计算机上查找项目的最便捷方法之一。搜索框将遍历用户的程序及个人文件夹(包括"文档""图片""音乐""桌面",以及其他常见位置)中的所有文件夹,因此是否提供项目的确切位置并不重要。它还将搜索用户的电子邮件、已保存的即时消息和联系人。

若要使用搜索框,请打开"开始"菜单,并输入搜索项。输入内容之后,搜索结果将显示在"开始"菜单左边窗格中的搜索框上方。

搜索的匹配规则如下:

- 标题中的任何文字与搜索项匹配或以搜索项开头。
- 该文件实际内容中的任何文本(如字处理文档中的文本)与搜索项匹配或以搜索项开头。
- 文件属性中的任何文字(如作者)与搜索项匹配或以搜索项开头。

搜索的结果将分类显示,类别有程序、音乐、控制面板、文件和文件夹。

单击任一搜索结果可将其打开;或者,单击"清除"按钮⊠清除搜索结果,并返回到主程序列表;还可以单击"查看更多结果"以搜索整个计算机。

除可搜索程序、文件、文件夹及通信之外,搜索框还可搜索 Internet 收藏夹和用户访问过的网站的历史记录。如果这些网页中的任何一个包含搜索项,则该网页会出现在名为"文件"的标题下。

示例:在搜索框中输入"calc"或"计算",在搜索结果列表中的"程序"类别中将出现"计算器",单击列表中的"计算器"即可运行对应的程序。

2.4.7 利用"最近打开的文档"菜单

利用"最近打开的文档"菜单可以快速打开最近使用过的文档。在"开始"菜单的"最近打开的文档"子菜单中保存的是用户最近打开的文档。只要单击"开始"按钮,指向附加的程序和最近打开的程序列表中文档打开所使用的程序,然后在"最近打开的文档"子菜单中单击欲打开的文档的名称,就可以打开该文档。

对于锁定在任务栏上的程序,右键单击该程序图标,在快捷菜单中显示"最近"列表,选中要打开的文档即可。

2.5 Windows 7 文件系统

在计算机中的各种信息,从用户写的信件、画的图到应用程序和数据,包括系统软件在内,都是以文件的形式存放在磁盘上的,而且在计算机上的操作有很大一部分是在磁盘上存储或者寻找信息。因此,需要了解 Windows 文件系统。

2.5.1 文件的特性、类型和命名

在计算机系统中,文件是最小的数据组织单位。文件中可以存放文本、图像及数值数据等信息。而硬盘则是最常用的存储文件的大容量存储设备,其可以存储很多的文件,其他的存储介质有光盘、U 盘等,MP3 播放器及手机中的存储体也可作为存储文件的存储设备。为了便于管理文件,还把文件组织到目录和子目录中去。目录可以形象地理解为存放文件的文件夹,而子目录则被认为是文件夹中的文件夹(或子文件夹)。以后如无特别说明,本书将文件夹与目录这两个词通用。

1. 文件的特性

一个文件是一组信息的集合,这些信息最初是在内存中建立的,然后以用户给予的相应的文件名存储到磁盘上。文件具有如下 5 个特性。

(1) 在同一磁盘的同一目录区域内不会有名称相同的文件,即文件名具有唯一性。不过,在不同磁盘或同一磁盘的不同目录中可以允许文件有相同的名称。

(2) 文件中可存放字母、数字、图片和声音等各种信息。

(3) 文件可以从一个磁盘复制到另外一个磁盘上,或者从一台计算机上复制到另外一台计算机上,即文件具有可携带性。

(4) 文件并非固定不变的。文件可以缩小、扩大,可以修改、减少或增加,甚至可以完全删除,即文件又具有可修改性。

(5) 文件在硬盘中有其固定的位置。文件的位置是很重要的,一些情况下,需要给出路径以告诉程序或用户文件的位置。路径由存储文件的驱动器、文件夹或子文件夹组成。

2. 文件的类型和图标

在 Windows 7 中,文件可以划分为很多类型。文件的类型是根据它们所含信息类型的不同进行分类的,不同类型的文件在 Windows 7 中使用的图标也不同。

1) 程序文件

程序文件由可执行的代码组成。如果用文本查看程序,并打开程序文件,只能看到一些无法识别的特殊字符。在系统中,程序文件的文件扩展名一般为.com 和.exe 等。用户双击大多数程序文件都可以启动或运行某一程序。当利用 Windows 进行工作时,每个应用程序名前都有其特有的图标,如图 2.28 中所示的 calc.exe(计算器)和 dvdplay.exe(DVD 播放器)两个应用程序的图标。

2) 文本文件

文本文件通常由字母和数字组成。一般情况下,文本文件的扩展名均为.txt,另外,应用程序中的大多数 Readme 文件也是文本文件。如图 2.29 中所示的 License.exe 即为文本文件。

calc.exe dvdplay.exe   License.txt

图 2.28　两个应用程序的图标　　　　　　图 2.29　文本文件

3) 图像文件

图像文件是指存放图片信息的文件。图像文件的格式有很多种。Windows 7 中的"画图"应用程序可以创建位图文件,并以扩展名.bmp 来命名所创建的位图文件,如图 2.30 中所示的 Zapotec.bmp 即为位图文件。位图文件是一种图像文件。

4) 多媒体文件

多媒体文件是指数字形式的声音和影像文件。在 Windows 7 中,普通的多媒体文件有许多种,如录音机生成的波形文件,其扩展名为.wav。如图 2.31 所示的"Windows 登录声.wav"声音文件就是一个声音波形文件,它包含可在波形相容的声音设备上播放声音的数据和指令。

5）字体文件

Windows 7 带有很多字体,其都放在 WINDOWS 文件夹下的 Fonts 文件夹中,如图 2.32 所示为字体文件的图标。

Zapotec.bmp

图 2.30　图像文件

Windows
登录声.wav

图 2.31　多媒体文件

楷体
(TrueType)

图 2.32　字体文件

6）数据文件

数据文件中一般包含数字、名称、地址和其他由数据库和电子表格等程序创建的信息。最通用的数据文件格式可以被一系列不同的程序读懂。例如,一个 xlsx 和 accdb 数据文件分别可以被 Microsoft Excel 和 Access 应用程序作为输入文件。

3. Windows 7 文件的命名

在 Windows 7 中代表一个文件的名称由文件名及扩展名两部分构成,文件名允许长达 256 个字符。早期的操作系统 DOS 也可以访问这些长文件名的文件,但此时文件名会被截断成 8 个字符的 DOS 文件名和 3 个字符的扩展名。这里主要介绍在 Windows 7 环境下的文件命名规则,如下所示。

（1）在文件或文件夹的名称中,最多可使用 256 个字符。

（2）可使用多间隔符的扩展名,如 photo1. stroom. 6666. bmp. arj。

（3）文件名中除去开头以外的任何地方都可以有空格,但不能有下列符号:

/　\?：　*　"　＜　＞　|

（4）Windows 7 保留用户指定的名称的大小写格式,但不能利用大小写区别文件名。例如,Myfile. doc 和 MYFILE. DOC 被认为是同一个文件名。

（5）文件的扩展名由 1～4 个符号构成,通常是由生成文件的软件自动加上的,其作用是标志一个文件的类型,从而系统也就可以用正确的方式来处理这些文件。Windows 7 系统常用文件的扩展名及其代表的文件类型如表 2.3 所示。

表 2.3　Windows 7 系统常用文件的扩展名及其代表的文件类型

文 件 类 型	扩展名及打开方式
文档文件	txt(所有文字处理软件或编辑器都可打开)、doc(Word 及 WPS 等软件可打开)、rtf(Word 及 WPS 等软件可打开)、htm(各种浏览器可打开、用写字板打开可查看其源代码)、pdf(Adobe Acrobat Reader 和各种电子阅读软件可打开)
压缩文件	rar(winrar 打开)、zip(winzip 打开)、arj(用 arj 解压缩后可打开)
图形文件	bmp、gif、jpg、pic、png、tif(用常用图像处理软件可打开)
声音文件	wav(媒体播放器可打开)、aif(声音处理软件可打开)、au(常用声音处理软件可打开)、MP3(winamp 播放)、ram(由 realplayer 播放)
动画与视频文件	avi(常用动画处理软件可播放)、mpg(由 vmpeg 播放)、mov(由 activemovIE 播放)、swf(Flash 文档)
系统文件	int、sys、dll、adt(此类文件由系统使用,用户不能改变和删除)

文 件 类 型	扩展名及打开方式
可执行文件	exe、com(双击可运行)
语言文件	c、asm、bas(由各种程序设计语言写程序的源程序文件打开)
映像文件	map(其每行都定义了一个图像区域及当该区域被触发后应返回的 url 信息)
备份文件	bak(被自动或是通过命令创建的辅助文件,它包含文件的最近一个版本)
模板文件	dot(通过 Word 模板可简化一些常用格式文档的创建工作)
批处理文件	bat(在 MS-Dos 中,bat 文件是可执行文件,由一系列命令构成,其中可包含对其他程序的调用)

2.5.2　文件夹

为了分门别类地、有序地存放文件,操作系统把文件组织在若干目录中,也称文件夹,所

图 2.33　文件夹

以文件夹是一个文件容器,它提供了指向对应磁盘空间的路径地址。文件夹一般采用多层次结构(树状结构),如图 2.33 所示,在这种结构中每个磁盘有一个根文件夹,它包含若干文件和文件夹。文件夹不但可以包含文件,而且可包含下一级文件夹(子文件夹),这样类推下去形成的多级文件夹结构既帮助用户将不同类型和功能的文件分类存储,又方便文件查找,还允许不同文件夹中文件拥有同样的文件名。

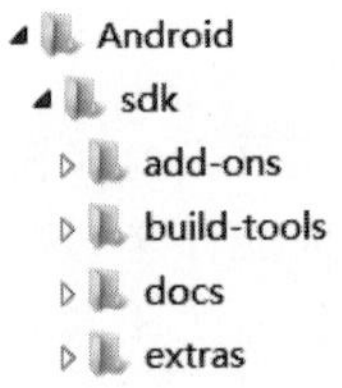

文件名不能超过 256 个字符(包括空格),可以有扩展名,但不具有文件扩展名的作用,也就不像文件那样用扩展名来标识格式。

如果删除一个文件夹,那么该文件夹内的所有内容也将被删除。

2.5.3　库

库是 Windows 7 中的新增功能,是用于管理文档、音乐、图片和其他文件的位置。在库中,可以使用与在文件夹中浏览文件相同的方式浏览文件,也可以查看按属性(如日期、类型和作者)排列的文件。可以将磁盘上其他的文件夹包含到库中,也可以直接在库中创建文件夹和文件。

在某些方面,库类似于文件夹。例如,打开库时将看到一个或多个文件。但与文件夹不同的是,库可以收集存储在多个位置中的文件。这是一个细微但重要的差异。库实际上不存储项目,它们监视包含项目的文件夹,并允许用户以不同的方式访问和排列这些项目。例如,如果在硬盘和外部驱动器上的文件夹中有音乐文件,则可以使用音乐库同时访问所有音乐文件。

Windows 7 中具有 4 个默认库:文档、音乐、图片和视频,如图 2.34 所示。用户也可以新建库。一个库最多可以包含 50 个文件夹。如图 2.35 所示,默认库"文档"包含了两个文件夹,其中第一个是默认库文件保存位置的文件夹,即往库中(非库所包含文件夹中)添加文件或创建文件夹时,这些直接创建的文件或文件夹将存放在默认库文件夹中。

可以针对特定文件类型(如音乐或图片)优化每个库,以更改可用于排列文件的选项。

如果删除库,会将库自身移动到"回收站"。可在该库中访问的文件和文件夹存储在其他位置,因此不会被删除。如果意外删除 4 个默认库(文档、音乐、图片或视频)中的一个,可以在导航窗格中将其还原为原始状态,方法是:右键单击"库",然后单击"还原默认库"。

图 2.34　默认库

图 2.35　"文档"库属性

如果从库中删除文件或文件夹,会同时从原始位置将其删除。如果要从库中删除项目,但不要从存储位置将其删除,则应删除包含该项目的文件夹。

2.5.4　资源管理器

1. 资源管理器界面

通过 Windows 7 系统提供的"资源管理器"可实现对系统软、硬件资源的管理。同时,"资源管理器"也是一个功能强大的文件管理工具。在"资源管理器"中,可以方便地浏览硬盘和光盘等设备上的文件夹和文件,可以进行文件夹和文件的建立、打开、复制、移动、删除、重命名等操作。资源管理器界面如图 2.36 所示。

资源管理器各部分的功能如下所示。

1) 菜单栏

菜单栏提供了常规的操作,在默认情况下,菜单栏是隐藏的,因为过去通过菜单执行的任务如今由工具栏提供,或者在相应选择项的右键属性里。

2) 导航窗格

导航窗格中有收藏夹、库、计算机、网络、家庭组 5 种顶级资源。使用导航窗格可以访问库、文件夹、保存的搜索结果,甚至可以访问整个硬盘。使用"收藏夹"部分可以打开最常用的文件夹和搜索;使用"库"部分可以访问库;还可以使用"计算机"文件夹浏览文件夹和子文件夹。

当焦点在导航窗格中时,导航目录树上的项目左侧显示图标 ▷,表示该项目还有子项目没有被打开,当显示图标 ◢ 表示已打开其子项目,如果没有图标,表示没子项目。

3) "后退"和"前进"按钮

使用"后退"按钮 ⬅ 和"前进"按钮 ➡ 可以导航至已打开的其他文件夹或库,而无须关闭当前窗口,这些按钮可与地址栏一起使用。例如,使用地址栏更改文件夹后,可以使用"后

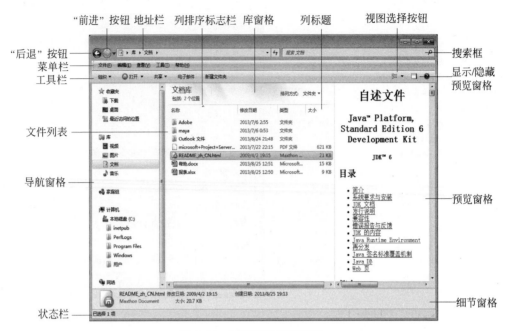

图 2.36 "资源管理器"窗口

退"按钮返回到上一文件夹。

4）工具栏

使用工具栏可执行一些常见的任务，如更改文件和文件夹的外观、将文件刻录到 CD 上或启动数字图片的幻灯片放映。除了"组织""视图选择""显示/隐藏预览窗格""帮助"按钮外，工具栏上的其他按钮与当前选中的对象有关。例如，如果单击图片文件，则工具栏显示的按钮与单击音乐文件时不同。通过选择"组织"按钮下的"布局"，可以设置菜单栏和其余 4 个窗格是否显示。

5）地址栏

使用地址栏可以导航至不同的文件夹或库，或返回上一文件夹或库。可以通过单击某个链接或输入位置路径来导航到其他位置，可以单击链接右侧的箭头 ▶，直接显示所包含的下级项目并做选择。

6）库窗格

仅当在某个库（如文档库）中时，库窗格才会出现。使用库窗格可自定义库或按不同的属性排列文件。

7）列标题

使用列标题可以更改文件列表中文件的整理方式。例如，可以单击列标题的左侧以更改显示文件和文件夹的顺序；也可以单击右侧 ▼ 以采用不同的方法筛选文件（注意：只有在"详细信息"视图中才有列标题）。

8）文件列表

文件列表显示当前文件夹或库内容的位置。如果通过在搜索框中输入内容来查找文件，则仅显示与当前视图相匹配的文件（包括子文件夹中的文件）。

9) 搜索框

在搜索框中输入词或短语可查找当前文件夹或库中的项。一旦开始输入内容,搜索就开始了。例如,当输入"B"时,所有名称以字母 B 开头的文件都将显示在文件列表中。

10) 细节窗格

使用细节窗格可以查看与选定文件关联的最常见属性。文件属性是关于文件的信息,如作者、上一次更改文件的日期,以及可能已添加到文件的所有描述性标记。

11) 预览窗格

使用预览窗格可以查看大多数文件的内容。例如,如果选择电子邮件、文本文件或图片,则无须在程序中打开即可查看其内容;如果看不到预览窗格,可以单击工具栏中的"预览窗格"按钮 🔲 打开预览窗格。

2. 资源管理器的使用

1) 创建一个新的文件夹

用户可以在磁盘的根目录上直接创建一个新的文件夹,或者在其他的文件夹上创建一个新的文件夹。其操作步骤为:在"资源管理器"中,打开要在其中创建新文件夹的驱动器或文件夹或库;在"文件"菜单上,指向"新建",然后单击"文件夹";窗口中出现用临时的名称显示新文件夹;输入新文件夹的名称,然后按 Enter 键。

2) 组织文件和文件夹

(1) 选定一个文件或文件夹。

当在"资源管理器"的导航窗格中选定一个文件夹时,在右侧列表区中将显示该文件夹中的所有文件及文件夹。在右窗格中,用户可以用鼠标来选定一个文件夹,其步骤为先用鼠标指向那个文件夹,再单击它即可。

可直接用鼠标单击要选定的文件或文件夹,被选定的文件或文件夹呈反白显示,如图 2.37 所示。

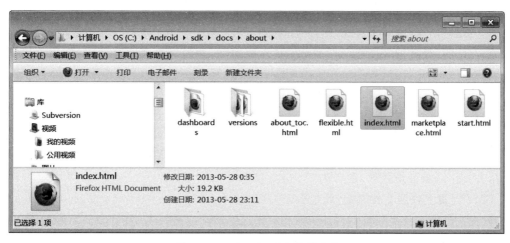

图 2.37　index.html 文件被选中

(2) 选定多个相邻文件或文件夹。

拖动鼠标,将要选定的文件包含在一个矩形框内;或先单击第一个文件或文件夹,再按住 Shift 键并单击想要选定的最后一个文件或文件夹。

（3）选定多个不相邻文件或文件夹。

在文件夹窗口中，按住 Ctrl 键，然后单击要选定的文件或文件夹。

（4）选定窗口中的所有文件和文件夹。

单击"组织"菜单，然后单击"全选"命令。

（5）取消选择。

如果已选定多个文件或文件夹，按住 Ctrl 键再单击，可取消当前鼠标所指的文件或文件夹。用同样的方法，可以取消多个选择。

（6）移动文件和文件夹。

在"资源管理器"中，选中要移动的文件或文件夹；在"组织"菜单或快捷菜单中单击"剪切"命令；打开要存放文件或文件夹的文件夹；在"组织"菜单或快捷菜单中单击"粘贴"命令即可移动文件或文件夹。

当移动前的位置和移动后的位置位于同一磁盘分区时，直接选中要移动的文件或文件夹拖到相应的位置即可；当位于不同的磁盘分区时，拖动操作将保留原来位置的对象。

（7）复制文件或文件夹。

① 在"资源管理器"中，选中要复制的文件或文件夹，在"组织"菜单或快捷菜单中单击"复制"命令；打开要存放副本的文件夹或磁盘，在"组织"菜单或快捷菜单中单击"粘贴"命令。

② 在"资源管理器"中，选中要复制的文件或文件夹，按住鼠标将其拖到另一磁盘的目标文件夹中即可完成文件的复制；如果将其复制到同一磁盘的不同文件夹中，在拖动时应按住 Ctrl 键，否则只能完成文件或文件夹的移动。

③ 如果要复制到的位置是移动磁盘或事先已设置好的可发送位置，可以选中要复制的文件夹，在快捷菜单中，指向"发送到"，然后单击目标位置。

（8）删除文件或文件夹。

在"资源管理器"中，选中要删除的文件或文件夹，在"组织"菜单或快捷菜单中单击"删除"命令，这时出现"删除文件夹"对话框，选择"否"则放弃删除；选择"是"，则文件或文件夹被删除。此时，删除的文件或文件夹还未真正被删除，而是保存在回收站中，如果不想删除还可从回收站中恢复，只有当从回收站删除后，文件或文件夹才真正被删除。

只有固定磁盘（硬盘）中的文件被删除时，才会进入回收站，对移动磁盘（如 U 盘）中的文件和文件夹进行删除操作，被删的内容直接删除而不会进入回收站。

（9）更改文件或文件夹名。

在"资源管理器"中，选中要重命名的文件或文件夹。在"组织"菜单或快捷菜单中单击"重命名"命令，输入新名称，然后按下 Enter 键即可。

（10）设置文件或文件夹属性。

设置文件或文件夹属性的操作方法为：先选定文件或文件夹，再单击鼠标的右键，在弹出的快捷菜单中单击"属性"命令，即可打开该文件或文件夹的"属性"对话框，如图 2.38 所示，选定所要设置的属性，最后单击"确定"按钮。

文件属性包括以下内容。

① 只读。显示此文件或文件夹是否为只读属性。含有此属性的文件通常不会被误删除，只有去掉了只读属性才能修改或删除该文件。

图 2.38　设置文件或文件夹属性

② 隐藏。显示此文件或文件夹是否含隐藏属性。设置了隐藏属性的文件是否能够被看到,取决于系统中的一个设置(见(11)设置文件夹选项)。

(11) 设置文件夹选项。

单击"组织"→"文件夹和搜索选项"或"工具"→"文件夹选项",打开"文件夹选项"对话框,其中有 3 个选项卡,分别设置文件夹的打开方式、显示方式、搜索过滤方式。

"常规"选项卡中可以设置浏览文件夹的方式:在同一窗口中打开每个文件夹、在不同窗口中打开不同的文件。当希望同时查出两个以上文件夹中的内容时可以使用后者。还可以设定项目的打开方式:通过单击打开项目、通过双击打开项目。

"查看"选项卡中,如图 2.39 所示,在"隐藏文件和文件夹"项目中有两项选择,若选中"不显示隐藏的文件、文件夹或驱动器",则磁盘上所有设置了隐藏属性的文件,都是不可见的,若选中"显示隐藏的文件、文件夹和驱动器",则隐藏文件图标可见,但为浅色显示。还有一个选项可以设置是否显示已知类型的文件的扩展名,勾选"隐藏已知文件类型的扩展名"选项,则系统不会显示已知类型的文件名中的扩展名。

"搜索"选项卡中,可以设置搜索内容:"在有索引的位置搜索文件名和内容,在没有索引的位置只搜索文件名""始终搜索文件名和内容"。可以设置搜索方式:"在搜索文件夹时在搜索结果中包括子文件夹""查找部分匹配""使用自然语言搜索""在文件夹中搜索系统文件时不使用索引"。可以设置在搜索没有索引的位置时"包括系统目录""包括压缩文件"。

(12) 设置文件关联。

在 Windows 中,双击一个已知类型的文档,系统会选择与之对应的应用程序打开它。但若系统不能识别文件的类型,那么也就无法打开文件。

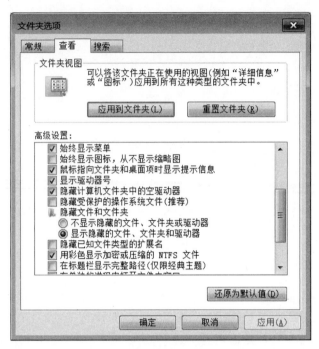

图 2.39 文件夹选项的"查看"选项卡

如果用户知道这个文件的类型,或知道应该用什么程序打开这个文件,那么为了让系统能自动打开这个文件,可以将一个程序与这类型的文件进行关联,关联后,系统便可以用关联的程序打开这类文件。

这时单击未知类型的文件时,会弹出打开方式对话框,如图 2.40 所示。如果选择"使用Web 服务查找正确的程序",那么会通过网络查找该用什么程序来打开;如果选择"从已安装的程序列表中选择程序",会弹出如图 2.41 所示的对话框,用户可在列表中选择一个已安装的程序。如果软件已安装但没有出现在列表中,可以单击"浏览"按钮找到该程序,再勾选"始终使用选择的程序打开这种文件",确定后,系统便可以用指定的程序打开文件了。

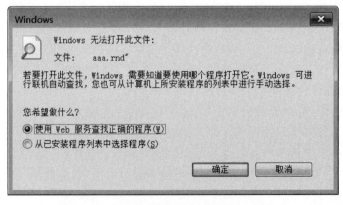

图 2.40 未知类型文件的打开方式对话框(1)

图 2.41　未知类型文件的打开方式对话框(2)

(13) 自定义文件夹。

在"资源管理器"中,默认情况下文件夹显示的图标为 🗁 ,当视图模式设为中等图标、大图标、超大图标时,系统会根据文件夹中的内容,将代表其中文件类型的图片或直接将其中的图片加入图标中。如图 2.42 所示,Apk 文件夹中有 Excel 和 Word 文档;wpcache 文件夹中有多张照片。

图 2.42　不同内容的文件夹在各种视图模式下显示效果

通过自定义文件夹图片可以设置中、大、特大图标模式下文件夹图标中的图片。在如图 2.43 对话框中单击"选择文件"按钮,选择相应图片即可。图 2.44 是上述两个文件夹各设置一个图片之后的效果。

图 2.43　自定义文件夹对话框

图 2.44　设置了文件夹图片后在特大图标
视图模式下的效果

可以通过设置文件夹图标，更改文件夹的图标，如可以将默认的图标 📁 更改成 📁。使用自定义的文件夹图标后，在各种视图模式下都显示同样的图标。

通常情况下在导航窗格和内容窗格中显示文件夹时，显示的是文件夹真实的全部名称。为了用户方便，可以为文件名取一个更恰当的别名。方法是在文件夹下创建一个 desktop.ini 文件（在创建之前，在"文件夹选项"对话框中的"查看"选项卡中，把勾选"隐藏已知文件类型的扩展名"取消），加入下面的两行文本，其中 ABC 就是文件夹的别名。

```
[.ShellClassInfo]
LocalizedResourceName = ABC
```

3. 启动应用程序

从"资源管理器"启动应用程序，只需将鼠标指向包含该程序的文件夹，双击该程序图标即可启动，或选中应用程序后，单击工具栏中的"打开"命令，也可启动应用程序。

还可使用"资源管理器"将文件图标添加到桌面上、锁定到任务栏、附加到"开始"菜单，以便更加快速地启动应用程序。方法是：在"资源管理器"中，在程序图标的快捷方式中选择"发送到→桌面快捷方式""锁定到任务栏""附加到「开始」菜单"。

为了保护系统的安全，Windows 7 的用户账户控制（User Account Control，UAC）使得在一般情况下用户是以标准用户的权限运行程序的。而某些程序需要进行要求管理员权限的操作，标准用户的权限是不能进行的，即使当前用户是管理员身份。需要在程序的快捷菜单中选择"以管理员身份运行"。

4. 搜索

1）简单查找

（1）使用"开始"菜单中的搜索框。可以使用"开始"菜单中的搜索框来查找存储在计算机上的文件、文件夹、程序和电子邮件。单击"开始"按钮，然后在搜索框中输入字词或字词的一部分。与所输入文本相匹配的项将出现在"开始"菜单中,搜索结果基于文件名中的文本、文件中的文本、标记及其他文件属性。

（2）使用文件夹或库中的搜索框。通常要查找的文件位于某个特定文件夹或库中,例如文档或图片文件夹/库。浏览文件可能意味着查看数百个文件和子文件夹,为了节省时间和精力,可使用已打开窗口顶部的搜索框,该搜索框基于所输入文本筛选当前视图。在当前视图中,搜索将查找文件名和内容中的文本,以及标记等文件属性中的文本。在库中,搜索包括库中包含的所有文件夹及这些文件夹中的子文件夹。

2）高级搜索

在 Windows 7 中进行搜索可以简单到只需在搜索框中输入几个字母,但也有一些高级搜索技术以供使用。

（1）添加运算符。细化搜索的一种方法是使用运算符 AND、OR 和 NOT。当使用这些运算符时,需要以全大写字母输入,如表 2.4 所示。

表 2.4　搜索运算符

运算符	示　　例	用　　途
AND	tropical AND island	查找同时包含"tropical"和"island"这两个单词（即使这两个单词位于文件中的不同位置）的文件。如果只进行简单的文本搜索,这种方式与输入"tropical island"所得到的结果相同
NOT	tropical NOT island	查找包含"tropical"但不包含"island"单词的文件
OR	tropical OR island	查找包含"tropical"或"island"单词的文件

（2）添加搜索筛选器。搜索筛选器是 Windows 7 中的一项新功能,通过它可以更轻松地按文件属性（如按作者或按文件大小）搜索文件。搜索器的种类有：种类、修改日期、类型、大小、名称、标记、拍摄日期、艺术家、唱片集、流派、长度、年、分级、标题、文件夹路径等。搜索位置的类型不同,可用的筛选器的种类也不同。在一次搜索中可添加多个搜索筛选器,甚至也可将搜索筛选器与常规搜索词一起混合使用,以进一步细化搜索。例如,"IMG 标记：旅游 大小：大 修改日期：这个月的早些时候"是搜索文件名以 IMG 开头,有"旅游"标记,大小在 1～16MB 之间,本月修改的文件,如表 2.5 所示。

表 2.5　搜索词

搜索词示例	用　　途
System.FileName：～<"notes"	名称以"notes"开头的文件。～< 表示"开头"
System.FileName：="quarterly report"	名为"quarterly report"的文件。=表示"完全匹配"
System.FileName：～="pro"	文件名包含单词"pro"或包含作为其他单词（如"process"或"procedure"）一部分的字符 pro。～=表示"包含"
System.Kind：<>picture	不是图片的文件。<> 表示"不是"
System.DateModified：05/25/2010	在该日期修改的文件。用户也可以输入"System.DateModified：2010"查找在这一年中任何时间更改的文件
System.Author：～!"herb"	创建者的名字中不含"herb"的文件。～! 表示"不包含"
System.Keywords："sunset"	标记了"sunset"一词的文件
System.Size：<1mb	小于 1MB 的文件
System.Size：>1mb	大于 1MB 的文件

（3）使用关键字细化搜索。如果希望在单击搜索框时按照没有显示的属性进行筛选，则可以使用特殊关键字。这通常需要输入一个属性名称后加一个冒号，有时加一个运算符，然后输入一个值。关键字不区分大小写。

（4）使用自然语言搜索。启用自然语言搜索，以便用更简单的方法执行搜索，这样就无须使用冒号，也不用输入大写的 AND 和 OR。两种搜索的比较如表 2.6 所示。

表 2.6 不使用自然语言与使用自然语言搜索的对比

不使用自然语言	使用自然语言
System. Music. Artist：(Beethoven OR Mozart)	音乐 Beethoven 或 Mozart
System. Kind：document System. Author：(Charlie AND Herb)	文档 Charlie 和 Herb

3）使用索引

使用索引提高 Windows 搜索速度，索引可使得对计算机上的大多数常见文件执行非常快速的搜索。默认情况下，计算机上最常见的文件都可以进行索引。索引位置包括库中包含的所有文件夹（如文档库中的任何内容）、电子邮件和脱机文件。未建立索引的文件包括程序文件和系统文件，这是因为大多数用户很少需要搜索这些文件。

向索引中添加内容最容易的方法是，将文件夹包括到库中。执行此操作时，将为该文件夹中的内容自动建立索引。不使用库的情况下，也可以向索引中添加内容。若要添加或删除索引位置，可执行下列操作。

（1）单击打开"索引选项"对话框，如图 2.45 所示，可以查看目前已建立索引的位置。

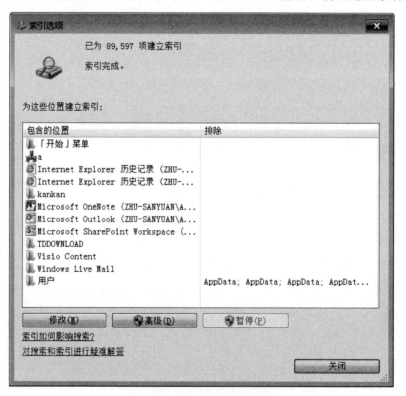

图 2.45 "索引选项"对话框

（2）单击"修改"按钮。

（3）若要添加或删除索引位置，请在"索引位置"对话框中的"更改所选位置"列表中选中或取消选中其复选框，如图 2.46 所示，然后单击"确定"按钮。

图 2.46 "索引位置"对话框

如果在"所选位置的摘要"列表中没有看到计算机上的所有位置，请单击"显示所有位置"（如果列出了所有位置，则"显示所有位置"将不可用）。如果系统提示输入管理员密码或进行确认，请输入该密码或提供确认。

如果希望包括某个文件夹但不包括其全部子文件夹，请单击该文件夹，然后取消选中不希望建立索引的任何子文件夹旁边的复选框。取消选中的文件夹将出现在"所选位置的摘要"列表的"排除"列中。

2.6 控 制 面 板

"控制面板"是 Windows 7 用来管理系统软、硬件，显示当前系统情况，设置屏幕显示效果，修改日期、时间的工具，它包含有关 Windows 外观和工作方式的所有设置，用户可以使用它对 Windows 进行设置，使其适合用户的需要。

单击"开始"按钮，再单击"控制面板"命令即可打开控制面板窗口，如图 2.47 所示。

可以使用如下两种方法查找"控制面板"项目。

（1）使用搜索。若要查找感兴趣的设置或要执行的任务，请在搜索框中输入单词或短语。例如，输入"声音"，可查找声卡、系统声音及任务栏上音量图标的特定设置。

（2）浏览。可以通过单击不同的类别并查看每个类别下列出的常用任务来浏览"控制面板"，如图 2.47 所示；或者在"查看方式"下，单击"大图标"或"小图标"以查看所有"控制面板"项目的列表，如图 2.48 所示。类别总共有 8 类：系统和安全，网络和 Internet，硬件和声音，程序，用户账户和家庭安全，外观和个性化，时钟、语言和区域，轻松访问。

图 2.47 "控制面板"窗口

图 2.48 按类别浏览的"控制面板"窗口

在图 2.47 和 2.48 中按类别显示的控制面板项目中,前面带  图标的项目是需要管理员权限才能操作。

2.6.1　系统和安全

系统和安全类别包含下面的 8 个默认的子类别,用户安装的其他软件可能在此子类别中加入与系统相关的控制项目。

1. 操作中心

操作中心是一个查看警报和执行操作的中心位置,它可帮助保持 Windows 稳定运行。操作中心列出有关需要用户注意的安全和维护设置的重要消息,其中,红色项目标记为“重要”,表明应快速解决的重要问题,例如需要更新的已过期的防病毒程序;黄色项目是一些应建议执行的任务,例如维护任务。在“操作中心”窗口中,选择“更改操作中心设置”选项,打开“更改操作中心设置”对话框,可以设置打开或关闭消息,如图 2.49 所示。通过将鼠标放在任务栏最右侧的通知区域中的“操作中心”图标,可快速查看操作中心中是否有任何新消息,单击该图标可查看详细信息,然后单击某消息可解决问题消息。

图 2.49　更改操作中心设置

2. Windows 防火墙

防火墙可以是软件,也可以是硬件,它能够检查来自 Internet 或网络的信息,然后根据防火墙设置阻止或允许这些信息通过计算机。防火墙并不等同于防病毒程序。为了帮助保护计算机,需要同时使用防火墙及防病毒和反恶意软件程序。

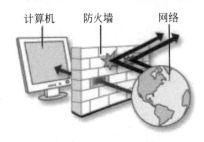

图 2.50　防火墙

防火墙有助于防止黑客或恶意软件(如蠕虫)通过 Internet 或网络访问计算机,还有助于阻止计算机向其他计算机发送恶意软件。图 2.50 显示了防火墙的工作原理。

Windows 防火墙中为每种类型的网络位置自定义 4 个设置。

(1) 打开 Windows 防火墙。

默认情况下已选中该设置。当 Windows 防火墙处于打开状态时,大部分程序都被阻止通过防火墙进行通信。如果用户要允许某个程序通过防火墙进行通信,可以将其添加到允许的程序列表中。例如,在将即时消息程序添加至允许的程序列表之前,可能无法使用即时消息发送照片。

(2) 阻止所有传入连接,包括位于允许程序列表中的程序。

此设置将阻止所有主动连接本计算机的尝试。当需要为计算机提供最大程度的保护时(例如,当连接到旅馆或机场的公用网络时,或者当计算机蠕虫正在 Internet 上扩散时),可以使用该设置。使用此设置,Windows 防火墙在阻止程序时不会通知用户,并且将会忽略允许程序列表中的程序。如果阻止所有接入连接,仍然可以查看大多数网页,发送和接收电子邮件,以及发送和接收即时消息。

(3) Windows 防火墙阻止新程序时通知我。

如果选中此复选框,当 Windows 防火墙阻止新程序时会通知用户,并为以后提供解除阻止此程序的选项。

(4) 关闭 Windows 防火墙(不推荐)。

避免使用此设置,除非计算机上运行了其他防火墙。关闭 Windows 防火墙可能会使计算机及网络(如果有)更容易受到黑客和恶意软件的侵害。

3. 系统

计算机系统信息包括:Windows 版本、ID 号及激活状态,计算机的制造商,内存,CPU,计算机名称、域和工作组设置,各种硬件设备型号及驱动程序,系统的体检指数等。

远程协助:Windows 远程协助对当前用户信任的人(如朋友或技术支持人员)而言是一种通过连接到用户的计算机来帮助用户解决问题的捷径,即使这个人并不在附近也能实现。为确保只有用户邀请的人才能使用 Windows 远程协助连接到用户的计算机,所有的会话都要进行加密和密码保护。通过执行一些步骤,当前用户可以邀请他人连接到用户的计算机。连接后,这个人就能够查看当前用户的计算机屏幕,并就彼此看到的情况与当前用户实时聊天。得到用户的允许后,帮助者甚至可以使用该用户的鼠标和键盘控制其计算机,并演示如何解决问题。用户也可以使用同样的方法帮助其他人。

远程桌面:使用远程桌面连接,可以从一台运行 Windows 的计算机访问另一台运行 Windows 的计算机,条件是两台计算机连接到相同网络或 Internet。例如,可以在家中的计算机使用工作单位的计算机的程序、文件及网络资源,就像在工作场所办公一样。

尽管它们名称相似,并且都涉及与远程计算机进行连接,但是远程桌面连接和 Windows 远程协助的用途不同。

使用远程桌面从另一台计算机远程访问某台计算机时,远程计算机屏幕对于在远程位置查看它的任何人将显示为空白,也就是远程的计算机只供远程操作者使用。

使用远程协助进行远程提供协助或接受协助的情况下,远程操作者和本地操作者都能看到同一计算机屏幕。如果本地操作者决定与远程操作者共享对计算机的控制,则他们二者均可控制鼠标指针。

4. Windows Update(Windows 自动更新)

Windows 可以自动检查本操作系统的最新更新并可以自动下载和安装。控制面板中可以控制是否自动检查更新、下载和安装,也可以设置手动操作。

5. 电源选项

电源选项包括创建电源计划、选择电源按钮的功能、选择关闭显示器的时间、设置唤醒时是否需要输入密码等。如果是笔记本电脑,还有选择关闭盖子等其他的功能。

6. 备份和还原

备份和还原可以创建系统映像,其中包含 Windows 的副本以及程序、系统设置和文件的副本。该系统映像将被保存在与原始程序、设置和文件不同的位置。如果硬盘或整个计算机无法工作,则可以使用此系统映像来还原计算机的内容。默认情况下,该系统映像仅包括 Windows 运行所需的驱动器。若要在系统映像中包括其他驱动器可手动创建系统映像。

7. BitLocker 驱动器加密

BitLocker 帮助保护安装了 Windows 的驱动器(操作系统驱动器)上的所有个人文件和系统文件的安全,以防止计算机被盗或未经授权的用户试图访问计算机。可以使用 BitLocker 对固定数据驱动器(如内部硬盘驱动器)上的所有文件进行加密,使用 BitLocker To Go 对可移动数据驱动器(如外部硬盘驱动器或 USB 闪存驱动器)上的文件进行加密。解密方式有密码、智能卡和自动解密。

8. 管理工具

管理工具包含用于系统管理员和高级用户的工具。管理工具文件夹中的工具因用户使用的 Windows 版本而异。常用的管理工具如下所示。

- 组件服务。配置和管理组件对象模型(COM)的组件。组件服务是专门为开发人员和管理员使用而设计的。
- 计算机管理。通过使用单个综合的桌面工具管理本地或远程计算机。使用"计算机管理",用户可以执行很多任务,如监视系统事件、配置硬盘及管理系统性能。
- 数据源。使用开放式数据库连接(Open Database Connectivity,ODBC)将数据从一种类型的数据库(数据源)移动到其他类型的数据库。
- 事件查看器。查看有关事件日志中记录的重要事件(如程序启动、停止或安全错误)的信息。
- iSCSI 发起程序。配置网络上存储设备之间的高级连接。
- 本地安全策略。查看和编辑组策略安全设置。
- 性能监视器。查看有关中央处理器(CPU)、内存、硬盘和网络性能的高级系统信息。
- 打印管理。管理打印机和网络上的打印服务器及执行其他管理任务。
- 服务。管理计算机后台中运行的各种服务。
- 系统配置。识别可能阻止 Windows 正确运行的问题。

- 任务计划程序。计划要自动运行的程序或其他任务。
- 具有高级安全的 Windows 防火墙。在该计算机及网络上的远程计算机上配置高级防火墙设置。
- Windows 内存诊断。检查计算机内存以查看是否正常运行。

2.6.2 网络和 Internet

1. 网络和共享中心

网络和共享中心包括：查看和设置网络连接，更改网络设置，更改（启用、禁用、诊断、重命名）网络适配器，查看局域网计算机和设备，设置无线设备。

2. 家庭组

可以为局域网中的几台计算机建立一个家庭组，使用家庭组可轻松在家庭网络上共享文件和打印机，也可以与家庭组中的其他人共享图片、音乐、视频、文档以及打印机。其他人无法更改这些共享的文件，除非授予他们执行此操作的权限。

如果家庭网络上不存在家庭组，则在设置运行此版本的 Windows 计算机时，会自动创建一个家庭组。如果已存在一个家庭组，则可以加入该家庭组。创建或加入家庭组后，可以选择要共享的库。用户可以阻止共享特定文件或文件夹，也可以在以后共享其他库。用户可以使用密码帮助保护家庭组，也可以随时更改该密码。

必须是运行 Windows 7 的计算机才能加入家庭组，所有版本的 Windows 7 都可使用家庭组。Windows 7 简易版和家庭普通版可以加入家庭组，但无法创建家庭组。家庭组仅适用于家庭网络。

使用家庭组是一种共享家庭网络上文件和打印机的最简便的方法，但也可使用其他方法来实现此操作。

3. Internet 选项

设置 IE 浏览器的有关选项，如设置主页、删除浏览的历史记录和 cookie、设置安全级别等。

2.6.3 硬件和声音

1. 设备和打印机

可以通过添加设备将无线电话、键盘、鼠标、蓝牙（Bluetooth）、无线网络（WiFi）、网络设备（如启用网络中的打印机、存储设备或媒体扩展器）或其他设备连接到计算机。

将打印机连接到计算机的方式有几种，选择哪种方式取决于设备本身，以及用户是在家中还是在办公室。

安装打印机最常见方式是将其直接连接到计算机，这称为"本地打印机"。如果打印机是通用串行总线（Universal Serial Bus，USB）型号，在插入接口后，Windows 将自动检测并安装此打印机。如果打印机为使用串行或并行端口连接的较旧型号，则可能需要手动安装。安装（添加）本地打印机的步骤如下所示。

（1）单击"查看设备和打印机"选项，打开"设备和打印机"窗口。

（2）单击"添加打印机"菜单项。

（3）在"添加打印机"向导中，单击"添加本地打印机"选项，如图 2.51 所示。

图 2.51　选择打印机类型

（4）在"选择打印机端口"页面，应确保选择"使用现有端口"单选按钮和建议的打印机端口，然后单击"下一步"按钮，如图 2.52 所示。

图 2.52　选择打印机端口

（5）在"安装打印机驱动程序"页面，选择打印机制造厂商和型号，然后单击"下一步"按钮，如图 2.53 所示。如果未列出打印机，单击 Windows Update 按钮，然后等待 Windows检查其他驱动程序。如果未提供驱动程序，但您有安装磁盘，单击"从磁盘安装"按钮，然后浏览打印机驱动程序所在的文件夹。

图 2.53　安装打印机驱动程序

（6）完成向导中的其余步骤，然后单击"完成"按钮。

用户可以打印一份测试页以确保打印机工作正常。

如果安装了打印机，但打印机无法正常工作，请访问打印机制造厂商的官方网站，获取疑难解答信息或驱动程序的更新。

另外，工作区中许多打印机都为"网络打印机"，这些打印机作为独立设备直接连接到网络。还有一些是家用的廉价网络打印机。

安装网络、无线或 Bluetooth 打印机的步骤如下所示。

（1）如果在办公环境中添加一台网络打印机，通常需要知道该打印机的名称。如果不知道打印机名称，则需联系网络管理员。

（2）单击"查看设备和打印机"选项，打开"设备和打印机"窗口。

（3）单击"添加打印机"菜单项。

（4）在"添加打印机"向导中，单击"添加网络、无线或 Bluetooth 打印机"选项。

（5）在可用的打印机列表中，选择要使用的打印机，然后单击"下一步"按钮。如有提示，请单击"安装驱动程序"按钮在计算机中安装打印机的驱动程序。如果系统提示输入管理员密码或进行确认，请输入该密码或提供确认。

（6）完成向导中的其余步骤，单击"完成"按钮。

可用的打印机包含网络中的所有打印机，如 Bluetooth 打印机、无线打印机、插入另一台计算机以及在网络中共享的打印机。某些打印机可能需要具有管理员权限的用户才能进行安装。安装完成后，用户可以通过打印测试页面来确定打印机是否正常工作。

如果不再使用打印机，可以利用"设备和打印机"窗口中，该打印机图标的快捷菜单中的"删除设备"选项将其删除。

2. 自动播放

自动播放允许用户选择使用哪个程序来启动各种媒体，如音乐 CD 或包含照片的 CD

或 DVD。例如,如果计算机上安装了多个媒体播放器,则自动播放将在第一次播放音乐 CD 时,询问用户要使用哪个媒体播放器。用户可以根据自己的喜好更改每种媒体类型的自动播放设置。

3. 声音

"声音"可以调整系统音量,管理音频设备,也可以更改在计算机上发生某些事件时播放的声音。事件可以是用户执行的操作,如登录到计算机,或计算机执行某项操作,如在收到新电子邮件时发出提醒。Windows 附带多种针对常见事件的声音方案(相关声音的集合)可供用户选择。此外,某些桌面主题有它们自己的声音方案。

2.6.4 程序

1. 程序和功能

程序和功能可以用来查看已安装的程序并对其进行卸载;可以查看已安装的更新;打开或关闭 Windows 功能;运行为以前版本的 Windows 编写的程序。

Windows 附带的某些程序和功能(如 Internet 信息服务)在系统安装时是没有启用的,必须打开才能被使用。某些其他功能默认情况下是打开的,但可以在不使用它们时将其关闭。在 Windows 7 中,无论是否打开附带的某些程序和功能,这些功能都存储在硬盘上,以便可以在需要时重新打开它们。关闭某个功能不会将其卸载,也不会减少 Windows 功能使用的硬盘空间量。

若要打开或关闭 Windows 功能,请按照下列步骤操作。

(1) 依次单击"开始"按钮→"控制面板"→"程序"→"打开或关闭 Windows 功能"。如果系统提示您输入管理员密码或进行确认,请输入该密码或提供确认。

(2) 若要打开某个 Windows 功能,请选中该功能左侧的复选框。若要关闭某个 Windows 功能,请取消选中该复选框,如图 2.54 所示,再单击"确定"按钮。

图 2.54 打开或关闭 Windows 功能

2. 默认程序

默认程序是打开某种特殊类型的文件(如音乐文件、图像或网页)时,Windows 所使用的程序。例如,如果在计算机上安装了多个 Web 浏览器,则可以选择其中之一作为默认浏览器。"默认程序"下的"始终使用指定的程序打开此文件类型"链接是从文件类型出发设置其打开程序;"默认程序"下的"设置默认程序"链接是从程序出发,将其设置为其可以打开的文件类型的默认打开程序。

2.6.5 用户账户和家庭安全

1. 用户账户

用户账户是通知 Windows 使用者可以访问哪些文件和文件夹,可以对计算机和个人首选项(如桌面背景或屏幕保护程序)进行哪些更改的信息集合。通过用户账户,用户可以在拥有自己的文件和设置的情况下与多个人共享该计算机。每个人都可以使用用户名和密码访问其用户账户。Windows 7 有标准账户、管理员账户和来宾账户 3 种类型,每种类型的账户为用户提供不同的计算机控制级别,如下所示。

(1) 标准账户适用于日常操作。

(2) 管理员账户可以对计算机进行最高级别的控制,但应该只在必要时才使用。

(3) 来宾账户主要针对需要临时使用计算机的用户。

标准账户可以更改自己的密码、删除密码、更改账户图片;管理员账户还可以创建账户、对其他账户进行修改账户名称、更改密码、删除密码、更改账户类型、删除账户、设置家长控制。

2. 家长控制

可以使用家长控制对儿童使用计算机的方式进行协助管理。例如,可以限制儿童使用计算机的时段、可以玩的游戏类型及可以运行的程序。当家长控制阻止了孩子对某个游戏或程序的访问时,将显示一个通知声明已阻止该程序。孩子可以单击通知中的链接,以请求获得该游戏或程序的访问权限;也可以通过输入账户信息来允许其访问。

若要为孩子设置家长控制,用户需要有一个自己的管理员用户账户。在开始设置之前,确保要为其设置家长控制的每个孩子都有一个标准的用户账户。家长控制只能应用于标准用户账户。

2.6.6 外观和个性化

主题包括桌面背景、屏幕保护程序、窗口边框颜色和声音,有时还包括图标和鼠标指针。可以通过更改计算机的主题、颜色、声音、桌面背景、屏幕保护程序、字体大小和用户账户图片来向计算机添加个性化设置,还可以为桌面选择特定的小工具。

1. 个性化

个性化用来修改主题的各个组成部分,其窗口如图 2.55 所示。

可以选择在桌面上显示常用的 Windows 功能,如"计算机""网络""回收站";还可以修改这些功能的图标,如图 2.56 所示。

可以显示、隐藏桌面图标,或调整桌面图标的大小,其方法是:在桌面的快捷菜单的"查看"级联菜单中切换"显示桌面图标",选择"大图标""中等图标""小图标"。

图 2.55　"个性化"窗口

图 2.56　"桌面图标设置"对话框

可以更改鼠标设置以适应个人喜好。例如,可更改鼠标指针在屏幕上移动的速度,或更改指针的外观,或更改鼠标滚轮的工作方式。如果用户习惯用左手,则可将主要按钮切换到右按钮。更改指针外观如图 2.57 所示。

桌面背景(也称为壁纸)可以是个人收集的数字图片、Windows 提供的图片、纯色或带有颜色框架的图片;可以选择一个图像作为桌面背景;也可以显示幻灯片图片作为桌面背景。选择对图片进行裁剪以使其全屏显示、适合屏幕大小,拉伸图片以适合屏幕大小,平铺图片,或者使图片在屏幕上居中显示。如果选择自适应或居中的图片作为桌面背景,还可以

图 2.57　指针外观设置

为该图片设置颜色背景。在"图片位置"下拉列表中，选择"适应"或"居中"列表项。单击"更改背景颜色"按钮，在弹出的"颜色"对话框中单击某种颜色，然后单击"确定"，返回"桌面背景"窗口，单击"保存修改"按钮，如图 2.58 所示。当选择了多张图片，可以设置更换图片的间隔秒数，设置在使用电池供电时暂停更换。

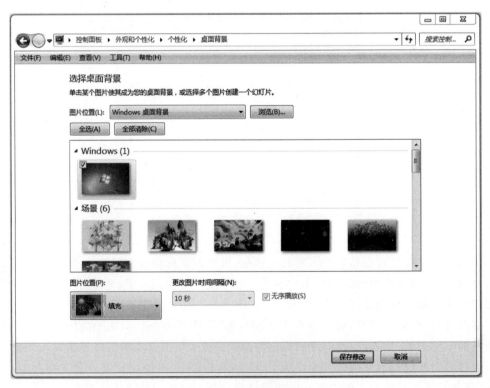

图 2.58　更改桌面背景

若要使存储在计算机上的任何图片(或当前查看的图片)作为桌面背景,请右击该图片,然后单击"设置为桌面背景"。

"窗口颜色和外观"对话框如图 2.59 所示。

图 2.59 "窗口颜色和外观"对话框

可更改颜色的窗口项目包括:菜单、超链接、窗口、非活动窗口边框、工具提示、非活动窗口标题栏、活动窗口边框、活动窗口标题栏、三维物体、已禁用的项目、已选定的项目、应用程序背景、桌面,其中活动窗口标题栏和非活动窗口标题栏可以设置渐变的双色,窗口可以设置其文本颜色和背景颜色。

可更改其中文字的字体、大小、颜色、样式的窗口项目包括:菜单、非活动窗口标题栏、活动窗口标题栏、工具提示、调色板标题、图标、消息框、已选定的项目,其中调色板标题和图标不能设置颜色,系统自动给出颜色。

可更改大小的菜单项目包括:边框填充、标题按钮、菜单、非活动窗口边框、非活动窗口标题栏、滚动条、活动窗口边框、活动窗口标题栏、调色板标题、图标、图标间距(垂直)、图标间距(水平)、已选定的项目。

可以设置各种程序事件的声音,并将其保存为声音方案,如图 2.60 所示。

当在指定的一段时间内没有使用鼠标或键盘后,屏幕保护程序就会出现在计算机的屏幕上,此程序为移动的图片或图案。屏幕保护程序最初用于保护较旧的单色显示器免遭损坏,但现在它们主要是个性化计算机或通过提供密码保护来增强计算机安全性的一种方式。屏幕保护程序一般是一种扩展名为 SCR 的文件,默认存放于 C:\Windows\system32(32 位

图 2.60　"声音"对话框

系统)或 C:\Windows\sysWOW64(64 位系统)。可以选择并预览已安装的屏幕保护程序，设置等待时间间隔和是否在唤醒时显示登录屏幕，如图 2.61 所示。

图 2.61　"屏幕保护程序设置"对话框

2. 显示

Windows 根据显示器选择最佳的显示设置,包括屏幕分辨率、刷新频率和颜色。这些设置根据所用的显示器是 LCD 或 CRT 而有所不同。

屏幕分辨率指的是屏幕上显示文本和图像的清晰度。分辨率越高(如 1600×1200 像素),项目越清楚,在屏幕上的项目越小,屏幕可以容纳的项目越多;分辨率越低(如 800×600 像素),在屏幕上显示的项目越少,但尺寸越大。

可以使用的分辨率取决于显示器支持的分辨率。CRT 显示器通常显示 800×600 像素或 1024×768 像素的分辨率;LCD 显示器(也称为平面显示器)和笔记本电脑屏幕通常支持更高的分辨率,并在某一特定分辨率效果最佳。

显示器越大,通常所支持的分辨率越高。是否能够增加屏幕分辨率取决于显示器的大小和功能,以及视频卡的类型。

LCD 显示器(包括笔记本电脑屏幕)通常使用其"原始分辨率"运行最佳。可不必将显示器设置为以此分辨率运行,但通常建议用户这样做,目的是为了确保尽可能看到最清晰的文本和图像。LCD 显示器通常采用两种形状:一种是标准比率,即宽度和高度之比为 4∶3;另一种是宽屏幕比率,即 16∶9 或 16∶10。与标准比率显示器相比,宽屏幕显示器具有较宽的形状和分辨率。

一些常用屏幕大小的典型分辨率如下。

- 19 英寸屏幕(标准比率):1280×1024 像素
- 20 英寸屏幕(标准比率):1600×1200 像素
- 22 英寸屏幕(宽屏幕):1680×1050 像素
- 24 英寸屏幕(宽屏幕):1900×1200 像素

刷新频率就是屏幕每秒画面被刷新的次数,它的单位是赫兹(Hz)。刷新频率越高,屏幕上图像闪烁感就越小,稳定性也就越高,换言之对视力的保护也越好。一般地,人的眼睛不容易察觉 75Hz 以上刷新频率带来的闪烁感,因此最好能将视频卡刷新频率调到 75Hz 以上。要注意的是,并不是所有的视频卡都能够在最大分辨率下达到 75Hz 以上的刷新频率(这个性能取决于视频卡上 RAMDAC 的速度),而且显示器也可能因为带宽不够而不能达到要求。因为 LCD 显示器不创建闪烁,所以不需要为其设置较高的刷新频率。

颜色深度可以看作是一个调色板,它决定了屏幕上每个像素点支持多少种颜色。由于显示器中每个像素都用红、绿、蓝 3 种基本颜色组成,像素的亮度也由它们控制(例如,三种颜色都为最大值时,呈现为白色),通常颜色深度可以设为 4bit、8bit、16bit、24bit。颜色深度位数越高,颜色就越多,所显示的画面色彩就越逼真。但是颜色深度增加时,它也加大了图形加速卡所要处理的数据量。32 位真彩色中的 24 位用来保存颜色深度信息(R8G8B8),因此它能表示的颜色超过 1677(2^{24})万色。另外的 8 位用来保存 ALPHA 信息,ALPHA 属性是透明度。

显示器外观设置界面如图 2.62 所示。如果要设置颜色和刷新频率,需要单击"高级设置"链接。

由于设备老化或设置异常等原因,显示器颜色可能不正常。显示颜色校准功能允许用户更改不同的颜色设置,从而改进显示颜色效果。使用"显示颜色校准"调整不同的颜色设置后,用户将拥有一个包含新颜色设置的新校准。新的颜色校准将与屏幕显示关联,并由颜

图 2.62　更改显示器外观

色管理程序使用。

　　哪些颜色设置可以更改，如何更改这些颜色设置，这取决于显示器的显示情况及其功能。并不是所有的显示器都有相同的颜色功能和设置，因此在使用"显示颜色校准"时，可能无法更改所有不同的颜色设置。

　　可以使屏幕上的文本或其他项目(如图标)变得更大，从而更易于查看。无须更改显示器或笔记本电脑屏幕的屏幕分辨率即可实现该操作，这样便允许用户在保持显示器或笔记本电脑设置为其最佳分辨率的同时增加或减小屏幕上文本和其他项目的大小。Windows一般设置为96DPI(每英寸点数)，其可以加大到120、144、192 等，如图 2.63 所示。

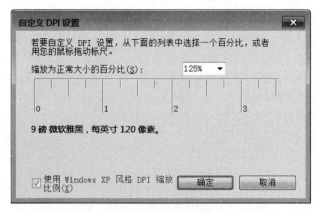

图 2.63　自定义文本大小

可以将计算机连接到投影仪,从而可在大屏幕上进行演示。连接方式有如下 4 种。

(1)仅计算机:仅在计算机屏幕上显示桌面。

(2)复制:在计算机屏幕和投影仪上均显示桌面。

(3)扩展:将桌面从计算机屏幕扩展到投影仪上。

(4)仅投影仪:仅在投影仪上显示桌面。

也可以用快捷键 Windows+P 来进行切换,界面如图 2.64 所示。

图 2.64　设置连接到投影仪

3. 桌面小工具

Windows 中包含称为"小工具"的小程序,这些小程序可以提供即时信息及可轻松访问常用工具的途径。例如,用户可以使用小工具显示图片幻灯片或查看不断更新的标题。Windows 7 随附的一些小工具包括:日历、时钟、天气、源标题、幻灯片放映和图片拼图板等。由于安全原因,Microsoft 公司已不再在新版 Windows 中提供该功能。

4. 字体

字体描述了特定的字样和其他特性,如大小、间距和跨度。平时常见的字体格式主要有以下几种。

1)光栅字体(.FON)

光栅字体是针对特定的显示分辨率以不同大小存储的位图,用于 Windows 系统中屏幕上的菜单、按钮等处文字的显示。它并不是以矢量描述的,放大以后会出现锯齿,只适合屏幕描述。不过它的显示速度非常快,所以作为系统字体而在 Windows 中使用。

2)矢量字体(.FON)

虽然矢量字体的扩展名和光栅字体一样,但是这种字体却是由基于矢量的数学模型定义的,是 Windows 系统字体的一类,一些 Windows 应用程序会在较大尺寸的屏幕显示中自动使用矢量字体来代替光栅字体的显示。

3)PostScript 字体(.PFM)

PostScript 字体是基于另一种矢量语言(Adobe PostScript)的描述,该字体线条平滑、细节突出,是一种高质量的字体,它设计用于 PostScript 设备输出,如 PostScript 打印机,不过 Windows 并不直接支持这类字体。要在 Windows 使用这类字体需要安装 Adobe Type Manger(ATM)软件来进行协调。

4)TrueType 字体(.TTF)

TrueType 是日常操作中接触得最多的一种类型的字体,其最大的特点就是它是由一种数学模式来进行定义的基于轮廓技术的字体,使得它们比基于矢量的字体更容易处理,保证了屏幕与打印输出的一致性。同时,这类字体和矢量字体一样可以随意缩放、旋转而不必担心会出现锯齿,可以将它们发送给 Windows 支持的任何打印机或其他输出设备。

5）OpenType 字体（.TTC/.TTF/.OTF）

OpenType 字体是 TrueType 字体的扩展延伸，它在继承了 TrueType 字体的基础上增加了对 PostScript 字体数据的支持，是用来替代 TrueType 字体的新字体，通常包括更大的基本字符集扩展，如小型大写字母、老式数字及更复杂的形状（如"字形"和"连字"）。OpenType 字体在任意大小下仍清晰可读，并且可以发送到 Windows 支持的任何打印机或其他输出设备。

一些字体类型设计者免费提供他们设计的字体，但大多数字体类型设计者和集体（称为造字公司）对其设计制造的字体收费。

6）预览、删除或显示和隐藏计算机上安装的字体

在字体文件夹中选中某一个字体，即可对其进行预览、删除或者显示和隐藏，如图 2.65所示。

图 2.65　字体窗口

打开"字体"文件，将显示字体信息对话框，单击"安装"按钮即可。或直接将字体文件复制到字体文件夹中（默认是 C:\Windows\Fonts）。

特殊字符是键盘上找不到的字符。可以使用字符映射表或键盘上的快捷键来插入特殊字符。使用字符映射表可以查看所选字体中可用的字符，可将单个字符或字符组复制到剪贴板中，然后将其粘贴到可以显示它们的任何程序中，如图 2.66 所示。

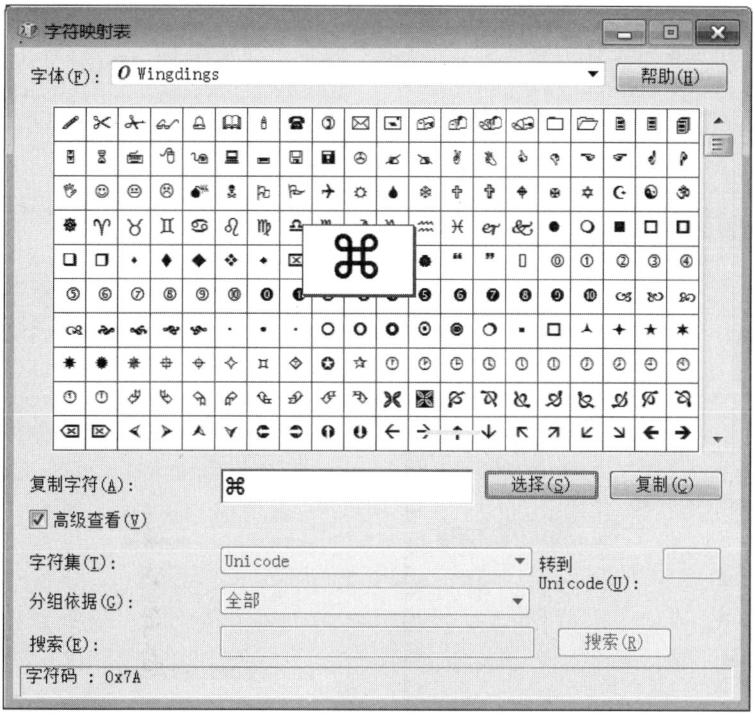

图 2.66　字符映射表

专用字符是使用 TrueType 造字程序创建的唯一字母或徽标字符。使用 TrueType 造字程序,可以创建新字符、编辑现有字符、保存字符、查看和浏览字符库。创建的新字符可以用字符映射表进行来输入。

另外,任务栏、开始菜单、文件夹选项已在前面阐述过,此处不赘述。

2.6.7　时钟、语言和区域

1. 日期和时间

Windows 7 最多可以显示 3 种时钟:第 1 种是本地时间;另外还可显示两种其他时区的时间,也称为附加时钟。设置其他时区时钟之后,可以通过单击或指向任务栏时钟来查看。

可以使计算机时钟与 Internet 时间服务器同步,意味着可以更新计算机上的时钟,以与时间服务器上的时钟匹配,有助于确保计算机上的时钟是准确的。时钟通常每周更新一次,如要进行同步,必须将计算机连接到 Internet,并选择一个时间服务器。"日期和时间"对话框如图 2.67 所示。

2. 区域和语言

在"区域和语言"窗口的"格式"选项卡中可以更改 Windows 用于显示信息(如日期、时间、货币和度量)的格式,以便使其匹配用户所在的国家或地区使用的标准或语言,如图 2.68 所示。例如,如果使用法语文档,则可以将此格式更改为法语,这样就可以将货币显示为欧元;或以日/月/年格式显示日期。在"位置"选项卡中可设置使用者所处理的地理位置;在

"键盘和语言"选项卡中可设置键盘布局和输入法；在"管理"选项卡中可将当前所做的区域和语言的选择情况显示在登录界面上、复制给系统账户和新建账户。

图 2.67　"日期和时间"对话框

图 2.68　"区域和语言"窗口中的"格式"选项卡

1）格式

系统提供了主要格式供用户选择，当选择了一种格式以后，与其相关的数字、货币、时间日期、排序等按默认的格式随之更改。但是，也可以通过单击"其他设置"按钮来做进一步的自定义。

（1）数字格式。可以设置小数点、小数位数、数字分组符号、负号、负数格式、零起始显示、列表分隔符、度量衡系统、标准数字、使用当地数字。

（2）货币格式。可以设置货币符号、货币正数格式、货币负数格式、小数点、小数位数、数字分组符号、数字分组。

（3）时间格式。可以设置短时间、长时间、AM 符号、PM 符号。

（4）日期格式。可以设置短日期、长日期、一周的第一天。

（5）排序方式。可以控制某些程序对字符、单词、文件和文件夹排序的方式。例如，"中文"格式下有"拼音"和"笔画"两种排序方式。

2）位置

有些软件（包括 Windows）可以为用户提供特定地理位置的信息，如新闻、天气等当地信息。

3）键盘和语言

（1）键盘和其他显示语言。有些国家为了输入自己的文字方便，设计了一些非美式布局的键盘。可以通过更改键盘布局为某种特定语言或格式自定义键盘。按下键盘上的按键时,布局会控制哪些字符将出现在荧幕上。部分输入语言有多种键盘布局,而其他语言只有一种。更改布局后,如果没有实际更换对应的键盘,那么荧幕上的字符(输入的字符)可能与键盘按键上的字符不相符。

（2）显示语言。系统包含了多种显示语言,但一般默认只安装一种语言,例如,简体中文版的 Windows 7 系统安装的是"中文(简体,中国)"。

在如图 2.69 所示的"键盘和语言"选项卡中单击"更改键盘"按钮可以打开"文字服务和输入语言"对话框,设置键盘、语言及其输入法。在如图 2.70 所示的"常规"选项卡中,单击"添加"按钮即可选择输入语言,设置其键盘和启用其对应的输入法。除系统自带的输入法外,其他的输入法需有另行安装才能通过此方法进行设置。

当设置了多个输入语言或输入语言有超过一个的键盘布局或输入法时,就可以设置其中的一个键盘布局或输入法作为默认的输入语言,用作所有输入字段的默认语言。例如,如果把"中文(简体,中国) - 中文(简体) - 美式键盘"作为默认语言,那么默认情况下,输入的是英文字符,如果把"中文(简体,中国) - 微软拼音- 新体验 2010"作为默认语言,那么在不需要切换的情况下就能输入中文。

图 2.69 "区域和语言"窗口中的"键盘和语言"选项卡

在"语言栏"选项卡中,可以设置语言栏的显示效果,如悬浮于桌面上、停靠于任务栏和隐藏,如图 2.71 所示。

在"高级键设置"选项中,可以设置与输入法相关的热键,如中文(简体)输入法-输入法/非输入法切换、中文(简体)输入法-全/半角切换、中文(简体)输入法-中/英标点符号切换等,如图 2.72 所示。

图 2.70 "文字服务和输入语言"窗口中的"常规"选项卡

图 2.71 "文字服务和输入语言"窗口中
的"语言栏"选项卡

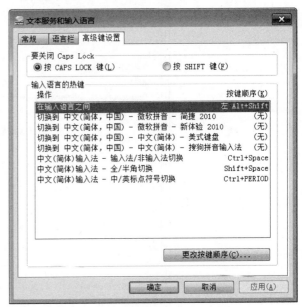

图 2.72 "文字服务和输入语言"窗口中
的"高级键设置"选项卡

2.6.8 轻松访问

1. 轻松访问中心

轻松访问中心可以在其中修改 Windows 中可用的辅助功能设置和程序的中心位置。可以使用鼠标和键盘,以及使用其他输入设备调整设置,以便使计算机更易于查看;也可以回答一些有关计算机日常使用的问题,这将有助于 Windows 为用户推荐辅助功能设置和程序。它具有下列功能或在下述某些情况下使用:

- 使用不带显示器的计算机
- 使计算机更易于查看
- 使用不带鼠标或键盘的计算机
- 使鼠标更易于使用
- 使键盘更易于使用
- 使用文本或视频替代声音
- 使其更易于集中于任务

2. 语音识别

用户可以使用声音控制计算机,可以说出计算机响应的命令,并且将文本听写到计算机。在开始使用语音识别之前,需要对计算机设置 Windows 语音识别。设置语音识别有 3 个步骤:设置麦克风、了解如何与计算机进行交谈以及训练计算机使其理解语音。

在开始设置语言识别之前,需要确保已将麦克风连接到计算机。

2.7　常　用　附　件

"附件"是 Windows 7 操作系统自带的一个工具程序集,Windows 7 包含了许多功能强大的附件程序,本节主要介绍其中最常用部分的功能。

2.7.1　写字板

写字板(WordPad)是 Windows 7 所附带的一个小型字处理程序,它可以创建普通格式文本文档或带有简单格式的文档,可以链接或嵌入对象(如图片或其他文档);它还可以打开、保存多种格式的文档,常用来写信、备忘录等基于文本的简单格式的文档。其主界面如图 2.73 所示。

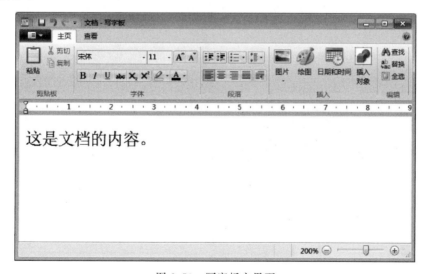

图 2.73　写字板主界面

但是,写字板并不具备 Word 那样的高级功能。它对于写信和便条以及从不同的应用程序中组合信息,如图片、图像和数字数据等,是非常有用的。比许多高级字处理程序占据系统资源要少得多,因此如果用户的系统资源有限,选择“写字板”作为日常文档处理的工具是非常合适的。

2.7.2 记事本

附件中的记事本是一个纯粹用来进行文本文件编辑的程序。文本文件是一种最简单的文档,它只有基本的显示字符,不含任何打印、排版、图形等格式的文件信息,这种文件也是任何字处理软件所认同的。记事本所编辑的文字可以在任何其他场合使用,但它不包含排版及各种打印方式的特殊控制符。

记事本常用来编辑批处理文件、源程序文件和其他文本文件。

2.7.3 画图

画图是 Windows 中的一项功能,使用该功能可以绘制、编辑图片,以及为图片着色。可以像使用数字画板那样使用画图来绘制简单图片、有创意的设计,或者将文本和设计图案添加到其他图片,如那些用数字照相机拍摄的照片。

画图程序提供了一整套画图的工具,可以调整各种图案模式、线条的粗线、各种不同的颜色,以及修饰所需的笔和笔刷,并且还可以在图形中打上文字,而文字的字形可以随心所欲地根据需要设定。画图附件还提供了橡皮擦,以便进行局部擦拭和修改。其主界面如图 2.74 所示。

图 2.74 画图主界面

2.7.4 多媒体播放机

Windows 7 内置的多媒体播放机是 Windows Media Player 12,其提供了一个直观易用的界面,能够播放数字媒体文件,整理数字媒体收藏集,刻录音乐的 CD,翻录 CD 上的音乐,同步数字媒体文件到便携设备上,以及从在线商店购买数字媒体内容等。

除了常规的媒体外,它还可以支持播放更多流行的音频和视频格式,包括新增了对 3GP、AAC、AVCHD、DivX、MOV 和 Xvid 的支持。全新播放功能可将音乐和视频传输到其他运行 Windows 7 的计算机以及其他兼容设备上,如 XBox 360。甚至可以通过 Internet 从一台计算机向另外一台计算机传输该计算机上的音乐库。其主界面如图 2.75 所示。

图 2.75　Media Player 窗口

2.7.5 数学输入面板

数学输入面板使用内置于 Windows 7 的数学识别器来识别手写的数学表达式,然后可以将识别的数学表达式插入字处理程序或计算程序。数学输入面板在设计上与平板电脑的触笔一起使用,但也可以将其用于任何输入设备,如触摸屏、外部数字化器甚至鼠标。

数学输入面板可识别高中和大学级别的数学,包括数字和字母、算术、微积分、函数、集合、集合论、代数、组合数学、概率与统计、几何、向量和三维解析几何、数理逻辑、公理、定理和定义、应用数学等内容。

如果手写数学表达式被错误识别,则可以通过单击"选择和更正"按钮,在可选的表达式中进行选择,或清除后再重新书写来更正它。其操作界面如图 2.76 所示。

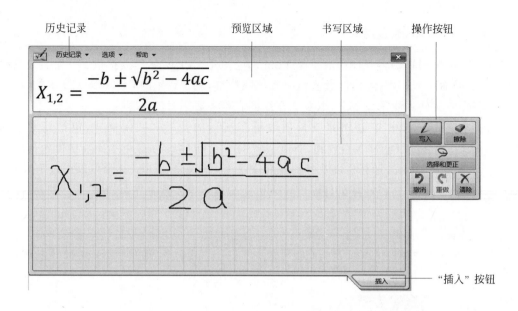

图 2.76　数学输入面板操作界面

2.8　本章小结

  本章主要介绍了几种常见的操作系统以及它们的特点，并对广泛应用的 Windows 操作系统的发展历史进行了概括；然后详述了 Windows 7 操作系统的版本、特色、配置要求、基本操作等。读者通过本章的学习可以轻松使用 Windows 7 操作系统，熟悉系统中的基本操作、开始菜单、文件管理、控制面板和常用附件等功能。

思 考 题 2

1. 对比人们日常使用的操作系统，思考操作系统的功能。
2. 我国操作系统在发展过程中遇到哪些困难与阻碍？需要向哪些方向改进。
3. Windows 7 中任务管理器的作用是什么？包含哪些功能？
4. 在哪里可以找到最近打开的文档？
5. 如何隐藏一个文件，以及如何显示隐藏的文件？
6. 控制面板的作用是什么？
7. 常用附件包含哪些常用工具？
8. 试思考 Windows 7 中蕴涵的计算思维方式？

第3章 计算机网络与网络安全基础

20世纪90年代，微型计算机逐步普及，推动着网络的发展与应用，尤其是Internet的诞生与发展，使人类社会进入网络时代，网络已经改变并且正在进一步改变人们的工作、生活方式甚至生存状态。30年来，网络从早期的军事实验网发展到商业主干网，又进一步发展成公众普及网。目前，Internet已覆盖180多个国家和地区，容纳了几十万个网络，连入互联网的主机已超过数亿台，上网人数已逾数十亿，600多个大型图书馆、900多种新闻报纸汇入Internet信息洪流中。互联网用超越时空的无形之手，将不同国家地区、不同种族信仰和不同文化背景的人们紧紧联系在一起。Internet被称为20世纪最重大的发明。

3.1 计算机网络基础知识

将多台地理位置不同的具有独立功能的计算机通过通信设备和传输介质连接起来，在网络操作系统的管理和网络协议的支持下，实现网络资源共享及信息通信，这种复杂的系统称为计算机网络。

前述网络的概念中主要强调4个方面。"独立功能"是指即使没有网络，这些计算机也可以独立工作，所以网络与它之前的终端-主机模式的多用户系统有区别。传输介质是信息传输的媒介，传输介质总体分为有线介质和无线介质，包括电缆、光缆、公共通信线路、专用线路、微波、卫星，通信设备包括集线器、交换机、路由器和防火墙等。网络软件中最重要的是网络协议，它规定网络传输的过程。信息通信和资源共享是网络的目的，共享的资源包括硬件资源、软件资源和数据资源。

3.1.1 计算机网络的分类

计算机网络有许多种分类方法，其中最常用的是按3种依据的分类方法，即按网络的传输技术、网络的规模和网络的拓扑结构进行分类。

1. 按网络传输技术分类

计算机网络按照网络传输技术，可以分为广播网络和点到点网络两类。

1）广播网络

广播网络的通信信道是共享介质，即网络上的所有计算机都共享它们的传输通道。这类网络以局域网为主，如以太网、令牌环网、令牌总线网、光纤分布数字接口（Fiber Distribute Digital Interface，FDDI）网等。

2）点到点网络

点到点网络也称为分组交换网，它使得发送者和接收者之间有许多条连接通道，分组要通过路由器,而且每个分组所经历的路径是不确定的。点到点网络主要用在广域网中,如分组交换数据网 X.25、帧中继、异步传输方式(Asynchronous Transfer Mode,ATM)等。

2. 按网络的规模分类

计算机网络按照网络的覆盖范围,可以分为局域网、城域网和广域网三类。

1) 局域网

一般局域网(Local Area Network,LAN)建立在某个机构所属的一个建筑群内,如大学的校园网、智能大楼,也可以是办公室或实验室所属几台计算机连成的小型局域网。局域网连接这些用户的微型计算机及网络上作为资源共享的设备(如打印机等)进行信息交换,另外可通过路由器和广域网或城域网相连接实现信息的远程访问和通信。LAN 是当前计算机网络发展中最活跃的分支,其核心设备为以太网交换机。

2) 广域网

广域网(Wide Area Network,WAN)规模十分庞大而复杂,可以是一个国家或一个洲际网络,一般作为不同地理位置局域网之间连接的通信网络。广域网的核心设备为广域网交换机,不同广域网之间通过路由器相互连接。

3) 城域网

城域网(Metropolitan Area Network,MAN)采用类似于 WAN 的技术,但规模比WAN 小,地理分布范围介于 LAN 和 WAN 之间,一般覆盖一个城市或地区。城域网一般作为城市或地区各单位局域网之间连接的通信线路。

3. 按网络的拓扑结构分类

网络中各个节点相互连接的方法和形式称为网络拓扑。网络拓扑结构主要分为总线型、星形、环形、树形、全互联型、网格形和不规则形。按照网络拓扑结构,可把网络分成总线型网络、星形网络、环形网络、树形网络、网状形网络、混合型和不规则形网络。

4. 其他的网络分类方法

按照网络控制方式的不同,可把网络分为分布式和集中式两种网络。

按照信息交换方式,可把网络分为分组交换网、报文交换网、线路交换网和综合业务数字网等。

按照网络环境的不同,可把网络分成企业网、部门网和校园网等。

按照传输介质的不同,可把网络分成有线网络和无线网络。

3.1.2 计算机网络的拓扑结构

计算机网络的拓扑结构反映网络中的通信线路和节点间的几何关系,并用以标识网络的整体结构外貌,同时也反映了各组成模块之间的结构关系。它影响整个网络的设计、功能、可靠性、通信费用等,是计算机网络研究的主要内容之一。拓扑结构主要有环形、星形、树形、总线型、网状和任意型等。

1. 星形拓扑结构

星形拓扑结构由一个中心通信节点和一些与它相连的计算机组成,如图 3.1 所示。星形拓扑结构中心通信节点可以使用集线器或交换机。星形拓扑结构的优点是:维护管理容易,重新配置灵活,故障隔离和检测容易,网络延迟时间较短;但其网络共享能力较差,通信线路利用率低,中心节点负荷太重。

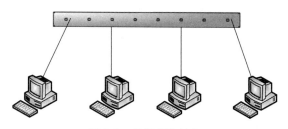

图 3.1　星形拓扑结构

2. 总线型拓扑结构

总线型拓扑结构采用公共总线作为传输介质,各节点都通过相应的硬件接口直接连向总线,信号沿介质进行广播式传送,如图 3.2 所示。

总线型拓扑结构的特点是:结构简单灵活,非常便于扩充;可靠性高,网络响应速度快;设备量少,价格低,安装使用方便;共享资源能力强,便于广播工作,即一个节点发送,所有节点都可接收。但其故障诊断和隔离比较困难。

3. 环形拓扑结构

环形拓扑结构为一封闭环形,各节点通过中继器连入网内,各中继器间由点到点链路首尾连接,信息单向沿环路逐点传送,如图 3.3 所示。

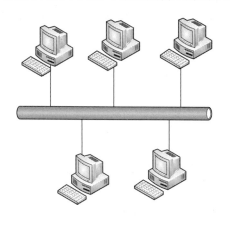

图 3.2　总线型拓扑结构

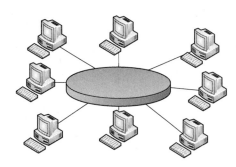

图 3.3　环形拓扑结构

环形网的特点是:信息在网络中沿固定方向流动,两个节点间仅有唯一通路,大大简化了路径选择的控制。当某个节点发生故障时,可以自动旁路,可靠性较高;由于信息是串行穿过多个节点环路接口的,当节点过多时,影响传输效率,使网络响应时间变长。但当网络确定时,其延时固定。另外,由于环路封闭,因此扩充不方便。

4. 树形拓扑结构

树形拓扑结构是从总线型拓扑结构演变过来的,形状像一棵倒置的树,顶端有一个带分支的根,每个分支还可延伸出子分支。当节点发送时,根节点接收信号,然后再重新广播发送到全网,如图 3.4 所示。其特点是综合了总线型拓扑结构与星形拓扑结构的优缺点。

5. 网状拓扑结构

网状拓扑结构又称为分布式拓扑结构,其无严格的布点规定和构形,节点之间有多条线

计算机网络与网络安全基础

路可供选择,如图 3.5 所示。这种网络拓扑结构中,当某一线路或节点故障时不会影响整个网络的工作,具有较高的可靠性,而且资源共享方便。由于各个节点通常和另外多个节点相连,故各个节点都应具有选择路径和流量控制的功能,因此网络管理软件比较复杂,硬件成本较高。

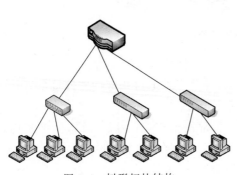

图 3.4 树形拓扑结构

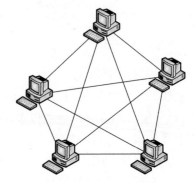

图 3.5 网状拓扑结构

3.1.3 网络协议

计算机网络如果仅用网络线路和网络设备将各计算机物理连接,则只是网络的硬件条件;网络系统的另外一个重要的部分是网络软件,其主要内容是网络协议。网络协议是网络通信各方共同遵守的约定和规则,它规定了网络传输双方之间的收发约定,包括时序、电平、起止符等。不同的网络其网络协议是不同的。

1. ISO/OSI 模型

ISO/OSI 模型是 1978 年 ISO(International Organization for Standardization,国际标准化组织)在网络通信方面所定义的开放系统互联(Open System Intercornection,OSI)模型。有了这个网络通信方面的国际标准,各网络设备厂商就可以遵照共同的标准来开发网络产品,最终实现彼此兼容。

整个 ISO/OSI 模型共分 7 层,从下往上分别是物理层、数据链路层、网络层、传输层、会话层、表示层和应用层,如图 3.6 所示。当接收数据时,数据是自下而上传输的;当发送数据时,数据是自上而下传输的。

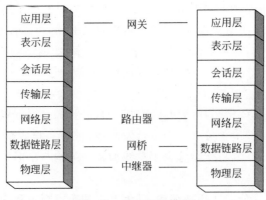

图 3.6 ISO/OSI 模型

1）物理层

这是整个 OSI 参考模型的最底层，它的任务就是提供网络的物理连接。因此，物理层是建立在物理介质上的（而不是逻辑上的协议和会话），它提供的是机械和电气接口。主要包括电缆、物理端口和附属设备，如双绞线、同轴电缆、接线设备（如网卡等）、RJ-45 接口、串口和并口等在网络中都是工作在这个层次的。

2）数据链路层

数据链路层是建立在物理传输能力的基础上，以帧为单位传输数据，它的主要任务就是进行数据封装和数据链接的建立。常见的集线器和低档的交换机、Modem 之类的拨号设备都是工作在这个层次上的。工作在这个层次上的交换机俗称"二层交换机"。

3）网络层

网络层解决的是网络与网络之间，即网际的通信问题，而不是同一网段内部的事情。网络层的主要功能是提供路由，即选择到达目标主机的最佳路径，并沿该路径传输数据包。除此之外，网络层还要能够建立和拆除网络连接、路径选择和中继、网络连接多路复用、分段和组块、服务选择、传输和流量控制。"三层交换机"就工作在网络层。

4）传输层

传输层解决的是数据在网络之间的传输质量问题，传输层用于提高网络层的服务质量，提供可靠的端到端的数据传输，如在计算机中常见的 QoS 就是该层的主要服务。

5）会话层

会话层利用传输层来提供会话服务，会话可能是一个用户通过网络登录到一个主机，或一个正在建立的用于传输文件的会话。

6）表示层

表示层用于数据的表示方式，如用于文本文件的 ASCII 或 EBCDIC，用于表示数字的单符号或双符号补码表示形式。如果通信双方用不同的数据表示方法，它们就不能互相理解。

7）应用层

应用层是 OSI 参考模型的最高层，它解决的也是最高层次的问题，即程序应用过程中的问题，它直接面对用户的具体应用。应用层包含用户应用程序执行通信任务所需要的协议和功能，如电子邮件和文件传输等，且该层 TCP/IP 中的 FTP、SMTP、POP 等协议也得到了充分应用。

2. TCP/IP 基础

TCP/IP 是非常重要的协议，因为它是 Internet 采用的协议，每台与 Internet 相连的计算机都必须使用此协议。TCP/IP 包括两个子协议：一个是 TCP（Transmission Control Protocol，传输控制协议），另一个是 IP（Internet Protocol，互联网协议），其起源于 20 世纪 60 年代末。

TCP 在 IP 之上提供了一个具有可靠连接方式的协议。TCP 能保证数据包的传输及正确的传输顺序，并且它可以确认包头和包内数据的准确性。如果在传输期间出现丢包或错包的情况，TCP 负责重新传输出错的包，这样的可靠性使得 TCP/IP 在会话式传输中得到充分应用。IP 为 TCP/IP 集中的其他所有协议提供"包传输"功能，为计算机上的数据提供一个最有效的无连接传输系统，也就是说 IP 包不能保证到达目的地，接收方也不能保证按顺序收到 IP 包，它仅能确认 IP 包头的完整性。最终确认包是否到达目的地，还要依靠

TCP,因为 TCP 是有连接服务的。

IP 的功能是把数据报在互联的网络上传送,通过将数据报在一个个 IP 模块间传送,直到目的模块。网络中每个计算机和网关上都有 IP 模块。数据报在一个个模块间通过路由处理网络地址传送到目的地址,因此,搜寻网络地址对于 IP 是十分重要的功能。

TCP/IP 只实现了 ISO/OSI 模型中的四层,ISO/OSI 模型与 TCP/IP 各子协议的对应关系如图 3.7 所示。

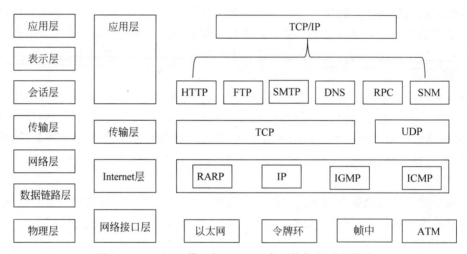

图 3.7　ISO/OSI 模型与 TCP/IP 各子协议的对应关系

建立在 TCP/IP 基础上的各高层协议为网络用户提供各方面的应用。

1) 远程登录协议

远程登录(Telnet)协议用来登录到远程计算机上,让远程计算机为本地计算机工作,本地计算机则仅起输入输出作用。

2) 文件传输协议

文件传输协议(File Transfer Protocol,FTP)可以把文件进行上传,也可以从网上得到许多应用程序和信息(下载),有许多软件站点就是通过 FTP 来为用户提供下载任务的,俗称"FTP 服务器"。

3) 电子邮件服务

电子邮件服务(Email)是目前最常见、应用最广泛的一种网络服务。通过电子邮件,可以与 Internet 上的任何人交换信息。电子邮件的快速、高效、方便及价廉,得到了越来越广泛的应用。目前,全球平均每天约有几千万份电子邮件在网上传输。

4) WWW 服务

WWW 服务(3W 服务)也是目前应用最广的一种基本互联网应用,也就是信息浏览。由于 WWW 服务使用的是超文本标记语言(Hypertext Markup Language,HTML),因此可以很方便地从一个信息页转换到另一个信息页。它不仅能查看文字,还可以欣赏图片、音乐、动画。

3.1.4　网络设备

1. 网卡

网卡(Network Interface Card,NIC),也称网络适配器,是主机与计算机网络相互连接的设备。无论是普通主机还是高端服务器,只要连接到计算机网络,就都需要安装一块网卡。如果有必要,一台主机也可以同时安装两块或多块网卡。如图 3.8 所示为 PCI 网卡、USB 无线网卡和内置无线网卡。

(a) PCI网卡 (b) USB无线网卡 (c) 内置无线网卡

图 3.8　PCI 网卡、USB 无线网卡和内置无线网卡

网卡在制作过程中,厂家会在它的 EPROM 里面烧录上一组数字,这组数字在每张网卡中都不相同,这就是网卡的 MAC(物理)地址。由于 MAC 地址的唯一性,因此它用来识别网络中用户的身份。MAC 地址是由 48 位二进制数组成的,通常表示成十六进制。例如,AC-DE-48-00-00-80。

2. 交换机

交换机通常用来连接局域网,在局域网中的不同主机之间转发数据。如图 3.9 所示为24 口以太网交换机。

交换机的每个端口都直接与一个独立主机或另外一个交换机相连,并且几乎都工作在全双工方式。当主机通信之前,交换机的每个端口都是关闭的。而在主机需要通信时,交换机能同时连通多对端口,使每对相互通信的主机独占通信

图 3.9　24 口以太网交换机

媒介,进行无冲突地传输数据。通信完成后就断开连接。对于共享式局域网来说,每个主机平分总带宽。在使用交换机的局域网中,一个用户在通信时是独占带宽,因此,每个端口拥有的带宽都与总带宽一致,这正是交换机最大的优点。

交换机处理收到的数据帧和建立转发表的算法和网桥很相似。如图 3.10 所示,交换机连接 4 台主机,其物理地址分别为 MAC1、MAC2、MAC3 和 MAC4。这 4 台主机分别接在1 号端口、2 号端口、3 号端口和 4 号端口。由于各独立的主机分别接在不同的端口,因此当不同主机要传输数据时都需要交换机的转发(无冲突传输数据)。例如,当主机 MAC1 要向主机 MAC3 发送数据时,由于交换机在通信之前,所有端口都是关闭的,因此,当数据从 1号端口进入交换机时,首先打开 1 号端口,交换机查看转发表,检查主机 MAC1 是否在转发表中,如果不在,就登记主机 MAC1 对应 1 号端口的数据。然后找到目的物理地址主机MAC3 所对应的 3 号端口,交换机临时打开 3 号端口,将 1 号端口和 3 号端口建立连接并传输数据,两主机进行通信时独占带宽,通信完成后就断开连接。在主机 MAC1 与主机MAC3 进行通信同时,其他端口连接的主机可以同时传输数据。如果要发送的目标物理地址不在转发表中,交换机会向除发送端口外的所有端口进行广播该数据,以便查找目标主机。

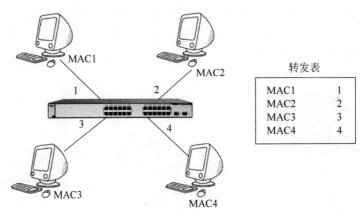

图 3.10　交换机工作过程

3. 无线接入点

　　无线接入点(Access Point,AP)是用于无线网络的无线交换机,也是无线网络的核心。无线 AP 是移动计算机用户进入有线网络的接入点,主要用于宽带家庭、大楼内部及园区内部,典型距离覆盖几十米至上百米,目前主要技术为 IEEE 802.11 系列。大多数无线 AP 还带有接入点客户端(AP Client)模式,可以和其他 AP 进行无线连接,延展网络的覆盖范围。

　　在网络接入中,常用到一种叫做无线路由器的设备。无线路由器在无线 AP 基础上加入了路由器的功能,在组建无线局域网的同时,可以使用无线路由器将整个无线局域网接入 Internet,如图 3.11 所示。

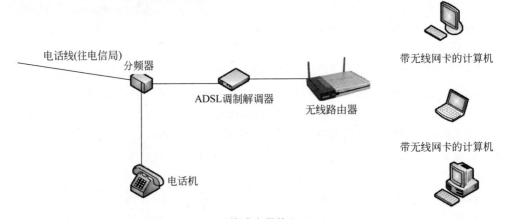

图 3.11　无线路由器接入 Internet

3.1.5　局域网的配置

　　计算机如需联入网络并访问 Internet,除必须确保计算机与网络物理连接之外,还必须进行正确的网络参数设置,包括本机 IP 地址、子网掩码、网关与域名服务器,这些参数是由网络服务供应商(或本单位局域网管理机构)提供的。

　　右击桌面上的网络图标启动快捷菜单,单击其中的“属性”菜单项,或单击屏幕右下角的网络图标,如图 3.12 所示。

图 3.12　网络属性配置

在打开的"网络和共享中心"窗口中,单击"本地连接"链接,如图 3.13 所示。

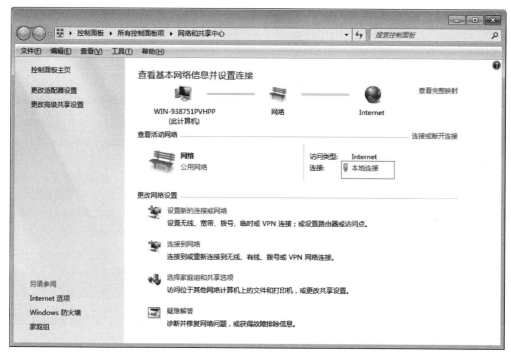

图 3.13　打开本地连接

打开"本地连接 状态"窗口,单击"详细信息"按钮,在"网络连接详细信息"窗口中显示本机的全部网络参数,如图 3.14 右图。其中,"描述"指明机器所用网卡的类型与型号;"物理地址"即 MAC 地址,是机器上配置网卡的一个编号,这个编号在网卡出厂时即已确定,而且在世界范围内每张网卡的地址都是唯一的;"IPv4 地址"是本机的 IPv4 地址。以下几个参数依次是本机上设置的子网掩码、默认网关和域名服务器(DNS 服务器)地址。下方显示的"连接-本地 IPv6 地址"显示的是在 IPv6 地址系统中的参数。

如果以上参数未设置,或已设置但需要修改,可单击如图 3.14 左图中的"属性"按钮,在弹出的显示"本地连接 属性"对话框,选中"Internet 协议版本 4(TCP/IP4)"单选按钮后单击"属性"按钮,就可以在对话框中输入或更改网络参数了,具体操作如图 3.15 所示。

为了在局域网中与其他机器通信,本机还必须设置计算机名及所属的工作组。右击桌

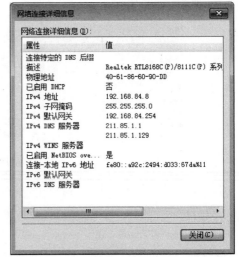

图 3.14　本地连接状态

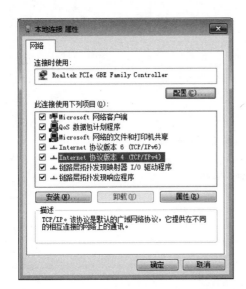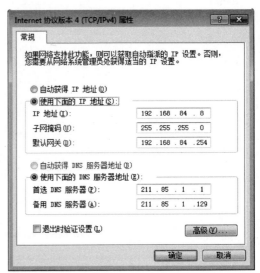

图 3.15　本地连接属性

面上的"计算机"图标,选择"属性"菜单项,在"系统"窗口最下方显示的是计算机名称、域和工作组设置,单击"更改设置"链接,如图 3.16 所示,显示"系统属性"对话框,再单击"更改"按钮,在弹出的对话框中可修改计算机名、域和工作组,如图 3.17 所示。在局域网中,计算机名与机器的 IP 地址可在寻址计算机上有相同的作用。

　　组建局域网的目的就是要实现资源的共享。如何管理这些在不同机器上的资源,首先就是尽快地能在局域网中寻址这些主机,域和工作组就是在这样的环境中产生的两种不同的网络资源管理模式,局域网中的计算机可以选取这两种管理方式之一。

　　工作组(Work Group)就是将不同的计算机按功能分别列入不同的组中,以方便管理和显示。如果已知局域网里存在某个工作组,那么在如图 3.17 所示右图中的"工作组"中输入工作组名后单击"确定"按钮,就可以加入该工作组。双击"网络"图标后,在"网络"窗口中可

图 3.16　更改设置

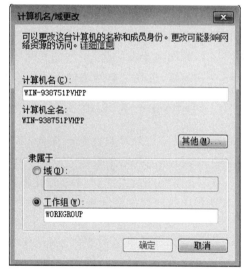

图 3.17　系统属性更改

以看到同一工作组中的其他计算机,如果要访问其他工作组的成员,需要双击"整个网络",然后才会看到网络上的其他工作组。双击其他工作组的名称,这样才可以看到里面的成员,与之实现资源交换。

在域模式下,网络中至少有一台服务器负责每台联入网络的计算机和用户的验证工作,这就是"域控制器"(Domain Controller,DC)。域控制器中包含由这个域的账户、密码、属于这个域的计算机等信息构成的数据库。当计算机联入网络时,域控制器要鉴别这台计算机是否属于这个域,用户使用的登录账号是否存在、密码是否正确。如果以上信息有一样不正确,那么域控制器就会拒绝这个用户从这台计算机登录。不能登录,用户就不能访问服务器上有权限保护的资源,则只能以对等网络用户的方式访问 Windows 共享出来的资源,这样就在一定程度上保护了网络上的资源。

3.2　Internet 简介

Internet,中文正式译名为因特网,又叫做国际互联网。它是由那些使用公用语言互相通信的计算机连接而成的全球网络。一旦用户连接到它的任何一个节点上,就意味着该计算机已经连入 Internet 了。Internet 目前的用户已经遍及全球,有超过几十亿人在使用 Internet,并且它的用户数还在以等比级数上升。Internet 是一个"没有首脑,没有法律,没有警察,没有军队"的机构,没有人能完全拥有和控制它。在许多方面,Internet 就像是一个松散的"联邦"。加入联邦的各网络成员对于如何处理内部事务可以自己选择,实现自己的集中控制,但是这与 Internet 的全局无关。一个网络如果接受 Internet 的规定,就可以同它连接,并把自己认作它的组成部分。如果不喜欢它的方式方法,或者违反它的规定,就可以脱离它或者被迫退出。Internet 是一个"自由王国"。

Internet 是世界上最大、覆盖面最广的计算机互联网。Internet 使用 TCP/IP 将全世界不同国家、不同地区、不同部门和结构的不同类型的计算机、国家主干网、广域网、局域网,通过网络互联设备"永久"地高速互联,因此是一个"计算机网络的网络"。

人们经常把 Internet 称作"信息高速公路",但实际上它只是一个多重网络的先驱者,它的功能类似于洲际高速公路;它是一个网络的网络,连接全世界各大洲的地区型网络;它将各种各样的网络连在一起,而不论其网络规模的大小、主机数量的多少、地理位置的异同。把网络互联起来,也就是把网络的资源组合起来,这就是 Internet 的重要意义。

3.2.1　Internet 基本概念

Internet 是一种计算机网络的集合,以 TCP/IP 进行数据通信,把世界各地的计算机网络连接在一起,进行信息交换和资源共享。

Internet 是全球最大的、开放的、由众多网络互联而成的计算机互联网。Internet 可以连接各种各样的计算机系统和计算机网络,不论是微型计算机还是大/中型计算机,不论是局域网还是广域网,不管它们在世界上的什么地方,只要共同遵循 TCP/IP,就可以接入 Internet。Internet 提供了包罗万象的信息资源,成为人们获取信息的一种方便、快捷、有效的手段,成为信息社会的重要支柱。

以下对 Internet 相关的名词或术语进行简单的解释。

万维网(World Wide Web,WWW),也称环球网,是基于超文本的、方便用户在 Internet 上搜索和浏览信息的信息服务系统。

超文本(Hypertext),是一种全局性的信息结构,它将文档中的不同部分通过关键字建立连接,使信息得以用交互的方式搜索。超文本是超级文本的简称。

超媒体(Hypermedia),是超文本和多媒体在信息浏览环境下的结合,是超级媒体的简称。

主页（HomePage），通过万维网进行信息查询时的起始信息页，即常说的网络站点的 WWW 首页。

浏览器（Browser），万维网服务的客户端浏览程序，可以向万维网服务器发送各种请求，并对服务器发来的、由 HTML 定义的超文本信息和各种多媒体数据格式进行解释、显示和播放。

防火墙（Firewall），用于将 Internet 的子网和 Internet 的其他部分相隔离，以达到网络安全和信息安全效果的软件和硬件设施。

Internet 服务提供者（Internet Services Provider，ISP），向用户提供 Internet 服务的公司或机构。其中，大公司在许多城市都设有访问站点，小公司则只提供本地或地区性的 Internet 服务。一些 Internet 服务提供者在提供 Internet 的 TCP/IP 连接的同时，也提供自己各具特色的信息资源。

地址，是到达文件、文档、对象、网页或者其他目的地的路径。地址可以是 URL（Internet 节点地址，简称网址）或 UNC（局域网文件地址）网络路径。

UNC（Universal Naming Convention，通用命名标准），它对应于局域网服务器中目标文件的地址，常用来表示局域网地址。这种地址分为绝对 UNC 地址和相对 UNC 地址。绝对 UNC 地址包括服务器共享名称和文件的完整路径。如果使用了映射驱动器号，则称为相对 UNC 地址。

URL（Uniform Resource Locator，统一资源定位）地址，它是一个指定因特网（Internet）上或内联网（Intranet）服务器中一个资源的符号串，完整的 URL 由如下三部分构成。

协议：//服务器地址或域名/文件夹和文件名

例如，http://dept.hbeu.cn/jike/jike/portal.php。

协议指明以何种方式使用资源，如 HTTP、FTP 都是合法的协议。当本机与 URL 中指明的服务器可联通，且服务器上由文件夹和文件指明的资源存在，并且协议正确时，才能正确地访问资源。

HTTP（Hypertext Transmission Protocol，超文本传送协议），是一种通过全球广域网，即 Internet 来传递信息的一种协议，常用来表示互联网地址。利用该协议，可以使客户程序输入 URL，并从 Web 服务器检索文本、图形、声音以及其他数字信息。

3.2.2 Internet 的发展史

Internet 的应用范围由最早的军事、国防，扩展到美国国内的学术机构，进而迅速覆盖了全球的各个领域，运营性质也由科研、教育为主逐渐转向商业化。在此过程中，Internet 的发展主要经历了以下阶段。

1969 年，为了能在爆发核战争时保障通信联络，美国国防部高级研究计划署（Advanced Research Project Agency，ARPA）资助建立了世界上第一个分组交换试验网 ARPANET，连接美国 4 个大学。ARPANET 的建成和不断发展标志着计算机网络发展的新纪元。

20 世纪 70 年代末到 80 年代初，计算机网络蓬勃发展，各种各样的计算机网络应运而生，如 MILNET、USENET、BITNET、CSNET 等，在网络的规模和数量上都得到了很大的发展。一系列网络的建设，产生了不同网络之间互联的需求，并最终导致了 TCP/IP 的诞生。

1980 年,TCP/IP 研制成功。1982 年,ARPANET 开始采用 IP。

1986 年,美国国家科学基金会资助建成了基于 TCP/IP 技术的主干网 NSFNET,连接美国的若干超级计算中心、主要大学和研究机构,世界上第一个互联网产生,并迅速连接到世界各地。20 世纪 90 年代,随着 Web 技术和相应浏览器的出现,互联网的发展和应用出现了新的飞跃。1995 年,NSFNET 开始商业化运行。

1994 年 4 月 20 日,NCFC 工程通过美国 Sprint 公司连入 Internet 的 64K 国际专线开通,实现了我国与 Internet 的全功能连接。从此,中国被国际上正式承认为真正拥有全功能 Internet 的国家。此事被中国新闻界评为 1994 年中国十大科技新闻之一,被国家统计公报列为中国 1994 年重大科技成就之一。

3.2.3　Internet 接入方式

Internet 接入是通过特定的信息采集与共享的传输信道,利用各种传输技术完成用户与 Internet 的高带宽、高速度的物理连接。Internet 接入方式有如下多种。

(1) 电话线拨号(Public Switched Telephone Network,PSTN)接入方式,是普遍的窄带接入方式。即通过电话线,利用当地运营商提供的接入号码,拨号接入 Internet,速率不超过 56kb/s,特点是使用方便,只需有效的电话线及安装调制解调器(Modem)的 PC 就可完成接入。

(2) ISDN(Integrated Service Digital Network)接入方式,俗称"一线通"。它采用数字传输和数字交换技术,将电话、传真、数据、图像等多种业务综合在一个统一的数字网络中进行传输和处理。用户利用一条 ISDN 用户线路,可以在上网的同时拨打电话、收发传真,就像两条电话线一样。

(3) HFC(Hybrid Fiber Cable,混合光纤同轴电缆)(Cable Modem)接入方式,是一种基于有线电视网络铜线资源的接入方式。具有专线上网的连接特点,允许用户通过有线电视网实现高速接入互联网。适用于拥有有线电视网的家庭、个人或中小团体。特点是:速率较高,接入方式方便(通过有线电缆传输数据,不需要布线),可实现各类视频服务、高速下载等。缺点是:基于有线电视网络的架构属于网络资源分享型,当用户激增时,速率就会下降且不稳定,扩展性不够。

(4) 光纤宽带接入方式,通过光纤接入小区节点或楼道,再由网线连接到各个共享点上(一般不超过 100m),提供一定区域的高速互联接入。特点是:速率高,抗干扰能力强,适用于家庭,个人或各类企事业团体,可以实现各类高速率的互联网应用(视频服务、高速数据传输、远程交互等)。缺点是:一次性布线成本较高。

(5) 无源光网络(Passive Optical Network,PON)接入方式,是一种点对多点的光纤传输和接入技术,局端(供终端接入的一方)到用户端最大距离为 20km,接入系统总的传输容量为上行和下行各 155Mb/s、622Mb/s、1Gb/s,由各用户共享,每个用户使用的带宽可以以 64kb/s 步进划分。特点是:接入速率高,可以实现各类高速率的互联网应用(视频服务、高速数据传输、远程交互等)。缺点是:一次性投入较大。

(6) 无线网络接入方式,是一种有线接入的延伸技术,使用射频(Radio Frequency,RF)技术无线收发数据,因此无线网络系统既可达到建设计算机网络系统的目的,又可让设备自由安排和移动。在公共开放的场所或者企业内部,无线网络一般会作为已存在有线网络的一个补充方式,装有无线网卡的计算机通过无线手段方便接入 Internet。

(7) xDSL 接入方式,主要是以 ADSL/ADSL2 接入方式为主,是目前运用最广泛的铜线接入方式。ADSL 可直接利用现有的电话线路,通过 ADSL Modem 进行数字信息传输。理论下行速率可达到 8Mb/s,理论上行速率可达到 1Mb/s,传输距离可达 4～5km。ADSL2＋下行速率可达 24Mb/s,上行速率可达 1Mb/s。另外,最新的 VDSL2 技术可以达到上下行速率各 100Mb/s。特点是:速率稳定、带宽独享、语音数据不干扰等。适用于家庭、个人等用户的大多数网络应用需求,满足一些宽带业务,包括 IPTV、视频点播(Video on Demand,VOD)、远程教学、可视电话、多媒体检索、LAN 互联、Internet 接入等。

3.2.4 Internet 地址

在以 TCP/IP 为通信协议的网络上,每台与网络连接的计算机、设备都可称为"主机"(Host)。在 Internet 上,这些主机也被称为"节点"。而每台主机都有一个固定的地址名称,该名称用以表示网络中主机的 IP 地址(或域名地址)。该 IP 地址不但可以用来标识各个主机,而且也隐含着网络间的路径信息。在 TCP/IP 网络上的每台计算机,都必须有一个唯一的 IP 地址。

1. 基本的地址格式

IP 地址共有 32 位,即 4 个字节(8 位构成一个字节),由类别、标识网络的 ID 和标识主机的 ID 3 部分组成,如图 3.18 所示。

类别	网络ID(NETID)	主机ID(HOSTID)

图 3.18 IP 地址的构成

为了简化记忆,实际使用 IP 地址时,几乎都将组成 IP 地址的二进制数记为 4 个十进制数(0～255),每相邻两个字节的对应十进制数间以英文句点分隔。通常表示为 mmm.ddd.ddd.ddd。例如,将二进制 IP 地址 11001010 01100011 01100000 01001100 写成十进制数202.99.96.76 就可以表示网络中某台主机的 IP 地址。计算机很容易将十进制地址转换为对应的二进制 IP 地址,再供网络互联设备识别。

2. IP 地址分类

最初设计互联网时,为了便于寻址及层次化构造网络,每个 IP 地址包括两个标识码(ID),即网络 ID 和主机 ID。同一个物理网络上的所有主机都使用同一个网络 ID,网络上的一个主机(包括网络上的工作站、服务器和路由器等)有一个主机 ID 与其对应。IP 地址根据网络 ID 的不同分为 5 种类型:A 类地址、B 类地址、C 类地址、D 类地址和 E 类地址,如图 3.19 所示。

(1) A 类地址。一个 A 类 IP 地址由 1 字节的网络地址和 3 字节主机地址组成,网络地址的最高位必须是"0",地址范围为 1.0.0.0～127.255.255.255。可用的 A 类网络有 126个,每个网络能容纳 1 亿多个主机。

(2) B 类地址。一个 B 类 IP 地址由 2 字节的网络地址和 2 字节的主机地址组成,网络地址的最高位必须是"10",地址范围为 128.0.0.0～191.255.255.255。可用的 B 类网络有

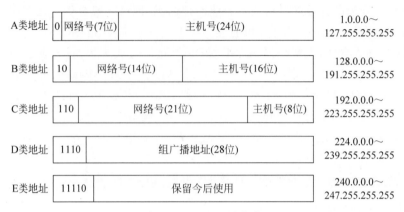

图 3.19 IP 地址的分类

16 382 个,每个网络能容纳 6 万多个主机。

(3) C 类地址。一个 C 类 IP 地址由 3 字节的网络地址和 1 字节的主机地址组成,网络地址的最高位必须是"110",范围为 192.0.0.0～223.255.255.255。C 类网络可达 209 万余个,每个网络能容纳 254 个主机。

(4) D 类地址。D 类 IP 地址用于多点广播(Multicast)。一个 D 类 IP 地址第 1 个字节以"1110"开始,它是一个专门保留的地址,并不指向特定的网络。目前,这类地址被用在多点广播中。多点广播地址用来一次寻址一组计算机,它标识共享同一协议的一组计算机。

(5) E 类地址。以"11110"开始,为将来使用保留。

全"0"(0.0.0.0)地址对应于当前主机;全"1"地址("255.255.255.255")是当前子网的广播地址。

在 IP 地址 3 种主要类型里,各保留了 3 个区域作为私有地址,范围如下所示。

A 类地址:10.0.0.0～10.255.255.255

B 类地址:172.16.0.0～172.31.255.255

C 类地址:192.168.0.0～192.168.255.255

目前,正在使用的 IP 是第 4 版的,称为 IPv4,新版本的 IP 为 IPv6,正在完善过程中,IPv6 所要解决的主要是 IPv4 协议中 IP 地址严重不足的问题。IPv4 所采用的地址位数是32 位,而 IPv6 则是 128 位。IPv6 所提供的 IP 地址数已可算是天文数字了,据专家们分析,这个数字的 IP 地址可以使全球的每个人都可拥有 10 个及 10 个以上的 IP 地址,这么多的IP 地址相信再也不会出现 IPv4 那样,除了美国外,各国都出现 IP 地址短缺现象,为将来实现移动上网打下了坚实的基础。

3. IP 地址的寻址规则

(1) 网络寻址规则。网络寻址规则包括:

- 网络地址必须唯一。
- 网络标识不能以数字 127 开头。在 A 类地址中,数字 127 保留给内部回送函数(127.1.1.1 用于回路测试)。
- 网络标识的第 1 个字节不能为 255(数字 255 作为广播地址)。

- 网络标识的第 1 个字节不能为 0(O 表示该地址是本地主机,不能传送)。

(2) 主机寻址规则。主机寻址规则包括:

- 主机标识在同一网络内必须是唯一的。
- 主机标识的各个位不能都为"1"。如果所有位都为"1",则该机地址是广播地址,而非主机的地址。
- 主机标识的各个位不能都为"0"。如果各个位都为"0",则表示"只有这个网络",而这个网络上没有任何主机。

4. 子网和子网掩码

1) 子网

在计算机网络规划中,通过子网技术将单个大网划分为多个子网,并由路由器等网络互联设备连接。它的优点在于融合不同的网络技术,通过重定向路由来达到减轻网络拥挤(由于路由器的定向功能,子网内部的计算机通信就不会对子网外部的网络增加负载)、提高网络性能的目的。

2) 子网掩码

确定哪部分是子网地址,哪部分是主机地址,需要采用所谓子网掩码(Subnet Mask)的方式进行识别,即通过子网掩码来告诉本网是如何进行子网划分的。子网掩码是一个与 IP 地址结构相同的 32 位二进制数字标识,也可以像 IP 地址一样用点分十进制来表示,作用是屏蔽 IP 地址的一部分,以区分网络地址和主机地址。其表示方式为:

- 凡是 IP 地址的网络和子网标识部分,用二进制数 1 表示。
- 凡是 IP 地址的主机标识部分,用二进制数 0 表示。
- 用点分十进制书写。

子网掩码拓宽了 IP 地址的网络标识部分的表示范围,主要用于:

- 屏蔽 IP 地址的一部分,以区分网络标识和主机标识。
- 说明 IP 地址是在本地局域网上,还是在远程网上。

如例 1 和例 2 所示,通过子网掩码,可以算出计算机所在子网的网络地址。

例 1:设 IP 地址为 192.168.10.2,子网掩码为 255.255.255.240。

将十进制转换成二进制:

```
IP 地址:    11000000  10101000  00001010  00000010
子网掩码:   11111111  11111111  11111111  11110000
"与"运算:  --------------------------------------------
            11000000  10101000  00001010  00000000
```

则可得其网络标识为 192.168.10.0,主机标识为 2。

例 2:设 IP 地址为 192.168.10.5,子网掩码为 255.255.255.240。

将十进制转换成二进制:

```
IP 地址:    11000000  10101000  00001010  00000101
子网掩码:   11111111  11111111  11111111  11110000
"与"运算:  --------------------------------------------
            11000000  10101000  00001010  00000000
```

则可得其网络标识为 192.168.10.0,主机标识为 5。

3.2.5 域名

直接使用 IP 地址就可以访问 Internet 上的主机,但是 IP 地址不宜记忆。为了便于记忆,在 Internet 上用一串字符来表示主机地址,这串字符就被称为域名。例如,IP 地址202.112.0.36 指向中国教育科研网网控中心主机,同样,域名 www.edu.cn 也指向中国教育科研网网控中心主机。域名相当于一个人的名字,IP 地址相当于身份证号,一个域名对应一个 IP 地址。用户在访问网上的某台计算机时,可以在地址栏中输入 IP 地址,也可以输入域名。如果输入的是 IP 地址,计算机可以直接找到目的主机;如果输入的是域名,则需要通过域名系统(Domain Name System,DNS)将域名转换成 IP 地址,再去找目的主机。

1. 域名结构

DNS 是一个以分级的、基于域的命名机制为核心的分布式命名数据库系统。DNS 将整个 Internet 视为一个域名空间(Domain Name Space),域名空间是由不同层次的域(Domain)组成的集合。在 DNS 中,一个域代表该网络中要命名资源的管理集合。这些资源通常代表工作站、PC、路由器等,但理论上可以标识任何东西。不同的域由不同的域名服务器来管理,域名服务器负责管理存放主机名和 IP 地址的数据库文件,以及域中的主机名和 IP 地址映射。每个域名服务器只负责整个域名数据库中的一部分信息,而所有域名服务器的数据库文件中的主机和 IP 地址集合组成 DNS 域名空间。域名服务器分布在不同的地方,它们之间通过特定的方式进行联络,这样可以保证用户通过本地的域名服务器查找到Internet 上所有的域名信息。

DNS 的域名空间是由树形结构组织的分层域名组成的集合,如图 3.20 所示。

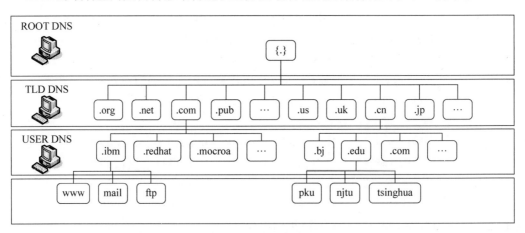

图 3.20 DNS 域名空间

DNS 采用层次化的分布式的名称系统,是一个树形结构。整个树形结构称为域名空间,其中的节点成为域。任何一个主机的域名都是唯一的。

树形的最顶端是一个根域"root",根域没有名称,用"."表示;然后是顶级域,如 com、org、edu、cn 等。在 Internet 中,顶级域由 InterNIC 负责管理和维护。部分顶级域名及含义如表 3.1 所示。

表 3.1 顶级域名及含义

域 名	含 义	域 名	含 义
com	商业组织	gov	政府机构
edu	教育、学术机构	rail	军事机构
net	网络服务机构	ma	中国澳门特别行政区
org	非盈利性组织、机构	jp	日本
int	国际组织	uk	英国
cn	中国	us	美国
hk	中国香港特别行政区	au	澳大利亚

再下面是二级域,表示顶级域中的一个特定的组织名称。在 Internet 中,各国的网络信息中心 NIC 负责对二级域名进行管理和维护,以保证二级域名的唯一性。在我国,这项工作由 CNNIC 负责。

在二级域下面创建的域称为子域,它一般由各个组织根据自己的要求进行创建和维护。域名空间最下面一层是主机,它被称为完全合格的域名。

2. 区域

区域是域名空间树形结构的一部分,它将域名空间根据用户的需要划分为较小的区域,以便于管理。这样,就可以将网络管理工作分散开来,因此,区域是 DNS 系统管理的基本单位。

Internet 上的域名服务器系统是按照区域来安排的,每个域名服务器都只对域名体系中的一部分进行管辖。

3.3 浏览器简介

3.3.1 浏览器定义与功能

网页浏览器(Web Browser),通常简称为浏览器,是一种用于检索并展示万维网信息资源的应用程序。检索的信息资源可以为网页、图片、影音或其他内容,它们由统一资源标识符标识。信息资源中的超链接可以使用户方便地浏览相关信息。网页浏览器虽然主要用于使用万维网,但也可用于获取专用网络中网页服务器之信息或文件系统内的文件。

目前的浏览器包罗万象,部分网页浏览器使用纯文字接口,仅支持 HTML;部分网页浏览器具有丰富多彩的用户界面,并且支持多种文件格式及协议。

3.3.2 IE 浏览器

Internet Explorer(IE)是微软公司推出的一款网页浏览器。

1. 打开 IE 浏览器

选择"开始"→"程序"→Internet Explorer 命令,即可启动 Internet Explorer,打开其工作窗口,如图 3.21 所示。

IE 的工作窗口与 Windows 其他工作窗口基本相同,下面将对窗口中常用工具按钮的功能进行简单介绍。

图 3.21　IE8 浏览器

（1）<kbd>◎</kbd>"后退"按钮。单击该按钮，可依次返回之前浏览过的网页。

（2）<kbd>◎</kbd>"前进"按钮。当用"后退"按钮返回之前的网页后，单击该按钮，可以前进到之前浏览过的网页。

（3）<kbd>✕</kbd>"停止"按钮。单击该按钮，可停止对当前网页的数据传输，也就是停止显示正在浏览的网页。

（4）<kbd>↻</kbd>"刷新"按钮。单击该按钮，可刷新当前网页中的数据，也就是再次浏览该网页。

（5）<kbd>⌂</kbd>"主页"按钮。单击该按钮，可进入 IE 浏览器指定的主页。

（6）<kbd>◌</kbd>"搜索"按钮。单击该按钮，可打开 IE 默认的搜索引擎的网页。

（7）<kbd>★</kbd>"查看"按钮。单击该按钮，可以查看收藏夹、源和历史记录。

（8）<kbd>⚙</kbd>"工具"按钮。单击该按钮，可以启动一些浏览工具。

（9）地址栏。用户可以在地址栏中输入要访问网页的地址，按回车键后可浏览该网页。如果单击其右侧的下拉按钮 ▾ 弹出下拉列表，该列表中列出了最近访问过的网址，选择任意一个链接，即可打开其对应的网页。

2. 打开网页

打开 IE 以后，用户可以使用以下 5 种方法打开网页。

（1）直接在地址栏中输入所要打开网页的网址，按回车键即可将该网页打开。

（2）在地址栏下拉列表中选择之前浏览过的网页，单击即可将其打开。

（3）在历史栏中选择曾经使用过的网址，单击即可将其打开。

（4）在收藏夹中选择已经收藏的网页，单击即可将其打开。

（5）将从其他地方复制的网址直接粘贴到地址栏中，按回车键即可将其打开。

3. 使用超链接

超链接就是存在于网页中的一段文字或图像，它们添加了对另一个网页或本网页中的另一个位置的链接，单击这一段文字或图像，可以跳转它链接的地址。超链接广泛地应用于网页中，为用户提供了方便、快捷的访问手段。当用户将光标停留在带有超链接的文字或图像上时，光标会变成"手型"形状，单击即可进入链接目标。

4. 使用主页

在 IE 中，主页是指每次打开浏览器时所看到的起始页面，IE 初装时其默认的主页是http：//www.microsoft.com/china/，用户可根据需要重新设置经常要使用的网页为主页，具体操作步骤如下所示。

（1）打开 IE 浏览器，选择"工具"→"Internet 选项"命令，弹出"Internet 选项"对话框，如图 3.22 所示。

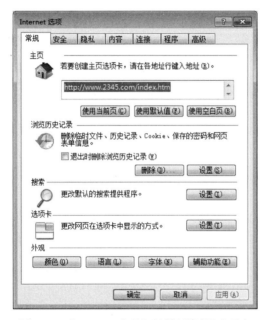

图 3.22   "Internet 选项"对话框"常规"选项卡

（2）在"常规"选项卡的"主页"选项区中的地址文本框中输入要设置成主页的网页地址，则在下次打开 IE 浏览器时即可打开该网页。

（3）单击"使用默认值"按钮，则使用微软的主页作为用户 IE 的主页。

（4）单击"使用空白页"按钮，则使用一个空白网页作为用户 IE 的主页。

5. 保存网页信息

浏览网页时，发现很多有用的信息，用户可以将它们保存在本地磁盘上，在需要的时候随时进行查看，这种浏览方式叫离线浏览。保存网页的操作步骤如下所示。

（1）使用 IE 浏览器打开要保存的网页，选择"工具"→"文件"→"另存为"命令，弹出"保存网页"对话框。

（2）在"文件名"下拉列表框中输入网页的名称；在"保存类型"下拉列表框中选择要保

存网页的类型。用户可以将网页保存为以下 4 种类型。

- 网页,全部(＊.htm;＊.html)。该类型可以保存网页包含的所有信息。
- Web 档案,单一文件(＊.mht)。该类型只保存网页中的可视信息。
- 网页,仅 HTML(＊.HTM;＊.HTML)。该类型只保存当前网页中的文字、表格、颜色、链接等信息,而不保存图像、声音或其他文件。
- 文本文件(＊.txt)。该类型可将网页保存为本文文件。

网页保存后,会在指定文件夹中形成两个文档:一个是以网页标题为名称,扩展名为 htm 或 html 的网页文件;另一个是同名的文件夹,其中存放着网页中的一些图片、格式文件等伴随文件。

如果只想保存网页上的部分文字,可以用鼠标将文字选中后复制到剪贴板,再粘贴到本机的文档中保存;保存网页上的图片,可用鼠标指向图片后,右击,在快捷菜单中选择"复制"命令,再粘贴到本机的某文档中,或选快捷菜单中的"图片另存为"命令,将图片文件保存到本地磁盘中。

3.3.3　搜索引擎

互联网信息浩如烟海,要从海量信息中找到自己需要的信息就需要用到搜索引擎,目前主流的搜索引擎是百度和谷歌。以下以百度搜索引擎的使用方法为例说明搜索引擎的使用方法,谷歌搜索引擎的使用方法与百度基本相同。

百度搜索引擎使用了高性能的"网络蜘蛛(Spider)"程序自动地在互联网中搜索信息,百度搜索引擎在中国和美国均设有服务器,搜索范围涵盖了中国、新加坡以及北美、欧洲的部分站点。目前百度搜索引擎每天有数十亿次的搜索请求,超过 1 亿用户浏览百度信息流,800 亿次定位服务请求。

1. 基本搜索

在浏览器地址栏中输入百度搜索引擎的地址 http://www.baidu.com,即可登录百度网站,百度搜索引擎界面如图 3.23 所示。搜索信息时首先确定需要搜索的信息类型,是新闻、网页,还是音乐或图片,然后在输入框中输入查询内容,再按回车(Enter)键,即可得到相关资料;或者输入查询内容后,单击"百度一下"按钮,也可得到相关资料。

新闻　**网页**　贴吧　知道　音乐　图片　视频　地图

	百度一下

百科　文库·　hao123　|　更多>>

图 3.23　百度搜索引擎

输入的查询内容可以是一个词语、多个词语、一句话,输入多个词语搜索时,不同字词之间用一个空格隔开。例如,可以输入"mp3　下载""蓦然回首,那人却在,灯火阑珊处"。

给出的搜索条件越具体,搜索引擎返回的结果也会越精确。例如,想查找有关计算机冒险游戏方面的资料,输入"game"或"游戏"是无济于事的,而"computer game"范围就小一些,当然最好是输入"computer adventure game",返回的结果会精确得多。此外,一些功能词汇和常用的名词,如对英文中的"and""how""what""web""homepage"和中文中的"的""地""和"等搜索引擎是不支持的。这些词被称为停用词(Stop Words)或过滤词(Filter Words),在搜索时这些词都将被搜索引擎忽略。

2. 搜索逻辑命令

搜索引擎基本上都支持附加逻辑命令查询,常用的是"＋"号和"－"号,或与之相对应的布尔(Boolean)逻辑命令 AND、OR 和 NOT。用好这些命令符号可以大幅提高用户的搜索精度。

3. 精确匹配搜索

给要查询的关键词加上双引号(半角,以下可加的其他符号也必须是半角),可以实现精确的查询,这种方法要求查询结果要精确匹配,不包括演变形式。例如,在搜索引擎的文字框中输入"电传",它就会返回网页中有"电传"这个关键字的网址,而不会返回诸如"电话传真"之类的网页。

4. 并行搜索

使用"A｜B"来搜索"或者包含词语 A,或者包含词语 B"的网页。

例如,要查询"图片"或"风光"相关资料,无须分两次查询,只要输入"图片｜风光"搜索即可。百度会提供与"｜"前后任何字词相关的资料,并把最相关的网页排在前列。

5. 使用减号(—)

在关键词的前面使用减号,也就意味着在查询结果中不能出现该关键词。例如,在搜索引擎中输入"电视台-中央电视台",它就表示最后的查询结果中一定不包含"中央电视台"。

6. 使用通配符(＊和?)

通配符包括星号(＊)和问号(?),前者表示匹配的数量不受限制,后者表示匹配的字符数要受到限制,主要用在英文搜索引擎中。例如,输入"computer＊",就可以找到"computer、computers、computerised、computerized"等单词,而输入"comp?ter",则只能找到"computer、compater、competer"等单词。

7. 特殊搜索命令

(1) 标题搜索。多数搜索引擎都支持针对网页标题的搜索,命令是"title:",在进行标题搜索时,前面提到的逻辑符号和精确匹配原则同样适用。

(2) 网站搜索。可以针对网站进行搜索,命令是"site:"(Google)、"host:"(AltaVista)、"url:"(Infoseek)或"domain:"(HotBot)。

(3) 链接搜索。可通过"link:"命令来查找某网站的外部导入链接(Inbound Links)。

8. 相关检索

如果无法确定输入什么词语才能找到满意的资料,可以使用百度相关检索。首先输入一个简单词语搜索,然后百度搜索引擎会提供"其他用户搜索过的相关搜索词语"作参考,单击其中一个相关搜索词,都能得到那个相关搜索词的搜索结果。

3.3.4 Chrome 浏览器

Google Chrome,又称谷歌浏览器,是一个由 Google 公司开发的免费网页浏览器。

"Chrome"是化学元素"铬"的英文名称。该浏览器基于其他开源软件撰写,包括 WebKit 和 Mozilla,目标是提升稳定性、速度和安全性,并创造出简单且有效率的使用者界面。软件的名称是来自称作 Chrome 的网络浏览器 GUI(Graphical User Interface,图形用户界面)。该浏览器主页如图 3.24 所示。

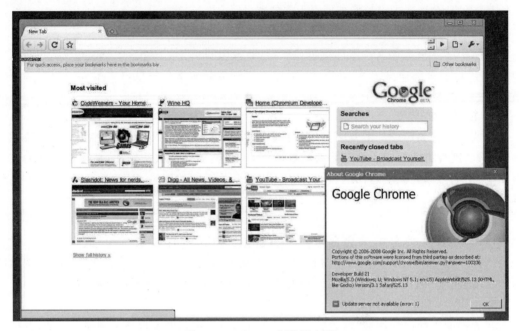

图 3.24　Chrome 浏览器主页

除了上述两种,比较常用的浏览器还有 360 浏览器、猎豹浏览器、QQ 浏览器、遨游浏览器、火狐功能浏览器、Opera 浏览器、搜狗浏览器等。

3.4　收发电子邮件

3.4.1　电子邮件概述

电子邮件(Email)简单地说就是通过 Internet 来邮寄的信件。电子邮件的成本比邮寄普通信件低得多;而且投递快速,不管多远,最多只要几分钟;另外,它使用起来也很方便,无论何时何地,只要能上网,就可以通过 Internet 收发电子邮件,或者打开自己的电子邮箱阅读别人发来的邮件。

使用电子邮件前,要获得一个 Email 账户,需要到提供该服务的机构或网站进行登记注册(有些机构还需要付费)。登记注册后可得到服务器地址、与用户对应的 ID 和密码。

如申请到一个电子邮件地址为 lucy@163.com。符号@是电子邮件地址的专用标识符,它前面的部分是邮箱(用户名),后面的部分是邮箱所在的服务器,这就好比邮箱 lucy 放在"邮局"163.com 里。当然,这里的邮局是 Internet 上的一台用来收信的计算机,当收信人取信时,就把自己的计算机连接到这个"邮局",打开自己的邮箱,取走(读取)自己的信件。

对电子邮件的使用可以分为两种方式:WWW 浏览方式和客户端软件方式。

WWW 浏览方式：指使用 WWW 浏览器软件访问电子邮件服务商的电子邮件系统网址，在该电子邮件系统网页中，输入用户的用户名和密码，进入用户的电子邮箱，然后处理用户的电子邮件。这样，用户无须特别准备设备或软件，只要可以浏览互联网，即可享受到免费电子邮件服务商提供的较多先进电子邮件功能。在这种方式下，各种类型的邮件（发件、收件、草稿、垃圾邮件等）均保存在服务提供商的服务器上。

客户端软件方式：指用户使用一些安装在个人计算机上的支持电子邮件基本协议的软件产品，来使用电子邮件功能。这些软件产品往往融合了最先进、全面的电子邮件功能，如 Microsoft Outlook Express 和 Foxmail 等。利用这些客户端软件可以进行远程电子邮件操作、可以同时处理多个电子邮件账号。在这种方式下，可以将各种邮件保存在客户自己的计算机上，即使不能连接 Internet，也能查看过去的各类邮件。

3.4.2　Outlook 简介

1. Microsoft Outlook 简介

Microsoft Outlook 是随 Office 套件一起发售的一款功能强大的、使用方便的电子邮件客户端软件，可以帮助用户收发电子邮件。早期的 Windows 操作系统也自带了电子邮件客户端软件，两款软件的功能和使用方法基本相同。

Microsoft Outlook 主要功能和特点如下所示。

(1) 支持 POP3 邮件、HTTP 邮件和 IMAP 邮件。

POP3 邮件是使用最广泛的电子邮件系统，Microsoft Outlook 为用户提供了访问 POP3 邮件的最佳支持。如果用户的邮件接收服务器使用 HTTP 或 IMAP，则该软件支持在服务器的文件夹中阅读、存储和组织邮件，而不需要将邮件下载到用户的计算机上。

(2) 管理多个邮件账号和新闻账号。

如果用户拥有多个邮件或新闻账号，则可以在同一个窗口中使用它们。用户还可为同一台计算机创建多个用户或标识，每个标识都有自己的邮件文件夹和通讯簿。创建多个账号和标识的功能将使用户可以轻松地区分工作邮件和个人邮件，并使各种邮件互不干扰。

(3) 让用户轻松快捷地浏览邮件。

邮件列表和预览窗格允许用户在查看邮件列表的同时阅读单个邮件。文件夹列表包括邮件文件夹、新闻服务器和新闻组，可以很方便地相互切换。用户可以创建新文件夹以组织和排序邮件，然后可设置邮件规则，这样接收到的邮件中符合规则要求的邮件会自动放在指定的文件夹里；还可以创建自己的视图以自定义邮件的浏览方式。

(4) 支持使用通讯簿存储和检索电子邮件地址。

简单地通过回复邮件、从其他程序导入、直接输入、从接收的邮件中添加或在流行的 Internet 目录服务（白页）中搜索等方式，用户就能够将名称和邮件地址自动保存在通讯簿中。通讯簿支持轻量目录访问协议（Lightweight Directory Access Protocol，LDAP），因此用户可以访问 Internet 目录服务。

(5) 支持在邮件中添加个人签名或信纸。

用户可以将重要的信息作为个人签名的一部分插入发送的邮件中，而且可以创建多个签名以用于不同的目的。如果需要提供更为详细的信息，用户也可以在其中加入一张名片。为了使邮件更加美观，还可以添加信纸图案和背景，或改变文字的颜色和样式。

（6）支持发送和接收安全邮件。

可使用数字标识对邮件进行数字签名和加密。对邮件进行数字签名可使收件人确认邮件确实是某用户发送的，可防止其他用户盗用某用户的名义进行欺骗，而加密邮件则保证只有用户期望的收件人才能解密并阅读该邮件，防止通信秘密被泄露。

2. Microsoft Outlook 的界面组成

打开"开始"菜单中的 Microsoft Office 列表，单击 Microsoft Outlook 2010 菜单项，打开 Outlook 窗口。

位于窗口的左侧的是文件夹窗格，其中列出了用户的所有邮箱文件夹，单击窗格右上角的隐藏按钮可隐藏该窗格。

窗口的右侧是邮件列表窗格，其中列出了当前选中的邮箱文件夹中的邮件。

3. 设置邮件账号

在发送和接收邮件之前，首先必须配置 Outlook，并建立 Internet 可访问账号，因为电子邮件是通过 Internet 发送的。这里是以电子邮箱地址为 xgtcjjl@sohu.com（免费电子邮箱）设置邮件账号。

为电子邮件功能配置 Outlook Express 的操作步骤如下所示。

（1）在 Outlook 窗口中选择"文件"选项卡，在"账户信息"栏中单击"添加账户"按钮。在如图 3.25 所示的"添加新账户"对话框中选中"电子邮件账户"单选按钮，单击"下一步"按钮。

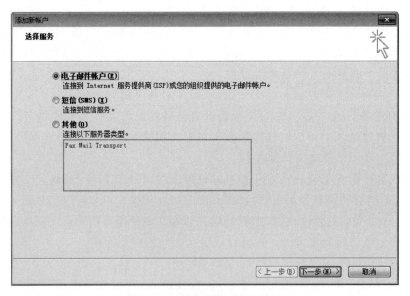

图 3.25 "添加新账户"对话框

（2）在第（1）步弹出的对话框中的"电子邮件账户"栏中分别输入"您的姓名""电子邮件地址"，再两次输入电子邮箱密码，完成后单击"下一步"按钮，如图 3.26 所示。

这时 Outlook 将会自动搜寻邮件网站的服务器，如各参数正常时，便可顺利连接到邮箱，并显示邮箱中的邮件，如图 3.27 所示。

如果 Outlook 无法自动搜索服务器，那么只能选中如图 3.26 所示最下面的"手动配置服务器设置或其他服务器类型"单选按钮，手动输入服务器地址进行配置，服务器地址通常

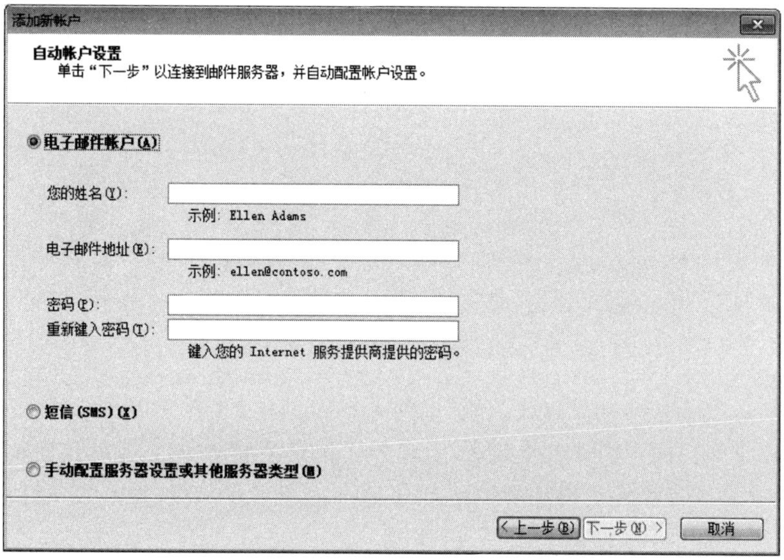

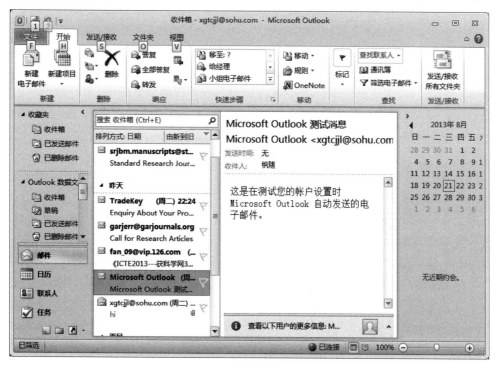

图 3.26 Internet 连接向导

图 3.27 Microsoft Outlook 成功添加账户

可以通过网页方式登录邮箱,在帮助信息中找到。

如果需要用 Outlook 管理多个电子邮箱,可重复以上步骤,添加其他账号。

4. 接收/发送电子邮件

设置好账号后,用户就可以使用 Outlook Express 收发电子邮件。他人发送邮件到达了用户的电子邮箱后,用户无法得知,只有主动让 Outlook Express 去查看有无邮件到达,再收取到达的邮件到用户所使用的计算机上，才能阅读。

如果用户需要马上收取电子邮件，则可单击 Outlook Express 主窗口中的"发送和接收"选项卡中的"发送/接收所有文件夹"菜单项，便可接收信件，如图 3.28。

图 3.28　Microsoft Outlook 创建新邮件

新建并发送电子邮件，可先在"开始"选项卡单击其中的"新建电子邮件"按钮。新建和发送电子邮件时的相关术语和操作过程与 3.4.1 节的 WWW 浏览方式电子邮件操作过程基本相同，因此这部分操作不再详细介绍。

3.5　网络安全基础

3.5.1　网络安全的概念

计算机网络安全是指"为数据处理系统建立安全保护，保护计算机硬件、软件数据不因偶然和恶意的原因而遭到破坏、更改和泄漏"。计算机网络安全的定义包含物理安全和逻辑安全两方面的内容，其逻辑安全的内容可理解为人们常说的信息安全，是指对信息的保密性、完整性和可用性的保护。而网络安全的含义是信息安全的引申，即网络安全是对网络信息保密性、完整性和可用性的保护。

3.5.2　网络安全的威胁

1. 黑客的恶意攻击

"黑客"（Hacker）是一群利用自己的技术专长专门攻击网站和计算机而不暴露身份的计算机用户，由于黑客技术逐渐被越来越多的人掌握和发展，目前世界上约有 20 多万个黑客网站，这些站点都介绍一些攻击方法和攻击软件的使用及系统的一些漏洞，因而任何网络系统、站点都有遭受黑客攻击的可能。尤其是现在还缺乏针对网络犯罪卓有成效的反击和跟踪手段，使得黑客们善于隐蔽，攻击杀伤力强，这是网络安全的主要威胁。而就目前网络技术的发展趋势来看，黑客攻击的方式也越来越多地采用了病毒进行破坏，它们采用的攻击和破坏方式多种多样，对没有网络安全防护设备（防火墙）的网站和系统（或防护级别较低）进行攻击和破坏，这给网络的安全防护带来了严峻的挑战。

2. 网络自身和管理存在欠缺

Internet 的共享性和开放性使网络上的信息安全存在先天不足，因为其赖以生存的 TCP/IP，缺乏相应的安全机制，而且 Internet 最初的设计考虑是该网络不会因局部故障而影响信息的传输，基本没有考虑安全问题，因此它在安全防范、服务质量、带宽和方便性等方面存在滞后及不适应性。网络系统的严格管理是企业、组织及政府部门和用户免受攻击的重要措施。事实上，很多企业、机构及用户的网站或系统都疏于这方面的管理，没有制定严格的管理制度。据 IT 界企业团体 ITAA 的调查显示,美国 90% 的 IT 企业对黑客攻击准备不足。目前,美国 75%～85% 的网站都抵挡不住黑客的攻击,约有 75% 的企业网上信息失窃。

3. 软件设计的漏洞

随着软件系统规模的不断增大,新的软件产品被开发出来,系统中的安全漏洞或“后门”也不可避免地存在,如人们常用的操作系统,无论是 Windows 还是 UNIX,几乎都存在或多或少的安全漏洞,众多的各类服务器、浏览器、桌面软件等都被发现过存在安全隐患。大家熟悉的一些病毒都是利用微软系统的漏洞给用户造成巨大损失的,可以说任何一个软件系统都可能会因为程序员的一个疏忽、设计中的一个缺陷等原因而存在漏洞,不可能完美无缺,这也是网络安全的主要威胁之一。例如,大名鼎鼎的“熊猫烧香”病毒,就是我国一名黑客针对微软 Windows 操作系统安全漏洞设计的计算机病毒,依靠互联网迅速蔓延开来,数以万计的计算机不幸先后“中招”,并且它已产生众多变种,还没有人准确统计出此次病毒在国内殃及的计算机数量,它对社会造成的各种损失更是难以估计。

4. 恶意网站设置的陷阱

互联网世界的各类网站,有些网站恶意编制一些盗取他人信息的软件,并且可能隐藏在下载的信息中,只要登录或者下载网络的信息就会被其控制或感染病毒,计算机中的所有信息都会被自动盗走,该软件会长期存在于计算机中,操作者并不知情,如现在非常流行的木马病毒。因此,上互联网应格外注意,不良网站和不安全网站不可登录,否则后果不堪设想。

5. 用户网络内部工作人员的不良行为引起的安全问题

网络内部用户的误操作、资源滥用和恶意行为也有可能对网络的安全造成巨大的威胁。由于各行业、各单位现在都在建局域网,计算机使用频繁,再加上单位管理制度不严,不能严格遵守行业内部关于信息安全的相关规定,因此很容易引起一系列安全问题。

3.5.3 网络安全的防范措施

1. 信息加密技术

网络信息发展的关键问题是其安全性,因此,必须建立一套有效的包括信息加密技术、安全认证技术、安全交易等内容的信息安全机制作为保证,来实现电子信息数据的机密性、完整性、不可否认性。交易者身份认证技术,防止信息被一些怀有不良用心的人窃取、破坏,甚至出现虚假信息。美国国防部技术标准把操作系统安全等级分为 D1、C1、C2、B1、B2、B3、A 7 个等级,安全等级由低到高。目前,主要的操作系统等级为 C2 级,在使用 C2 级系统时,应尽量使用 C2 级的安全措施及功能,对操作系统进行安全配置。在极端重要的系统中,应采用 B 级操作系统。对军事涉密信息在网络中的存储和传输可以使用传统的信息加密技术和新兴的信息隐藏技术来提供安全保证。在传送保存军事涉密信息的过程中,要用加密技术隐藏信息内容,还要用信息隐藏技术来隐藏信息的发送者、接收者甚至信息本身。通过隐藏术、数字水印、数据隐藏和数据嵌入、指纹等技术手段可以将秘密资料先隐藏到一般的文件中,然后再通过网络来传递,提高信息保密的可靠性。

2. 安装防病毒软件和防火墙

在主机上安装防病毒软件,能对病毒进行定时或实时的病毒扫描及漏洞检测,变被动清毒为主动截杀,既能查杀未知病毒,又可对文件、邮件、内存、网页进行实时监控,发现异常情况及时处理。防火墙是硬件和软件的组合,它在内部网络和外部网络间建立起安全网关,过滤数据包,决定是否转发到目的地。它能够控制网络进出的信息流向,提供网络使用状况和流量的审计、隐藏内部 IP 地址及网络结构的细节。它还可以帮助内部系统进行有效的网络安全隔离,通过安全过滤规则严格控制外部网络用户非法访问,并只打开必需的服务,防范外部来的服务攻击。同时,防火墙可以控制内部网络用户访问外部网络的时间,并通过设置 IP 地址与 MAC 地址绑定,防止 IP 地址被欺骗。更重要的是,防火墙不但将大量的恶意攻击直接阻挡在外,同时也屏蔽来自网络内部的不良行为。

3. 使用路由器和虚拟专用网技术

路由器采用了密码算法和解密专用芯片,通过在路由器主板上增加加密模块来实现路由器信息和 IP 包的加密、身份鉴别和数据完整性验证、分布式密钥管理等功能。使用路由器可以实现单位内部网络与外部网络的互联、隔离、流量控制、网络和信息维护,也可以阻塞广播信息的传输,达到保护网络安全的目的。

3.5.4　计算机病毒

计算机病毒是人为制造的、有破坏性的,又有传染性和潜伏性的,对计算机信息或系统起破坏作用的程序。它不是独立存在的,而是隐藏在其他可执行的程序之中。计算机中病毒后,轻则影响机器运行速度,重则死机、破坏系统。因此,病毒给用户带来很大的损失。通常情况下,人们称这种具有破坏作用的程序为计算机病毒。

1. 计算机病毒的分类

计算机病毒按存在的媒体分类,可分为引导型病毒、文件型病毒和混合型病毒 3 种;按链接方式分类,可分为源码型病毒、嵌入型病毒和操作系统型病毒 3 种;按计算机病毒攻击的系统分类,可分为攻击 DOS 系统病毒、攻击 Windows 系统病毒、攻击 UNIX 系统的病毒 3 种。如今的计算机病毒正在不断地推陈出新,其中包括一些独特的新型病毒暂时无法按照常规的类型进行分类,如互联网病毒(通过网络进行传播,一些携带病毒的数据越来越多)、电子邮件病毒等。

按照依附的媒体类型分类,可分为如下 3 种。

(1) 网络病毒。通过计算机网络感染可执行文件的计算机病毒。

(2) 文件病毒。主攻计算机内文件的病毒。

(3) 引导型病毒。是一种主攻感染驱动扇区和硬盘系统引导扇区的病毒。

按照计算机特定算法分类,可分为如下 3 种。

(1) 附带型病毒。通常附带于一个 EXE 文件上,其名称与 EXE 文件名相同,但扩展名是不同的,一般不会破坏更改文件本身,但在 DOS 读取时首先激活的就是这类病毒。

(2) 蠕虫病毒。它不会损害计算机文件和数据,其破坏性主要取决于计算机网络的部署,可以使用计算机网络从一个计算机存储切换到另一个计算机存储计算该网络地址来感染病毒。

(3) 可变病毒。它可以自行应用复杂的算法,很难被发现。因为在不同地方表现的内容和长度是不同的。

2. 计算机病毒的特征

任何病毒只要侵入系统,都会对系统及应用程序产生不同程度的影响。轻则降低计算机工作效率,占用系统资源;重则导致数据丢失、系统崩溃。计算机病毒的程序性,代表它和其他合法程序一样,是一段可执行程序,但它不是一段完整的程序,而是寄生在其他可执行程序上的一段程序,只有其他程序运行时,病毒才起破坏作用。病毒一旦进入其计算机后得到执行,它就会搜索其他符合条件的环境,确定目标后再将自身附于其中,从而到达自我繁殖的目的。因此,传染性是判断计算机病毒的重要条件。

病毒只有在满足其特定条件时,才会对计算机产生致命的破坏,计算机或者系统中毒后不会马上反应,病毒会长期隐藏在系统中。例如,CIH病毒;此外还有著名的"黑色星期五"病毒,即在每逢13号的星期五发作等。病毒一般情况下都附在正常硬盘或者程序中,计算机用户在它激活之前很难发现它们,其使用很高的编程技巧进行编程,是一种短小精悍的可执行程序,对计算机有着毁灭性的破坏作用。一般没有用户主动执行病毒程序,但是病毒会在其条件成熟后产生作用,或者破坏程序,或者扰乱系统的工作等。计算机病毒具有以下典型特点。

1)隐蔽性

计算机病毒不易被发现。这是由于计算机病毒具有较强的隐蔽性,其往往以隐含文件或程序代码的方式存在,在普通的病毒查杀中,难以实现及时有效的查杀。病毒伪装成正常程序,计算机病毒扫描难以发现。并且,一些病毒被设计成病毒修复程序,诱导用户使用,进而实现病毒植入,入侵计算机。因此,计算机病毒的隐蔽性使得计算机安全防范处于被动状态,可造成严重的安全隐患。

2)破坏性

病毒入侵计算机,往往具有极大的破坏性,能够破坏数据信息,甚至造成大面积的计算机瘫痪,对计算机用户造成较大损失。如常见的木马、蠕虫等计算机病毒,可以大范围入侵计算机,为计算机带来安全隐患。

3)传染性

计算机病毒的一大特征是传染性,能够通过U盘、网络等途径入侵计算机。在入侵之后,往往可以实现病毒扩散,感染未感染病毒的计算机,进而造成计算机大面积瘫痪等事故。随着网络信息技术的不断发展,在短时间之内,病毒能够实现较大范围的恶意入侵。因此,在计算机病毒的安全防御中,如何面对快速的病毒传染,成为有效防御病毒的重要基础,也是构建防御体系的关键。

4)寄生性

计算机病毒还具有寄生性的特点。计算机病毒需要在宿主中寄生才能生存,才能更好地发挥其功能,破坏宿主的正常机能。通常情况下,计算机病毒都是在其他正常程序或数据中寄生,在此基础上利用一定媒体实现传播,在宿主计算机实际运行过程中,一旦达到某种设置条件,计算机病毒就会被激活,随着程序的启动,计算机病毒会对宿主计算机文件进行不断辅助、修改,使其破坏作用得以发挥。

5)可执行性

计算机病毒与其他合法程序一样,是一段可执行程序,但它不是一个完整的程序,而是寄生在其他可执行程序上的,因此它享有一切程序所能得到的权利。

3. 计算机病毒的防范措施

计算机病毒无时无刻不在关注着计算机,时时刻刻准备发出攻击,但计算机病毒也不是不可控制的,可以通过以下几个方面来减少计算机病毒对计算机带来的破坏。

(1) 安装最新的杀毒软件,每天升级杀毒软件病毒库,定时对计算机进行病毒查杀,上网时要开启杀毒软件的全程监控。培养良好的上网习惯,例如,对不明邮件及附件慎重打开,可能带有病毒的网站尽量别上,尽可能使用较为复杂的密码,因为猜测简单密码是许多网络病毒攻击系统的一种方式。

(2) 不要执行从网络下载后未经杀毒处理的软件等;不要随便浏览或登录陌生的网站,加强自我保护。现在有很多非法网站被潜入恶意的代码,一旦被用户打开,就会被植入木马或其他病毒。

(3) 培养自觉的信息安全意识,在使用移动存储设备时,尽可能不要共享这些设备,因为移动存储也是计算机进行传播的主要途径,是计算机病毒攻击的主要目标,在对信息安全要求比较高的场所,应将计算机上面的 USB 接口封闭,同时,有条件的情况下应该做到专机专用。

(4) 用 Windows Update 功能打全系统补丁,同时,将应用软件升级到最新版本,如播放器软件、通信工具等。避免病毒以网页木马的方式入侵系统或者通过其他应用软件漏洞来进行病毒的传播;将受到病毒侵害的计算机尽快隔离;在使用计算机的过程中,若发现计算机上存在病毒或者是计算机异常时,应该及时中断网络;当发现计算机网络一直中断或者网络异常时,应立即中断网络,以免病毒在网络中传播。

3.5.5 网络安全常识与网络文明

1. 网络安全常识

1) 浏览器

浏览器的安全漏洞主要是 IE 缓存及 cookie 的问题,尤其是 cookie。所谓 cookie 是在登录一些网站时,网站在本地计算机中记录的信息,其中可能包含登录网站名称、登录时间甚至登录密码。解决办法是在浏览器中把缓存信息彻底删除掉。

2) 使用邮箱

登录免费邮箱时尽量用邮箱管理客户端软件(如 Outlook),或尽量到指定的官方网站去登录,不要在其他网站登录,因为该网站很可能会记录下用户的用户名和口令。浏览器也可能记下用户在网站的页面表单中输入的身份认证信息,在公共环境上网后应该及时清除,方法是打开"Internet 选项"对话框,在"内容"选项卡中的"自动完成"组中进行设置,如图 3.29所示。

在"自动完成设置"窗口中,单击"删除自动完成历史记录"按钮,并确保不选中"表单""表单上的用户名和密码"这些多选项前的复选框,在以后上网时,浏览器就不再记录登录信息了。

3) 复制与粘贴

用户有时候会大量地使用复制、粘贴功能来复制文件和文字。当离开机器的时候最好把剪贴板清空,尤其要注意是否使用了某些剪贴板增强工具,这些工具通常会自动记录复制的文件数量和内容,即便是非正常关机都不会消失。

4) 不要太好奇

好奇心并非总是好事,黑客为了使普通用户去掉戒备之心,总是利用大家最常见或者喜

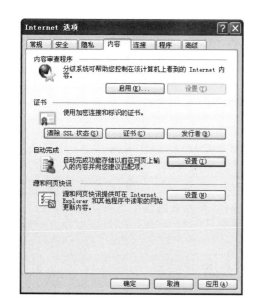 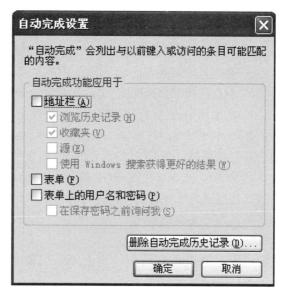

图 3.29　自动完成设置

好的东西来骗人上当,一个图标是 WINZIP 的文件实际上却可能是一个木马,一款漂亮的 Flash 动画背后可能隐藏了许多不为人所知的"勾当"。同理,不要随意打开来历不明的邮件及附件,不要随意接收他人传入的文档,不要随便打开他人传来的网页链接。

5)密码

在网络上,很多应用都设置密码,从电子邮箱、论坛密码,到电子交易、网上银行,还有工作中使用的软件的密码,都是用于身份认证的重要的数据,密码一旦被泄露,会给用户造成巨大的损失。密码的确定和使用都应该注意不可(或尽可能困难地)被他人猜中或得知,因此密码确定和使用应该遵守以下原则。

(1)密码应该有一定的长度,并且应该用多种符号(如英文字母、数字甚至标点符号等),不应该太有规律,以增加猜测和破解难度。例如,123、abcd 等就是不好的密码。

(2)不应选取自己相关数据用作密码,虽然这样的密码很便于记忆,但很容易被他人猜中。例如,个人身份证号、出生时间、电话号码等都不应用作密码。

(3)重要的密码是不应该抄写记录的,密码应该定期更换。

2. 网络文明

早在 2001 年 11 月,中国共产主义青年团中央委员会、中华人民共和国教育部、中华人民共和国文化部、中华人民共和国国务院新闻办公室、中华全国青年联合会、中华全国学生联合会、中国少年先锋队全国工作委员会、中国青少年网络协会八家单位就已向社会发布《中华人民共和国全国青少年网络文明公约》,提倡:"要善于网上学习,不浏览不良信息;要诚实友好交流,不辱骂欺诈他人;要增强自护意识,不随意约会网友;要维护网络安全,不破坏网络秩序;要有益身心健康,不沉溺虚拟时空;要树立良好榜样,不违反行为准则。"

综上所述,在互联网上,一个文明的网民应该做到以下几个方面。

- 不在网络上进行背叛祖国、反对社会主义制度的活动,维护祖国尊严。
- 不窃取他人网络密码和他人隐私,牟取利益。

计算机网络与网络安全基础

- 不研发、销售、传播病毒程序。
- 不架构迷信、色情和伪科学网站，并且不浏览相关信息。
- 不在公开的网络场合，如 BBS、网络空间，使用不文明语言漫骂、侮辱、诋毁他人。
- 理性对待网络言论，不造谣、不信谣、不传谣。
- 不攻击国家安全网站、金融网站和企业团体网站。
- 适度休闲，不沉迷网络游戏。

2013 年 8 月 10 日，国家互联网信息办公室举办"网络名人社会责任论坛"，参加论坛的与会者们就承担社会责任、传播正能量、共守"七条底线"达成共识。"七条底线"是：法律法规底线、社会主义制度底线、国家利益底线、公民合法权益底线、社会公共秩序底线、道德风尚底线和信息真实性底线。这些内容，将新时期互联网文明标准进行了进一步界定，是每个网民最基本的文明规范。

3.6　本章小结

本章首先介绍计算机网络在信息时代的作用，接着对网络的拓扑结构，网络协议及设备进行了概述，包括局域网的配置。然后，讨论 Internet 的相关知识，指出 Internet 的接入方式和地址组成。在简单介绍关于浏览器的知识后，又讨论电子邮件的使用。最后，论述网络安全的相关内容。

本章内容比较抽象，在没有了解具体的计算机网络之前，很难完全掌握这些很抽象的概念。但这些抽象的概念又能够指导后续的学习，因此必须先从这些概念学起。建议读者在学习到后续章节时，经常复习本章的基本概念。

思考题 3

1. 简述计算机网络的功能、分类和网络硬件的组成。
2. 简述 Internet 的基本工作原理。
3. 尝试组建与管理局域网。
4. 试回答 IP 地址和域名的概念。
5. 你用过哪些浏览器？试着说说它们的异同点。
6. 谈谈你对网络安全的认识。
7. 思考计算机网络中蕴含的计算思维。

第4章　文字处理软件 Word 2016

4.1　Office 2016 简介

4.1.1　Office 系列简介

Microsoft Office 是由 Microsoft 公司开发的一套基于 Windows 操作系统的办公软件套装,常用组件有 Word、Excel、PowerPoint 等,其中,Word 用来编辑、处理文档;Excel 用来处理数据、表格等;PowerPoint 用于制作幻灯片。

主要的 Office 版本有 Office 92、Office 95、Office 97、Office 2000、Office 2003、Office 2007、Office 2010、Office 2013、Office 2016、Office 2019。

Office 2016 于 2015 年 9 月 22 日发布,Office 2019 正式版于 2018 年 9 月 24 日发布。Office 2019 仅能运行在 Windows 10 操作系统上,而 Office 2016 适用于 Windows 7/ 8/10 操作系统。

4.1.2　Office 2016 的特色功能

Office 2016 是 Microsoft 公司推出的新一代办公软件,它是 Office 2013 的升级版本,不仅具有以前版本的所有功能,而且新增了许多更加强大的功能。Office 2016 主要有以下特色功能。

1. 第三方应用支持

通过全新的 Office Graph 社交功能,开发者可将自己的应用直接与 Office 数据建立连接,如此一来,Office 套件将可通过插件接入第三方数据。例如,用户可以直接在 Outlook 日历上查看到 Uber 提醒,或者直接呼叫 Uber 服务等。

2. 多彩新主题

Office 2016 的主题得到更新,更多色彩丰富的选择加入其中,新的界面设计名叫"彩色",而之前的默认主题名叫"白色"。用户可在"文件"→"账户"→"Office 主题"当中选择自己偏好的主题风格。

3. 跨平台的通用应用

Microsoft 公司强化了 Office 2016 的跨平台应用,用户在不同平台和设备之间都能获得非常相似的体验。因此,无论用户使用的是 Android 手机/平板电脑、iPad、iPhone,还是 Windows 笔记本/台式机,他们都可以在这些电子设备上审阅、编辑、分析和演示 Office 2016 文档。

4. Office 助手回归

在 Office 2016 中，Microsoft 公司带来了 Office 助手的升级版——Tell Me。Tell Me 是全新的 Office 助手，可在用户使用 Office 的过程中提供帮助，用户可以在"告诉我您想要做什么……"文本框中输入需要提供的帮助，Tell Me 就能够引导至相关命令，并提供相应的操作选项。

5. Insights 引擎

在传统的右侧"任务窗格"区域新增了 Insights，新的 Insights 引擎可借助微软 Bing 引擎为 Office 带来在线资源。用户如果对文档里一个词语的意思和用法有点不确定，只要选中这个词，然后右击，在弹出的快捷菜单中单击"智能查找"菜单项，Word 窗口右侧就会弹出"见解"任务窗格，并显示所选关键词的网络搜索结果。

4.1.3 与早期版本的兼容性

Office 系列软件具有向下兼容性，Office 2016 组件可以打开对应组件的低版本文档，也可以另存为低版本格式的文档。

例如，Word 2016 可以打开低版本的 Word 文档，当打开低版本文档之后，Word 会在标题栏以"兼容模式"作为后缀加以提示。值得注意的是：为了保证 Word 2016 能够正常运行，在兼容模式下有些新功能会被禁用，为了让 Word 2016 文档能够通用于不同版本，特别是低版本的用户，可以将文档另存为低版本格式。

4.2 Word 2016 概述

4.2.1 Word 2016 简介

Word 2016 是 Microsoft 公司开发的 Office 2016 办公组件之一，它具有强大的文字处理、图文混排及表格制作功能，现在普遍应用在办公商务和个人文档的制作，以及专业的排版印刷等方面。

从 Word 2007 开始，文件格式分为两种：Word 97-2003 文档，扩展名为.doc；Word 文档，扩展名为.docx。

Word 2007、Word 2010、Word 2013、Word 2016 这些高版本创建的文档，如果要在 Word 2003 里打开，就要安装兼容包；而低版本创建的 Word 文档，可以在高版本里兼容打开，但是可能用不了一些新的功能。

4.2.2 Word 2016 的启动与退出

1. 启动 Word 2016 的常用方法

（1）单击"开始"按钮，选择 Word 2016 选项，选择"空白文档"模板。

（2）双击桌面上 Word 2016 的快捷图标，然后选择"空白文档"模板。

（3）打开已有的 Word 文件。

2. 退出 Word 2016 的常用方法

（1）单击文档窗口右上角的"关闭"按钮。

（2）在文档标题栏上右击，在弹出的快捷菜单中选择"关闭"菜单项。

（3）单击"文件"按钮，选择"关闭"选项。

（4）使用 Alt＋F4 快捷键，可以快速退出 Word 2016。

4.2.3 Word 2016 窗口

Word 2016 窗口主要有标题栏、快速访问工具栏、功能区、"文件"按钮、文档编辑区、滚动条、状态栏、视图切换区以及视图显示比例缩放区等组成部分，如图 4.1 所示。

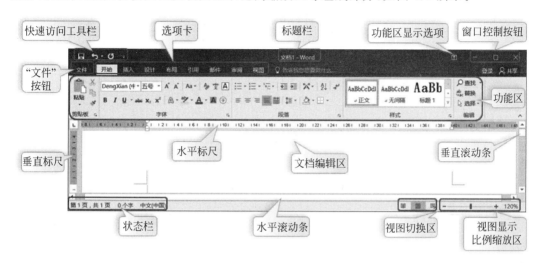

图 4.1 Word 2016 窗口

1. 标题栏

标题栏主要用于显示正在编辑的文档的文件名及所使用的软件名。另外，还包括标准的"最小化""最大化""关闭"按钮。

2. 快速访问工具栏

快速访问工具栏主要包括一些常用命令，如"保存""撤销""恢复"按钮。在快速访问工具栏的最右端是一个下拉按钮，鼠标停留在此按钮上会显示"自定义快速访问工具栏"，单击此下拉按钮，在弹出的下拉列表中可以添加其他常用命令到快速访问工具栏。

3. "功能区显示选项"按钮

"功能区显示选项"按钮位于 Word 2016 界面右上角，单击它会弹出具有 3 个菜单项的下拉菜单，通过选择不同的菜单项可以设置功能区的折叠和展开。

第 1 个菜单项是"自动隐藏功能区"，选中之后，选项卡和功能区会被隐藏起来，此时 Word 2016 界面右上角会出现一个"…"符号和"功能区显示选项"按钮，把鼠标移到界面顶部会显示一行蓝色，单击这行蓝色或单击"…"符号图标，功能区显示；单击功能区外的任意处，功能区又隐藏；单击"功能区显示选项"按钮，弹出具有 3 个菜单项的下拉菜单，再次选择其中的"显示选项卡和命令"的菜单项，可以让功能区一直显示。

第 2 个菜单项是"显示选项卡"，单击它只显示选项卡而不显示功能区。

第 3 个菜单项是"显示选项卡和命令"，单击它可以同时显示选项卡和功能区，回到 Word 2016 的默认界面。

4. 窗口控制按钮

位于 Word 2016 界面的右上角,单击窗口控制按钮,可以"最小化""最大化""还原""关闭"程序窗口。

5. "文件"按钮

"文件"按钮是一个类似于菜单的按钮,位于 Word 2016 窗口的左上角。单击"文件"按钮可以打开"文件"面板,包含"信息""新建""打开""保存""打印""共享""导出"等常用命令。

6. 功能区

Word 2016 共有 8 大功能区,依次为"开始""插入""设计""布局""引用""邮件""审阅""视图",单击对应的选项卡后,相应的功能区将显示在功能区面板上。

7. 标尺和滚动条

标尺包括水平标尺和垂直标尺两种,标尺上有刻度,用于对文本位置进行定位。

滚动条可以对文档进行定位,文档窗口有水平滚动条和垂直滚动条。单击滚动条两端的三角按钮或用鼠标拖动滚动条可使文档上下或左右滚动。

8. 文档编辑区

文档编辑区是用来输入和编辑文字的区域,不断闪烁的插入点光标"|"表示用户当前的编辑位置。

9. 状态栏

状态栏位于 Word 2016 界面的最底部,通常会显示页码以及字数统计等,如果需要改变状态栏显示的信息,在状态栏空白处右击,从弹出的快捷菜单中选择自己需要显示的状态,如选择"行号",菜单项前面有对勾的状态就会显示在状态栏中,返回到 Word 2016 中,就可以看到状态栏中显示出了行号。

10. 视图切换区和视图显示比例缩放区

视图切换区和视图显示比例缩放区位于 Word 2016 界面右下角,视图切换区用于切换视图的显示方式,通过调节视图显示比例缩放区的滑块可以调整视图的显示比例。

4.2.4 设置快速访问工具栏

默认状态下,快速访问工具栏位于 Word 2016 界面的左上角。快速访问工具栏中包含了一组独立的命令按钮,使用这些按钮,操作者能够快速启动经常使用的某些操作。

1. 调整命令按钮在工具栏中的位置

单击"文件"按钮,在弹出的列表中单击"选项"命令,打开"Word 选项"对话框,在"快速访问工具栏"的"自定义快速访问工具栏"列表中选择某个命令按钮,单击列表框最右侧的"上移"或"下移"按钮,可以改变命令按钮在列表中的位置,如图 4.2 所示。完成设置后,按钮在"快速访问工具栏"中的位置也将随之改变。

2. 改变快速访问工具栏的位置

Word 2016 的快速访问工具栏默认位置在功能区上方,为了方便用户操作,Word 2016 允许用户更改快速访问工具栏在主界面中的位置,可将快速访问工具栏放在功能区下方。

在程序窗口中单击"自定义快速访问工具栏"下拉按钮,在弹出的下拉列表中选择"在功能区下方显示"选项,即可将"快速访问工具栏"放置到功能区的下方。当"快速访问工具栏"位于功能区下方时,在程序窗口中单击"自定义快速访问工具栏"下拉按钮,在弹出的下拉列

图 4.2 "自定义快速访问工具栏"程序窗口

表中选择"在功能区上方显示"选项,此时,"快速访问工具栏"将被重新放置到功能区的上方。

3. 增删命令按钮

默认情况下,"快速访问工具栏"中只有数量较少的命令,用户可以根据需要增删命令按钮。

1)添加命令到"快速访问工具栏"

单击"自定义快速访问工具栏"下拉按钮,在弹出的下拉列表中选择需要添加到快速访问工具栏中的命令,即可将相应的命令按钮添加到快速访问工具栏中。

也可以在功能区中右击要添加的命令,在弹出的快捷菜单中选择"添加到快速访问工具栏"菜单项,也可将该命令添加到"快速访问工具栏"中。

2)删除快速访问工具栏中的命令

在"快速访问工具栏"中右击要删除的命令,在弹出的快捷菜单中选择"从快速访问工具栏删除"菜单项,即可将该命令从快速访问工具栏删除。

4. 批量增删命令按钮

当用户想要向"快速访问工具栏"中增删多个命令时,单个操作比较麻烦,Word 2016 为用户提供了批量向"快速访问工具栏"中增删多个命令按钮的方法。

1) 批量添加命令按钮

单击"快速访问工具栏"右侧的"自定义快速访问工具栏"下拉按钮,在弹出的下拉列表中选择"其他命令"选项,打开"Word 选项"对话框并自动选中窗口左侧的"快速访问工具栏",在"从下列位置选择命令"列表中选中需要添加的命令后,单击"添加"按钮即可将该命令添加到"自定义快速访问工具栏"列表中,把需要的命令按钮添加完成后单击"确定"按钮,即可将多个命令按钮一次性地添加到快速访问工具栏中。

2) 批量删除命令按钮

要删除"快速访问工具栏"中的命令时,在"自定义快速访问工具栏"列表中选中不需要的命令按钮,单击"删除"按钮即可将这些命令从列表中删除,完成后单击"确定"按钮,这些从"自定义快速访问工具栏"列表中删除的命令按钮也将从"快速访问工具栏"中消失。

4.2.5　功能区

在 Word 2016 窗口上方看起来像菜单的名称其实是功能区的名称,称为选项卡。单击这些选项卡时并不会打开菜单,而是切换到与之相对应的功能区面板。每个功能区根据功能的不同又分为若干个组。

"开始"功能区中包括"剪贴板""字体""段落""样式""编辑"5 个组,该功能区主要用于帮助用户对 Word 2016 文档进行文字编辑和格式设置,是用户最常用的功能区。

"插入"功能区包括"页面""表格""插图""加载项""媒体""链接""批注""页眉和页脚""文本""符号"10 个组,主要用于在 Word 2016 文档中插入各种元素。

"设计"功能区包括"文档格式"和"页面背景"两个组,主要功能包括主题的选择和设置、设置水印、设置页面颜色和页面边框等项目。

"布局"功能区包括"页面设置""稿纸""段落""排列"4 个组,用于帮助用户设置 Word 2016 文档页面样式。

"引用"功能区包括"目录""脚注""引文与书目""题注""索引""引文目录"6 个组,用于实现在 Word 2016 文档中插入目录等比较高级的功能。

"邮件"功能区包括"创建""开始邮件合并""编写和插入域""预览结果""完成"5 个组,该功能区的作用比较专一,专门用于在 Word 2016 文档中进行邮件合并方面的操作。

"审阅"功能区包括"校对""语言""中文简繁转换""批注""修订""更改""比较""保护"8 个组,主要用于对 Word 2016 文档进行校对和修订等操作,适用于多人协作处理 Word 2016 长文档。

"视图"功能区包括"文档视图""显示""显示比例""窗口""宏"5 个组,主要用于帮助用户设置 Word 2016 操作窗口的视图类型,以方便操作。

4.3　文档的基本操作

4.3.1　创建新文档

1. 新建空白文档

启动 Word 2016 应用程序后,单击"空白文档"选项新建一个名为"文档 1"的空白文档。

除此之外，用户还可以使用以下方法新建空白文档。

（1）使用"新建"按钮。单击"快速访问工具栏"右侧的"自定义快速访问工具栏"按钮，在弹出的下拉菜单中单击"新建"菜单项，将其添加到快速访问工具栏。再单击"快速访问工具栏"中的"新建"按钮即可新建一个空白文档。

（2）使用"文件"按钮。单击"文件"按钮，在弹出的界面中选择"新建"选项，然后单击"新建"列表框中的"空白文档"选项即可新建一个空白文档。

（3）使用快捷键。按下 Ctrl＋N 快捷键也可创建一个新的空白文档。

2. 新建基于模板的文档

Word 2016 为用户提供了很多类型的模板样式，用户可以根据需要选择模板样式并新建基于所选模板的文档，步骤如下所示。

（1）单击"文件"按钮，在弹出的界面中选择"新建"选项，然后在"新建"列表框中选择已经安装好的模板。

（2）如果用户在已安装的模板中没有找到自己需要的模板，可以搜索联机模板，在"新建"文本框中输入模板名称，如"申请书"，然后单击"开始搜索"按钮。

（3）搜索完成后，用户可以从其中选择自己需要的模板创建新文档。

4.3.2 保存文档

在编辑文档的过程中，可能会出现断电、死机或系统自动关闭等情况。为了避免不必要的损失，用户应该及时保存文档。

1. 保存新建的文档

新建文档以后，用户可以将其保存起来。

（1）单击"文件"按钮，在弹出的界面中选择"另存为"选项。

（2）弹出"另存为"界面，在界面中选择"浏览"选项。

（3）弹出"另存为"对话框，在"保存位置"列表框中选择合适的保存位置，在"文件名"文本框中输入文件名，然后单击"保存"按钮。

2. 保存已有的文档

用户对已经保存过的文档进行编辑后，如果文档的文件名、保存位置、保存类型都不变，可以使用以下几种方法保存，此时不再出现"另存为"对话框。

（1）单击"快速访问工具栏"中的"保存"按钮。

（2）单击"文件"按钮，在弹出的界面中选择"保存"选项。

（3）按 Ctrl＋S 快捷键。

3. 另存文档

用户对已有文档进行编辑后，根据实际需要可以另存为其他类型的文档，也可以修改文件名或者修改保存位置。

另存文档的步骤如下：用户可依次选中"文件"→"另存为"→"浏览"选项，弹出"另存为"对话框，再根据需要选择合适的保存位置，在"文件名"文本框中输入想修改的文件名，在"保存类型"下拉列表中选择想要保存的文档类型，然后单击"保存"按钮。

4. 设置自动保存

使用 Word 的自动保存功能，可以在断电或死机的情况下最大限度地减少损失。

（1）在 Word 文档窗口中单击"文件"按钮，在弹出的界面中选择"选项"选项。

（2）弹出"Word 选项"对话框，切换到"保存"选项卡，在"保存文档"组合框中的"将文件保存为此格式"下拉列表框中选择文件的保存类型，默认选择"Word 文档（＊.docx）"选项。

（3）选中"保存自动恢复信息时间间隔"复选框，并在其右侧的微调框中设置文档自动保存的时间间隔，默认将文档自动保存的时间间隔设置为"10 分钟"，设置完毕单击"确定"按钮。

4.3.3 文本输入

1. 输入普通文本

（1）确定插入点。在指定的位置进行文字的插入、修改或删除等操作时，要先将插入点移到该位置，然后才能进行相应的操作。

（2）当输入完一段文本后，按 Enter 键分段。

（3）删除输入过程中错误的文字，需将插入点定位到有错误的文本处，按 Delete 键可删除插入点右边的字符，按 Backspace 键可删除插入点左边的字符。

2. 输入标点符号

（1）键盘直接输入。在不同的输入法下，键盘上对应的标点符号会相应有所差距，部分差异可参见表 4.1。

表 4.1　不同的输入法在键盘上对应的中英文标点符号

英文输入法状态	中文输入法状态	英文输入法状态	中文输入法状态
$	￥	< >	《》
^	……	\	、
[]	【】	.	。

图 4.3 内容：

1 PC 键盘　asdfghjkl;
2 希腊字母　αβγδε
3 俄文字母　абвгд
4 注音符号　ㄆㄊ《ㄐㄐ
5 拼音字母　ā á ě è ó
6 日文平假名　あいうえお
7 日文片假名　アイウヴエ
8 标点符号　『』《 』
9 数字序号　ⅠⅡⅢ㈠①
0 数学符号　±×÷∑√
A 制表符　┌┼┤┐
B 中文数字　壹贰千万兆
C 特殊符号　▲☆◆□→

关闭软键盘 (L)

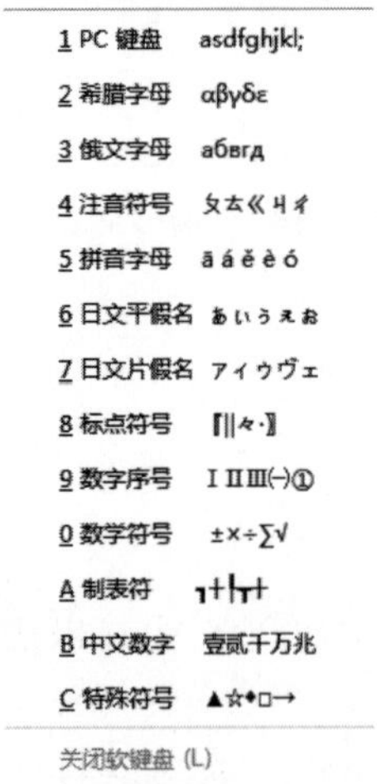

图 4.3　"软键盘"快捷菜单

（2）软键盘输入。以搜狗输入法为例，在输入法工具栏中，右击键盘图标，弹出"软键盘"快捷菜单，如图 4.3 所示，在其中选择"标点符号"菜单项，即可用鼠标通过软键盘输入需要的标点符号。

3. 输入日期和时间

用户在编辑文档的过程中往往需要输入日期和时间，如果用户需要用当前的日期和时间，则可使用 Word 自带的插入日期和时间功能。

将光标定位在文档中需要插入日期和时间的位置，然后切换到"插入"选项卡，在"文本"组中单击"日期和时间"按钮，弹出"日期和时间"对话框，如图 4.4 所示。在"可用格式"列表框中选择一种日期格式，例如选择"2020 年 5 月 13 日"选项，单击"确定"按钮，此时，当前日期就以选择的格式插入到了 Word 文档中。

用户还可以使用快捷键输入当前日期和时间。按下 Alt＋Shift＋D 快捷键，即可输入当前的系统日期；按下 Alt＋Shift＋T 快捷键，即可输入当前的系统时间。

图 4.4 "日期和时间"对话框

4. 插入符号与特殊字符

在 Word 2016 中，一些符号与特殊字符不能输入，只能插入。

1）插入符号

选择"插入"选项卡，单击"符号"组中的"符号"按钮，出现如图 4.5 所示的"符号"面板；如果"符号"面板中没有所需要的符号，可以单击下面的"其他符号"选项，出现如图 4.6 所示的"符号"对话框，在"符号"选项卡中单击"字体"右侧的下拉按钮，在打开的下拉列表中选中合适的子集，然后在符号表格中选中需要的符号，再单击"插入"按钮。

📖	，	。	、	；
:	！	？	"	"
（	【	）	%	&
】	※	○	◎	□
Ω	其他符号(M)...			

图 4.5 "符号"面板

2）插入特殊字符

在如图 4.6 所示的"符号"对话框中，选择"特殊字符"选项卡，切换到特殊字符列表框，如图 4.7 所示。假如要插入一个"注册"字符，则选中该字符，再单击"插入"按钮；或者双击该字符，也可立即插入文档中。其他特殊字符的插入，可采用同样的方法。这些符号和特殊字符除了可以插入外，也像普通字符一样可以复制。

5. 文本的"插入"与"改写"

Word 2016 有"插入"和"改写"两种录入状态。在"插入"状态下，输入的文本将插入当前光标所在位置，光标后面的文字将按顺序后移；而在"改写"状态下，输入的文本将把光标后的文字替换掉，其余的文字位置不改变。

Word 2016 默认是"插入"状态，并且默认用 Insert 键控制改写模式。切换"插入"和"改写"状态有两种常用的方法。

（1）单击状态栏的"插入"/"改写"按键切换成所需的状态。当处于插入状态时，单击状态栏"插入"按键即可切换为"改写"状态；反之当处于"改写"状态时，单击状态栏"改写"按键即可切换为"插入"状态。

图 4.6　"符号"对话框

图 4.7　"特殊字符"列表框

（2）使用键盘上的 Insert 键切换"插入"和"改写"状态。如果当前是"插入"状态，那么按一次 Insert 键将切换到"改写"状态；如果当前是"改写"状态，那么按一次 Insert 键将切换到"插入"状态。

4.3.4 文本编辑

1. 选定文本

选定文本是对文本进行操作的基础。如果要复制和移动文本,则首先应选定这部分文本。选定文本有如下 3 种方法。

1) 使用鼠标选定文本

鼠标是选定文本最常用的工具,用户可以用它选定不同的文本区域。

(1) 选定任意大小的文本区。将鼠标指针移到所需要选定的文本区域的开始处并单击,按住鼠标左键并拖曳鼠标直到所选的文本区域的最后一个字符再松开鼠标左键。

(2) 选定连续文本。用鼠标指针单击所选定区域的开始处,然后按住 Shift 键,再通过拖曳滚动条找到选定区域的末尾处并单击。

(3) 选定分散文本。拖动鼠标选定一处文本,然后按住 Ctrl 键,依次选定其他位置的文本,这样就可以选定任意数量的分散文本。

(4) 选定矩形区域中的文本。将鼠标指针移到所要选定的文本区域的左上角并单击,按住 Alt 键,拖动鼠标直到区域的右下角,松开鼠标左键即可选定矩形区域文本。

(5) 选定一个句子。按住 Ctrl 键,将光标移到所要选定的句子的任意处单击。

(6) 选定一个段落。将鼠标指针移到所需要选定段落的任意处连续单击 3 次;或将鼠标指针移到所要选定段落的左侧选定区,当鼠标指针变成向右上方指向的箭头时再双击它。

(7) 选定一行或多行。将鼠标指针移到这行左端的选定区,当鼠标指针变成向右上方指向的箭头时,单击即可选定一行文本;若拖曳鼠标,则可选定若干行文本。

(8) 选定整个文档。按住 Ctrl 键,将鼠标指针移到文本左侧的选定区单击一下;或将鼠标指针移到文档左侧的选定区并连续快速单击 3 次。

2) 使用快捷键选定文本

除了使用鼠标选定文本外,用户还可以使用键盘上的快捷键选定文本。当用键盘选定文本时,注意应首先将插入点移到所选文本的开始处,然后根据需要使用表 4.2 所示的快捷键功能。

表 4.2　选定文本常用的快捷键

快 捷 键	功 能
Ctrl+A	选定整篇文档
Shift+Home	从插入点选定到它所在行的开始处
Shift+End	从插入点选定到它所在行的末尾处
Ctrl+Shift+Home	选定光标所在位置至文档开始处的文本
Ctrl+Shift+End	选定光标所在位置至文档结束处的文本
Alt+Ctrl+Shift+PageUp	选定光标所在位置至本页开始处的文本
Alt+Ctrl+Shift+PageDown	选定光标所在位置至本页结束处的文本

3) 使用功能区命令选定文本

单击“开始”选项卡的“编辑”组中的“选择”按钮,在弹出的下拉列表中如果单击“全选”

则可选定整篇文档；如果单击"选定所有格式类似的文本"则可选定与当前光标所在处格式相似的文本。

2. 复制文本

1）使用剪贴板复制文本

选定要复制的文本后，单击"开始"选项卡，在"剪贴板"组中单击"复制"按钮，将选定文本的副本保存到剪贴板中，然后在需要粘贴文本的位置单击"粘贴"按钮。

2）使用快捷菜单复制文本

选定要复制的文本后，右击选定文本的区域，在弹出的快捷菜单中选择"复制"命令，然后在需要粘贴文本的位置右击，在弹出的快捷菜单中选择"粘贴"命令。

3）使用快捷键复制文本

选定要复制的文本，按下 Ctrl＋C 快捷键，然后光标定位在目标位置，按下 Ctrl＋V 快捷键。

或者选定要复制的文本，按下 Shift＋F2 快捷键，状态栏中将出现"复制到何处？"的提示，然后光标定位在目标位置，按下 Enter 键即可。

4）使用鼠标拖动文本

选定要复制的文本，按住 Ctrl 键，同时用鼠标左键拖动选定的文本到目标位置；或者选定要复制的文本，按住鼠标右键拖动选定的文本到目标位置，在弹出的快捷菜单中选择"复制到此位置"命令。

3. 移动文本

与复制文本的操作类似，移动文本的方法也有 4 种。

1）使用剪贴板移动文本

选定要移动的文本后，单击"开始"选项卡，在"剪贴板"组中单击"剪切"按钮，将选定文本的副本保存到剪贴板中，然后在需要粘贴文本的位置单击"粘贴"按钮。

2）使用快捷菜单移动文本

选定要移动的文本后，右击，在弹出的快捷菜单中选择"剪切"命令，然后在需要粘贴文本的位置右击，在弹出的快捷菜单中选择"粘贴"命令。

3）使用快捷键移动文本

选定要移动的文本，按下 Ctrl＋X 快捷键，然后光标定位在目标位置，按下 Ctrl＋V 快捷键。

4）使用鼠标拖动文本

选定要移动的文本，按住鼠标左键直接拖曳选定的文本到目标位置，即可完成移动文本的操作；或者选定要移动的文本，按住鼠标右键拖动选定的文本到目标位置，在弹出的快捷菜单中选择"移动到此位置"命令。

4. 删除文本

删除一个字符或汉字较简单的方法是：将插入点移到此字符或汉字的左边，然后按 Delete 键；或者将插入点移到此字符或汉字的右边，然后按 Backspace 键。

快速删除几行或大块文本的方法是：首先选定要删除的这块文本，然后按 Delete 键；或者切换到"开始"选项卡，在"剪贴板"组中单击"剪切"按钮。

5．查找文本

1）常规查找文本

单击"开始"选项卡,在"编辑"组中单击"查找"右边的下拉按钮,选择"查找"选项,或按快捷键 Ctrl＋F,在编辑区的左侧打开搜索文档的"导航"窗口,输入要查找的文本,单击"搜索更多内容" 🔎 按钮开始查找。

2）高级查找

单击"开始"选项卡,在"编辑"组中单击"查找"右边的下拉按钮,选择"高级查找"选项,弹出"查找和替换"对话框,并自动切换到"查找"选项卡,在"查找内容"列表框中输入要查找的文本,单击"更多"按钮可以打开一个能设置多种详细条件的界面,设置好后,单击"查找下一处"按钮开始查找;若在查找过程中单击"取消"按钮,则关闭"查找和替换"对话框,插入点停留在当前查找到的文本处;若要继续查找下一个,就再单击"查找下一处"按钮,直到整个文档查找完毕为止。

6．替换文本

(1) 单击"开始"选项卡,在"编辑"组中单击"替换"按钮,或用快捷键 Ctrl＋H,打开"查找和替换"对话框,并自动切换到"替换"选项卡,在对话框中单击"更多"按钮,以显示更多的替换选项,如图 4.8 所示。

图 4.8 "查找和替换"对话框

(2) 在"查找内容"文本框中输入要查找的文本,在"替换为"文本框中单击,使光标位于文本框中,输入要替换的文本。如果要替换的文本有格式方面的规定,可以单击"替换"区域下的"格式"右边的下拉按钮,在打开的格式列表中单击相应的格式类型(如"字体""段落"等)设置。

(3) 单击"查找下一处"按钮开始查找,找到目标后"查找下一处"按钮反白显示。如果确定要替换,则单击"替换"按钮,否则继续单击"查找下一处"按钮,直到查找完毕。如果要全部替换,则只需单击"全部替换"按钮。

7. 撤销与恢复

在快速访问工具栏有"撤销"和"恢复"两个按钮,单击"撤销"按钮或用快捷键 Ctrl＋Z 可取消上一步所做的操作,单击"恢复"按钮或用快捷键 Ctrl＋Y 可恢复刚才已撤销的操作。

4.3.5 文档的视图操作

1. 文档的视图方式

Word 2016 提供了多种视图模式供用户选择,包括"页面视图""阅读视图""Web 版式视图""大纲视图""草稿视图"5 种视图模式。

1) 页面视图

"页面视图"是 Word 2016 的默认视图方式,可以显示文档的打印外观,主要包括页眉、页脚、图形对象、分栏设置、页面边距等元素,是最接近打印结果的视图方式。

2) 阅读视图

"阅读视图"是以图书的分栏样式显示 Word 2016 文档,"文件"按钮、功能区等窗口元素被隐藏起来。在"阅读视图"中,用户还可以通过"阅读视图"窗口上方的各种视图工具和按钮进行相关的视图操作。

3) Web 版式视图

"Web 版式视图"专为浏览和编辑 Web 网页而设计,它能够模仿 Web 浏览器来显示 Word 文档。在"Web 版式视图"模式下,文档将显示为一个不带分页符的长页,并且文本能够自动换行以适应窗口的大小。

4) 大纲视图

"大纲视图"主要用于 Word 2016 文档结构的设置与浏览,使用"大纲视图"可以迅速了解文档的结构和内容梗概。

5) 草稿视图

"草稿视图"取消了页面边距、分栏、页眉、页脚和图片等元素,仅显示标题和正文,是最节省计算机系统硬件资源的视图方式。

2. 视图的切换

单击"视图"选项卡,在"视图"组中分别单击"页面视图""阅读视图""Web 版式视图""大纲视图""草稿视图"按钮可以将文档的视图分别切换到 5 种视图模式。

"页面视图""阅读视图""Web 版式视图"还可以通过单击 Word 窗口底部的"视图切换区"中的相应按钮来进行切换。

3. 显示方式

1) 显示和隐藏标尺

"标尺"是 Word 2016 编辑软件中的一个重要工具,包括水平标尺和垂直标尺,用于显示 Word 文档的页边距、段落缩进、制表符等。

单击"视图"选项卡,在"显示"组中选中"标尺"复选框,在 Word 文档中就可以显示标尺。若要隐藏标尺,在"显示"组中取消选中"标尺"复选框。

2)显示和隐藏网格线

"网格线"能帮助用户将 Word 2016 文档中的图形、图像、文本框、艺术字等对象沿网格线对齐,在打印时网格线不会被打印出来。

单击"视图"选项卡,在"显示"组中选中"网格线"复选框,则可在 Word 文档中显示网格线。若要隐藏网格线,在"显示"组中取消选中"网格线"复选框。

3)显示和隐藏导航窗格

"导航"窗格主要用于显示 Word 2016 文档的标题大纲,用户可以单击文档结构图中的标题以展开或收缩下一级标题,并且可以快速定位到标题对应的正文内容,还可以显示 Word 2016 文档的缩略图。

单击"视图"选项卡,在"显示"组中选中"导航窗格"复选框,即可在 Word 文档的左侧显示"导航"窗格。如果要隐藏"导航窗格",在"显示"组中取消选中"导航窗格"复选框。

4. 调整文档的显示比例

1)调整显示比例

单击"视图"选项卡,在"显示比例"组中单击"显示比例"按钮弹出"显示比例"对话框,如图 4.9 所示。用户可以根据需要选中某种方案来调整文档的显示比例,对话框下方的"预览"窗口里就会出现显示效果;此外还可以通过调整"百分比"右边的上下箭头来微调显示比例,或者直接在"百分比"编辑框中输入要设置的显示比例;设置好显示比例后,单击"确定"按钮,返回 Word 文档,文档按调整显示比例后的效果显示。

图 4.9 "显示比例"对话框

用户还可以单击文档窗口右下角的"视图显示比例缩放区"中最右边的"缩放级别"按钮,如图 4.10 所示,单击此按钮可打开如图 4.9 所示"显示比例"对话框,然后在其中按照需要调整文档的显示比例；或者直接单击图 4.10 中的缩小按钮"－"或放大按钮"＋"来调整文档的缩放比例。

图 4.10　显示比例缩放区

2）设置正常大小

单击"视图"选项卡，在"显示比例"组中单击"100％"按钮，此时文档的显示比例恢复为正常大小。

3）设置单页显示

单击"视图"选项卡，在"显示比例"组中单击"单页"按钮可设置单页显示。

4）设置多页显示

单击"视图"选项卡，在"显示比例"组中单击"多页"按钮可设置多页显示。

5）设置页宽显示

单击"视图"选项卡，在"显示比例"组中单击"页宽"按钮，页面立即显示到全屏，显示比例由屏幕大小而定，屏幕越大显示越大。

4.4　文档格式设置

4.4.1　字体设置

1. 设置字符格式的 3 种方法

1）使用"字体"组

选定要设置格式的文本，单击"开始"选项卡，在如图 4.11 所示的"字体"组中使用其中提供的命令按钮根据需要来进行各种字体格式的设置。

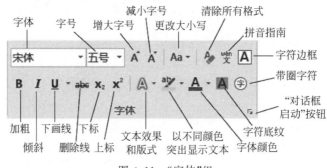

图 4.11　"字体"组

2）使用"字体"对话框

选定要设置字符格式的文本，选择"开始"选项卡，单击如图 4.11 所示的"字体"组右下角的"对话框启动"按钮，弹出"字体"对话框，如图 4.12 所示，通过该对话框可进行字符格式的设置。

3）使用格式设置浮动工具栏

选定要设置字符格式的文本时，所选文本的右上角会弹出一个浮动工具栏，如图 4.13 所示，用户可以根据需要单击相应的按钮来设置字符格式。

2. 设置字体、字形、字号和颜色

选定要设置格式的文本，单击"开始"选项卡，在如图 4.11 所示的"字体"组中使用工具

图 4.12 "字体"对话框

图 4.13 格式设置浮动工具栏

栏中的"字体""字号"列表框的下拉按钮,以及"颜色"的下拉按钮进行设置。

或者选定要设置格式的文本,选择"开始"选项卡,单击"字体"组右下角的"对话框启动"按钮,弹出"字体"对话框,通过"中文字体""西文字体""字体颜色""字形""字号"列表框的下拉按钮进行设置。

3. 设置字符间距

字符间距是指文档中字与字之间的距离。通过设置文档中的字符间距,可以使文档的页面布局更符合实际要求。设置字符间距的具体操作步骤如下:选中需要设置的文本,打开"字体"对话框,切换到"高级"选项卡,如图 4.14 所示。在"缩放"列表框中可选择缩放百分比,在"间距"列表框中可选择"标准""加宽""紧缩"3 种间距,在"位置"列表框中可选择"标准""提升""降低"3 种位置。另外,用户还可通过在"磅值"微调框中选择合适的数值来改变间距和位置。

图 4.14　设置字符间距

4. 设置下画线、着重号等效果

选定要设置格式的文本，单击"开始"选项卡，在如图 4.11 所示的"字体"组中使用工具栏中的"加粗""倾斜""下画线""上标""下标"等按钮，以及"文本效果和版式"的下拉按钮进行设置。

或者选定要设置格式的文本，选择"开始"选项卡，单击"字体"组右下角的"对话框启动"按钮，弹出"字体"对话框，通过其中的"下画线线型""着重号"列表框的下拉按钮，以及"删除线""双删除线""上标""下标"等复选框进行设置。

5. 设置字符的边框和底纹

选定要设置格式的文本，单击"开始"选项卡，在如图 4.11 所示的"字体"组中使用工具栏中的"字符边框"和"字符底纹"按钮进行设置。

或者选定要设置格式的文本，选择"开始"选项卡，单击"字体"组右下角的"对话框启动"按钮，在弹出的"字体"对话框中单击该对话框底部的"文字效果"按钮，弹出"设置文本效果格式"对话框，选择"文本填充"选项卡设置字符的底纹，选择"文本边框"选项卡设置字符的边框，如图 4.15 所示。

6. 格式的复制和清除

1) 格式的复制

选定源格式所在的文本，然后单击"开始"选项卡"剪贴板"组中的"格式刷"按钮，将鼠标

图 4.15　"设置文本效果格式"对话框

指针移到要复制格式的文本开始处,按住鼠标左键,将鼠标指针拖曳到要复制格式文本的结束处后松开鼠标左键。这种方法的格式刷只能使用一次,如果要多次使用,应双击"格式刷"按钮,此时,"格式刷"就可使用多次。如果要取消格式的复制功能,只需再单击一次"格式刷"按钮。

2)格式的清除

选定需要清除格式的文本,单击"开始"选项卡"字体"组中的"清除所有格式"按钮,可以清除已有的格式。

4.4.2　段落设置

1. 设置段落缩进

通过设置段落缩进,可以调整 Word 文档正文内容与页边距之间的距离。用户可以使用"开始"选项卡"段落"组、"段落"对话框或标尺设置段落缩进。

1)使用"开始"选项卡"段落"组设置段落缩进

选定要设置格式的段落,在"开始"选项卡的"段落"组中使用工具栏中的"减少缩进量"或"增加缩进量"按钮可缩小或增加段落的左边界。

2)使用"段落"对话框设置段落缩进

选定要设置格式的段落,在"开始"选项卡的"段落"组中单击"段落"组右下角的"对话框启动"按钮,弹出"段落"对话框,如图 4.16 所示。选择"缩进和间距"选项卡,在"缩进"的"左侧"文本框中输入左边界值,在"缩进"的"右侧"文本框中输入右边界值。

图 4.16 "段落"对话框

3）使用标尺设置段落缩进

借助 Word 文档窗口中的标尺，用户可以很方便地设置 Word 文档段落缩进。

在 Word 窗口中切换到"视图"选项卡，在"显示"组中选中"标尺"复选框，在标尺上出现 4 个缩进滑块，如图 4.17 所示。其中，"首行缩进"滑块仅控制段落第 1 行的第 1 个字符的起始位置；"悬挂缩进"滑块控制除段落第 1 行之外的其余各行起始位置，且不影响第 1 行；"左缩进"滑块控制整个段落的左缩进量；"右缩进"滑块控制整个段落的右缩进量。

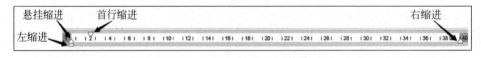

图 4.17 标尺上的 4 个缩进滑块

拖动"首行缩进"滑块可以调整首行缩进；拖动"悬挂缩进"滑块可以设置悬挂缩进的字符；拖动"左缩进"和"右缩进"滑块可以设置左、右缩进。

2. 设置段落对齐

段落对齐方式有两端对齐、左对齐、居中、右对齐和分散对齐 5 种方式。其中,左对齐和两端对齐都能让文档左侧的文字处于对齐的状态。不同的是,在一行文本填满时,也就是 Word 自动换行的情况下,两端对齐可以调整字符间距来让段落右侧的文字也处于对齐的状态,但左对齐却达不到这种效果。用户可以使用"开始"选项卡"段落"组、"段落"对话框或快捷键来设置段落对齐。

1) 使用"开始"选项卡"段落"组设置段落对齐方式

选定要设置格式的段落,在"开始"选项卡的"段落"组中,使用工具栏中的"两端对齐""左对齐""居中""右对齐""分散对齐"按钮进行设置,默认的段落对齐方式是两端对齐。

2) 使用"段落"对话框设置段落对齐方式

选定要设置格式的段落,在"开始"选项卡的"段落"组中,单击"段落"组右下角的"对话框启动"按钮,弹出"段落"对话框,选择"缩进和间距"选项卡,单击"对齐方式"列表框的下拉按钮,在对齐方式列表中选择相应的对齐方式。

3) 使用快捷键设置段落对齐方式

(1) Ctrl+J 使选定的段落两端对齐。

(2) Ctrl+L 使选定的段落左对齐。

(3) Ctrl+R 使选定的段落右对齐。

(4) Ctrl+E 使选定的段落居中对齐。

(5) Ctrl+Shift+J 使选定的段落分散对齐。

3. 设置段间距与行间距

1) 设置段间距

选定要设置格式的段落,在"开始"选项卡的"段落"组中,单击"段落"组右下角的"对话框启动"按钮,弹出"段落"对话框,选择"缩进和间距"选项卡,在"间距"组的"段前"和"段后"文本框中分别输入数值。在 Word 中设置段间距时,有时候显示"行"为单位,有时候显示"磅"为单位,比如段前 0.5 行,若想修改为 6 磅,最简单的修改方法是:直接将"0.5 行"删除,再输入"6 磅"。

2) 设置行间距

行间距是指某一行顶部到上一行底部之间的距离,在默认情况下,Word 采用单倍行间距。选定要设置行间距的段落,在"段落"对话框中选择"缩进和间距"选项卡,单击"行距"列表框的下拉按钮,选择所需的行距选项即可设置行间距。

4. 设置段落边框和底纹

1) 设置边框

选定要添加边框的段落,在"开始"选项卡的"段落"组中,单击工具栏中"边框"右侧的下拉按钮,在弹出的下拉列表选择相应的框线类型进行设置。也可以在弹出的下拉列表中选择"边框和底纹"选项,弹出"边框和底纹"对话框,如图 4.18 所示。在其中可以设置边框的类型、样式、颜色、宽度,在"应用于"下拉列表中选择应用于"段落",在右边的预览框会显示添加边框的效果,设置完毕后单击"确定"按钮。

2) 设置底纹

选定要添加底纹的段落,切换到"开始"选项卡,在"段落"组中单击"底纹"右侧的下拉按

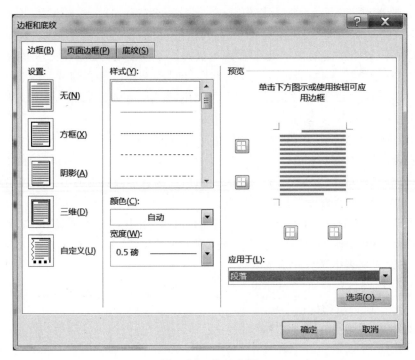

图 4.18　设置边框

钮,在下拉列表中选择符合需要的底纹颜色。如果想更细致地设置底纹的格式,可以在"边框和底纹"对话框中切换到"底纹"选项卡,如图 4.19 所示。

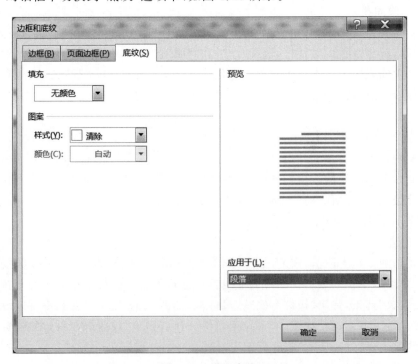

图 4.19　设置底纹

在"填充"下拉列表中选择一种底纹颜色,或者在"图案"区域分别选择图案样式和图案颜色,在"应用于"下拉列表中选择应用于"段落",在右边的预览框会显示添加底纹的效果,设置完毕后单击"确定"按钮。

5.添加项目符号和编号

1)自动创建项目符号或编号

在输入文本时自动创建项目符号的方法:在输入文本时,先输入一个"＊"号,后面跟一个空格,然后输入文本。当输完一段后按 Enter 键,"＊"号会自动变成黑色圆点的项目符号,并在新一段的开始处自动添加同样的项目符号。如果要结束自动添加项目符号的功能,需按 Backspace 键删除插入点前的项目符号或再按一次 Enter 键。

自动创建段落编号的方法:在输入文本时,先输入如"1.""1)""(1)"等格式的起始编号,然后输入文本。当按 Enter 键时,在新一段的开头处就会根据上一段的编号格式自动创建编号。重复上述步骤,可以对输入的各段建立一系列的段落编号。如果要结束自动创建编号功能,可按 Backspace 键删除插入点前的编号或再按一次 Enter 键。

2)对已输入的段落添加项目符号或编号

选择"开始"选项卡,在"段落"组中使用"项目符号""编号""多级列表"按钮添加项目符号或编号。

3)自定义项目符号与编号

(1)自定义项目符号。选择"开始"选项卡,在"段落"组中单击"项目符号"右侧的下拉按钮,在打开的下拉菜单表中选中"定义新项目符号"菜单项,打开"定义新项目符号"对话框,如图 4.20 所示。

用户可以单击"符号"按钮或"图片"按钮来选择项目符号。单击"符号"按钮可打开"符号"对话框,在该对话框的"字体"下拉列表中可以选择字符集,然后在"字符"列表中选择合适的字符作为项目符号,并单击"确定"按钮返回"定义新项目符号"对话框。如果要定义图片项目符号,则在如图 4.20 所示的对话框中单击"图片"按钮打开"插

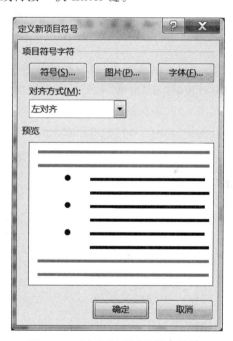

图 4.20 "定义新项目符号"对话框

入图片"对话框,如图 4.21 所示。在"插入图片"对话框中单击"浏览"按钮,从本地计算机中选择合适的图片作为项目符号,单击"确定"按钮,返回"定义新项目符号"对话框,最后单击"确定"按钮。

(2)自定义编号。选择"开始"选项卡,在"段落"组中单击"编号"右侧的下拉按钮,在打开的下拉列表中选中"定义新编号格式"列表项,打开"定义新编号格式"对话框,如图 4.22 所示。

在对话框中单击"编号样式"列表框右侧的下拉按钮,在"编号样式"下拉列表中选择一种编号样式,并单击"字体"按钮,打开"字体"对话框,根据实际需要设置编号的"字体""字号""字体颜色"等项目,并单击"确定"按钮,返回"定义新编号格式"对话框。在"编号格式"文本框中保持灰色阴影编号代码不变,根据实际需要在代码前面或后面输入必要的字符。

图 4.21 "插入图片"对话框

例如,在编号前面输入"第",在编号后面输入"项",然后在"对齐方式"下拉列表中选择合适的对齐方式,在"预览"框里可以看到定义的新编号格式,如图 4.23 所示。单击"确定"按钮返回 Word 2016 文档窗口,在"开始"选项卡的"段落"组中单击"编号"右侧的下拉按钮,在打开的编号下拉列表中可以看到定义的新编号格式。

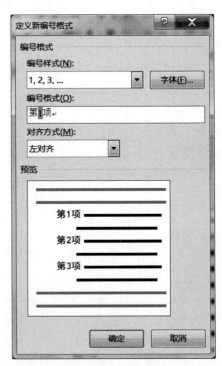

图 4.22 "定义新编号格式"对话框 图 4.23 新编号格式

（3）自定义多级列表。选择"开始"选项卡，在"段落"组中单击"多级列表"右侧的下拉按钮，在打开的下拉列表中选中"定义新的多级列表"选项，打开"定义新多级列表"对话框，如图4.24所示。

假设要定义如图4.24所示的多级列表，可按如下步骤操作。

单击"单击要修改的级别"下面的列表框中的"1"，在"此级别的编号样式"中选择"1，2，3，…"，此时会在"输入编号的格式"中出现"1."字样的灰底文字，在"1."中删除英文句号，在"1"前输入"第"字，在"1"后输入"章"字。

单击"单击要修改的级别"下面的列表框中的"2"，在"此级别的编号样式"中选择"1，2，3，…"，此时会在"输入编号的格式"中出现"1.1"字样的灰底文字，删除"1.1"中的第1个"1"和英文句号，并在后一个"1"前输入"第"字，在最后输入"节"字。

单击"单击要修改的级别"下面的列表框中的"3"，在"此级别的编号样式"中选择"1，2，3，…"，此时会在"输入编号的格式"中出现"1.1.1"字样的灰底文字，此处保留这个样式，不需要修改。

单击"确定"按钮，自定义的多级编号会保存在"多级列表"的样式库中，单击"多级列表"右侧的下拉按钮，在下拉菜单中就能看到这个自定义的多级列表并可以使用，如图4.25所示。使用时，若需要降级则按Tab键，若需要升级则按Shift＋Tab快捷键。

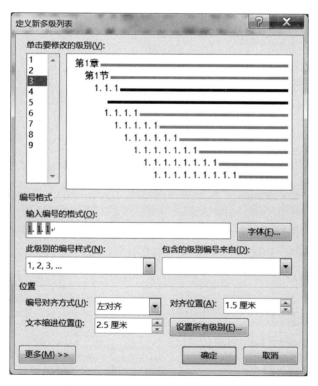

图4.24 "定义新的多级列表"对话框

图4.25 自定义的多级列表

6. 制表位的设定

Word制表位通常是用来对齐文字或者段落的，这些文字或段落使用普通的方法（如空格）来对齐很不方便，甚至无法对齐，这个时候Word制表位就起了很重要的作用。所谓制表位就是按键盘上的 Tab 键,使文本跳到下一个预定的位置。可以使用标尺或"段落"对话框来设定制表位。

1) 使用标尺设置

在水平标尺最左端有一个"制表位"按钮,不断地单击该按钮可以循环在"左对齐式制表符""居中对齐式制表符""右对齐式制表符""小数点对齐式制表符""竖线对齐式制表符""首行缩进""悬挂缩进"7 种方式中切换。

将插入点置于要设置制表位的段落,单击水平标尺最左端的"制表位"按钮,选定一种制表符,单击水平标尺上要设置制表位的地方,此时该位置上出现选定的制表符图标,重复以上步骤可以完成所有制表位的设置工作。

设置好制表位后,当按 Tab 键时插入点都将移到所设置的下一个制表位上。如果想取消制表位的设置,只需要按住制表符图标拖离水平标尺。

2) 使用"段落"对话框设置

将插入点置于要设置制表位的段落,切换到"开始"选项卡,在"段落"组中单击其右下角的"对话框启动"按钮,弹出"段落"对话框,单击对话框左下端的"制表位"按钮,打开"制表位"对话框,如图 4.26 所示。在"制表位位置"文本框中输入具体的位置值,在"对齐方式"组中选定相应的制表符,在"前导符"组中选择一种前导符。

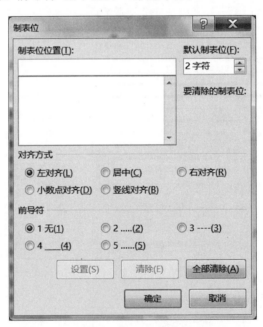

图 4.26 "制表位"对话框

若要删除某个制表位,则可在"制表位位置"文本框中选定要清除的制表位位置,并单击"清除"按钮,单击"全部清除"按钮可以一次清除所有设置的制表位。

4.4.3 样式设置

样式是指一组已经命名的字符和段落格式。在编辑文档的过程中,正确设置和使用样式可以极大地提高工作效率,Word 2016 自带了一个样式库。用户既可以套用内置样式设置文档格式,也可以根据需要修改样式,还可以创建样式。

1. 套用内置样式

Word 2016 提供了丰富的内置样式,用户通过样式库和"样式"窗格可直接调用这些内置样式。

样式库放置在"开始"选项卡的"样式"组中,选定要设置样式的文本后单击样式库右下侧的"其他"按钮,弹出样式下拉列表,如图 4.27 所示。在其中单击需要的样式,则所选文本按选定的样式来显示。

图 4.27 "样式"组下拉列表

通常为了操作方便,需要打开"样式"窗格来使用样式。切换到"开始"选项卡,在"样式"组中单击其右下角的扩展按钮,弹出"样式"窗格,如图 4.28 所示。在该窗格中罗列了系统提供的样式,拖动滚动条可以进行查看。在"样式"窗格中单击需要的样式,则所选文本按选定的样式来显示。

2. 新建样式

若内置的样式不能满足文档格式的需要,则可以新建样式。假定新建"参考文献"样式,其字体格式为:黑体、三号;段落格式为:居中对齐、大纲一级、段前段后均为 1 行、行距为1.5 倍行距。下面以创建"参考文献"样式为例说明新建样式的步骤。

(1)在"开始"选项卡的"样式"组中单击右下角的扩展按钮,弹出如图 4.28 所示的"样式"窗格。

(2)单击"样式"窗格下方最左端的"新建样式"按钮,弹出"根据格式设置创建新样式"对话框,在"名称"文本框内输入新样式名称为"参考文献",在"样式基准"下拉列表中选择"无样式"选项,在"后续段落样式"下拉列表中选择"正文"选项。

(3)单击对话框左下角的"格式"按钮,在弹出的菜单中分别选择"字体"和"段落",此时会打开相应的对话框来分别设置"参考文献"样式的字体和段落,设置完成后,单击"确定"按钮返回到"根据格式设置创建新样式"对话框,此时的对话框如图 4.29 所示。

图 4.28 "样式"窗格

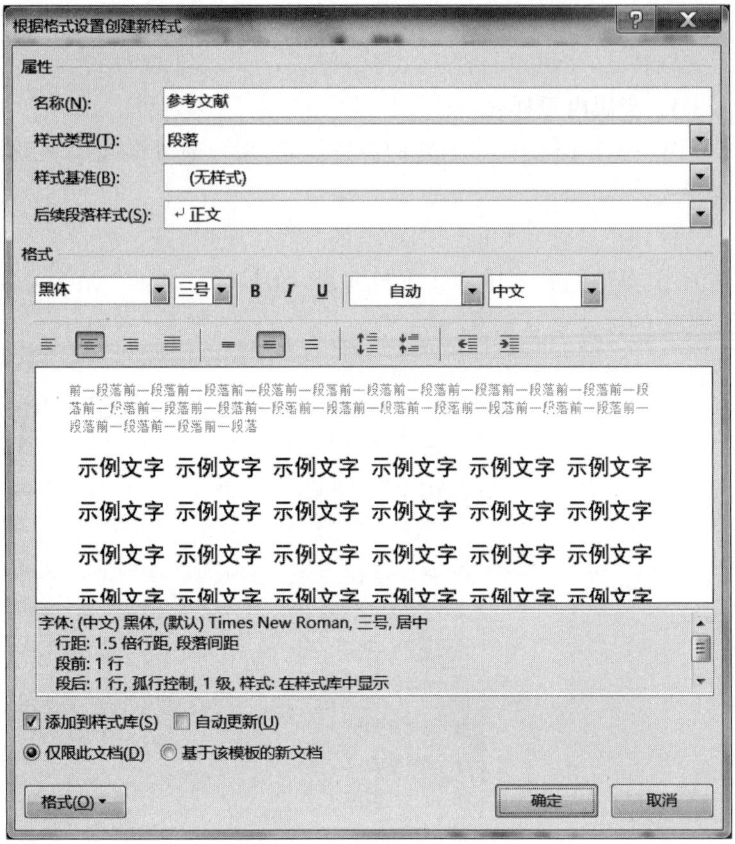

图 4.29 "根据格式设置创建新样式"对话框

（4）若选中"添加到样式库"复选框，则可将新建样式添加到样式库中；若选中"自动更新"复选框，则当某个在文档中应用了该样式的段落格式发生变化时，该样式会自动进行更新。最后单击"确定"按钮完成"参考文献"样式的创建，"样式"窗格中即可显示出这个新建的样式，在遇到需要使用该种样式的文本段落时，只需要选中该段落，然后单击"样式"窗格中对应的样式即可。

3. 修改样式

无论是 Word 2016 的内置样式，还是自定义样式，用户随时都可以对其进行修改。在 Word 2016 中修改样式的具体操作步骤如下。

（1）在"样式"窗格中右击需要修改的样式名，如"正文"，在弹出的快捷菜单中单击"修改"命令。

（2）打开如图 4.30 所示的"修改样式"对话框，在该对话框中可以修改样式的各种属性，方法与新建样式相同。

（3）完成后单击"确定"按钮。修改样式后，以前所有使用过该样式的文本属性都会随之改变。利用这一特性，用户可以很方便地管理文档中的文字样式与段落格式。

4. 清除和删除样式

1）清除样式

选定要清除样式的内容，单击"样式"窗格中的第 1 条命令"全部清除"或者在"开始"功

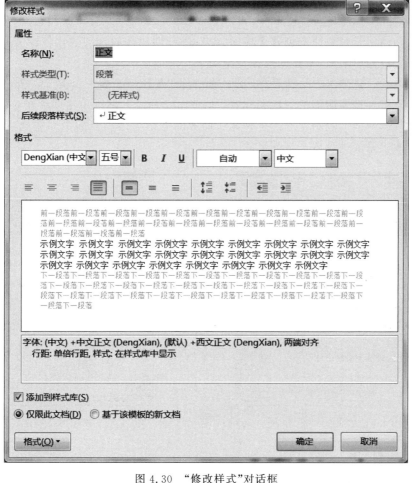

图 4.30 "修改样式"对话框

能区的"字体"组中单击"清除所有格式"按钮。清除样式后,Word 默认对原来所有改用该样式的段落使用正文样式。

2)删除样式

在"样式"窗格中右击需要删除的样式名称,在弹出的快捷菜单中选择"删除"命令,在弹出的提示框中单击"是"。删除样式后,Word 默认对原来所有使用该样式的段落使用正文样式。需要注意的是:系统提供的样式是不可删除的。

4.5 文档中的表格处理

4.5.1 创建表格

1. 使用"插入表格"对话框创建表格

将光标定位到需要插入表格的起始位置,切换到"插入"选项卡,单击"表格"组中的"表格"按钮,在弹出的下拉列表框中选择"插入表格"选项,弹出"插入表格"对话框,如图 4.31 所示。在"列数"和"行数"文本框中输入表格的行数和列数,然后选中"固定列宽"单选按钮,单击"确定"按钮,即可在 Word 文档中插入一个表格。

2. 使用表格网格创建表格

使用表格网格是最快捷的创建表格的方法,适合创建行数与列数比较少并且具有规范的行高和列宽的简单表格,具体的操作步骤如下。

切换到"插入"选项卡,单击"表格"组中的"表格"按钮,在"插入表格"选项的网格中按住鼠标左键拖动鼠标选择所需的行数和列数,如图 4.32 所示。之后单击即可在光标插入点的位置自动插入相对应的表格。通过这种方式插入的表格会占满当前页面的全部宽度,用户可以通过修改表格属性设置表格的尺寸。

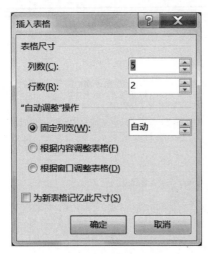

图 4.31 "插入表格"对话框

图 4.32 使用网格创建表格

3. 手动绘制表格

1）手动绘制表格外边框

切换到"插入"选项卡,单击"表格"组中的"表格"按钮,然后在弹出的下拉列表中选择"绘制表格"选项,在鼠标指针变成铅笔形状时,将笔形鼠标移动到插入表格的起始位置,按住鼠标左键向右下角拖动即可绘制一个虚线框,释放鼠标左键,此时绘制的虚线矩形框变为实线框,至此就绘制出了表格的外边框。将鼠标指针移动到表格的外边框内,然后按住鼠标左键并拖动鼠标指针依次绘制表格的行与列即可。

2）手动绘制表格的行和列

绘制好表格边框后,在表格的左边框任意处按在鼠标左键,拖动笔形鼠标向右移动,拖动到满意位置后,释放鼠标左键,即可看到表格中增加了一行。在表格的上边框任意处按住鼠标左键,拖动笔形鼠标向下移动,拖动到满意位置后,释放鼠标左键,即可为表格中增加一列。根据需要在表格边框中绘制若干行与列,即可创建一个表格。

4. 使用"快速表格"命令

Word 2016 为用户提供了"快速表格"命令,通过选择"快速表格"命令,用户可直接选择系统设置好的表格格式,从而快速创建新的表格。使用"快速表格"命令创建表格的具体操作步骤如下。

切换到"插入"选项卡,单击"表格"组中的"表格"按钮,在弹出的下拉列表中选择"快速表格",如图4.33所示。在弹出的子选项中选择合适的样式,就可在文档中插入该表格,用户可根据需要进行简单的修改。

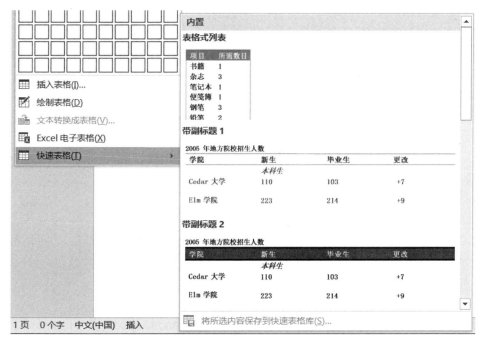

图 4.33 快速表格

4.5.2 编辑表格

1. 选定表格

1)用鼠标选定单元格、行或列

(1)选定单元格。把鼠标指针移到要选定的单元格中,当指针变成指向右上方的黑色箭头时,单击即可选定所指的单元格。

(2)选定表格的行。将鼠标指针移到文档窗口的选定区,当鼠标指针变成右上方的白色箭头时,单击即可选定所指的行。若要选择连续多行,只要从开始行处按住鼠标左键,并拖曳鼠标到最后一行,再放开鼠标左键。

(3)选定表格的列。将鼠标指针移到表格的顶端,当鼠标指针变成指向下方的黑色箭头时,单击即可选定所指的列。若要选择连续多列,只要从开始列按住鼠标左键,并拖曳鼠标到最后一列,再放开鼠标左键。

(4)选择整个表格。单击表格左上角的表格移动控制柄可选择整个表格。

2)使用选择按钮选择表格对象

使光标位于表格中,选择"表格工具"的"布局"选项卡,在"表"组中单击"选择"按钮,弹出选择列表,如图4.34所示,在其中根据需要选择相应的表格对象。

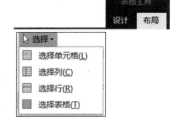

图 4.34 表格对象选择列表

文字处理软件 *Word* 2016

174

2. 插入行或列

1）插入行

选中与需要插入行相邻的行，然后右击，在弹出的快捷菜单中选择"插入"菜单项，在其级联菜单中根据需要单击"在上方插入行"或"在下方插入行"选项。或者单击"表格工具"的"布局"选项卡，在"行和列"组中根据需要单击"在上方插入"或"在下方插入"按钮，这样，在所选定行的上边或下边就会插入一个空行。

2）插入列

插入列的方法与插入行的方法类似。选中与需要插入列相邻的列，然后右击，在弹出的快捷菜单中选择"插入"菜单项，在其级联菜单中根据需要单击"在左侧插入列"或"在右侧插入列"选项。或者单击"表格工具"的"布局"选项卡，在"行和列"组中根据需要单击"在左侧插入"或"在右侧插入"按钮，这样，在所选定列的左边或右边就会插入一个空列。

3. 删除表格对象

1）删除行

选定要删除的行，然后右击，在弹出的快捷菜单中单击"删除行"菜单项，即可删除选定的行。或者单击"表格工具"的"布局"选项卡，在"行和列"组中单击"删除"按钮，在弹出的下拉列表中选择"删除行"即可删除选定的行。

2）删除列

删除列的方法与删除行的方法类似。选定要删除的列，然后右击，在弹出的快捷菜单中选择"删除列"菜单项，即可删除选定的列。或者单击"表格工具"的"布局"选项卡，在"行和列"组中单击"删除"按钮，在弹出的下拉列表中选择"删除列"即可删除选定的列。

3）删除单元格

选定要删除的单元格，右击，在弹出的快捷菜单中选择"删除单元格"菜单项或者单击"表格工具"的"布局"选项卡，在"行和列"组中单击"删除"按钮，在弹出的下拉列表中选择"删除单元格"，弹出"删除单元格"对话框，如图 4.35 所示。然后根据需要选中合适的单选按钮，最后单击"确定"按钮。

图 4.35　"删除单元格"对话框

4）删除表格

选定要删除的表格，然后右击，在弹出的快捷菜单中选择"删除表格"菜单项，即可删除选定的表格。或者单击"表格工具"的"布局"选项卡，在"行和列"组中单击"删除"按钮，在弹出的下拉列表中选择"删除表格"即可删除选定的表格。

4. 复制或移动单元格

对单元格的复制或移动操作可以通过鼠标拖动或剪贴板来完成。

1）使用鼠标拖动来复制或移动单元格

选定要复制的单元格，按住鼠标左键并在拖动过程中按住 Ctrl 键拖动到目标位置即可完成单元格的复制；或者选定要复制的单元格，按住鼠标右键拖动到目标位置，在弹出的快捷菜单中选择"复制到此位置"菜单项。

选定要移动的单元格，按住鼠标左键拖动到目标位置即可完成单元格的移动；或者选定要移动的单元格,按住鼠标右键拖动到目标位置,在弹出的快捷菜单中选择"移动到此位置"菜单项。

2)使用剪贴板来复制或移动单元格

(1)选定要复制的单元格,可采用以下3种方法完成单元格的复制。

① 单击"开始"选项卡,在"剪贴板"组中单击"复制"按钮,然后把光标定位在目标位置,在"剪贴板"组中单击"粘贴"按钮。

② 按下 Ctrl+C 快捷键,然后在目标位置单击,按下 Ctrl+V 快捷键。

③ 右击选定的单元格,在弹出的快捷菜单中选择"复制"菜单项,然后光标定位在目标位置右击,在弹出的快捷菜单的"粘贴选项"菜单项中选择一种粘贴方式。

(2)选定要移动的单元格,可采用以下3种方法完成单元格的移动。

① 单击"开始"选项卡,在"剪贴板"组中单击"剪切"按钮,然后把光标定位在目标位置,在"剪贴板"组中单击"粘贴"按钮。

② 按下 Ctrl+X 快捷键,然后在目标位置单击,按下 Ctrl+V 快捷键。

③ 右击选定的单元格,在弹出的快捷菜单中选择"剪切"菜单项,然后光标定位在目标位置右击,在弹出的快捷菜单的"粘贴选项"菜单项中选择一种粘贴方式。

5. 合并或拆分单元格

1)合并单元格

选定要合并的单元格,在"表格工具"的"布局"选项卡的"合并"组中,单击"合并单元格"按钮。

2)拆分单元格

选定要拆分的单元格,在"表格工具"的"布局"选项卡的"合并"组中,单击"拆分单元格"按钮,弹出"拆分单元格"对话框,如图 4.36 所示。在"列数""行数"编辑框中输入要拆分的列数和行数。

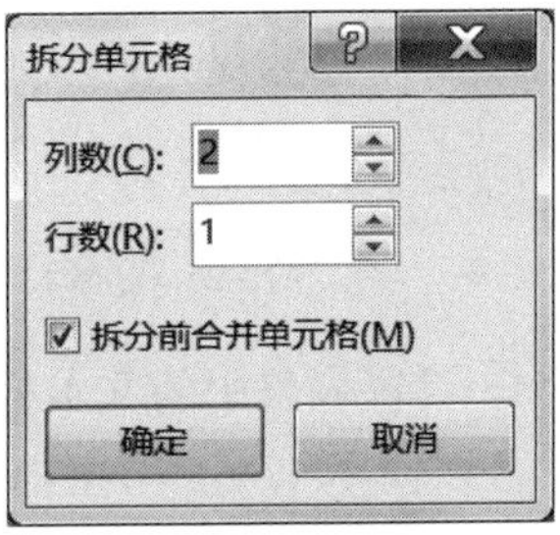

6. 表格的拆分

将光标置于要拆分的那一行的任意单元格中,然后切换到"表格工具"的"布局"选项卡,在"合并"组中单击"拆分表格"按钮,这样就在光标所在的行上方插入一个空白段,即把表格拆分成两个表格。

图 4.36 "拆分单元格"对话框

7. 设置标题行的重复

一个表格可能会占用多页,有时需要每页的表格都具有同样的标题行即表头,可设置标题行重复显示,具体的操作步骤如下:选定第 1 页表格中的一行或多行标题行,切换到"表格工具"的"布局"选项卡,在"数据"组中单击"重复标题行"按钮。

4.5.3 表格与文字相互转换

1. 表格转换为文字

Word 可以将文档中的表格内容转换为以逗号、制表符、段落标记或其他指定字符分隔的普通文本,操作步骤如下:光标定位在表格中,切换到"表格工具"的"布局"选项卡,在"数据"组中单击"转换为文本"按钮,弹出"表格转换成文本"对话框,如图 4.37 所示,选择要当作文本分隔符的符号后单击"确定"按钮即可把表格转换为文字。

2. 文字转换为表格

如果要把文字转换成表格,文字之间必须用分隔符分开,分隔符可以是段落标记、逗号、制表符或其他特定字符,操作步骤如下:选定要转换为表格的文字,选择"插入"选项卡,在"表格"组中单击"表格"按钮,在弹出的下拉列表中选择"文本转换成表格"命令,打开"将文字转换成表格"对话框,如图 4.38 所示,在其中设置相应的选项。

图 4.37 "表格转换成文本"对话框

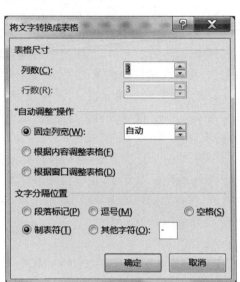

图 4.38 "将文字转换成表格"对话框

4.5.4 表格格式化

1. 设置表格中的文本格式

可以使用 4.4.1 节中描述的 Word 文档设置字体格式的 3 种方法来设置表格中的文本格式。选定表格中的文本,使用"开始"选项卡的"字体"组,或者使用"字体"对话框,或者使用所选文本的右上角弹出的格式设置浮动工具栏设置。

2. 调整行高和列宽

1) 拖动鼠标调整行高和列宽

将"I"形鼠标指针移到表格的行边界线上,当鼠标指针变成"上、下指向的分裂箭头"时,按住鼠标左键,此时出现一条水平的虚线,拖动鼠标到所需的新位置,释放鼠标左键即可调整行高。

将"I"形鼠标指针移到表格的列边界线上,当鼠标指针变成"左、右指向的分裂箭头"时,按住鼠标左键,此时出现一条垂直的虚线,拖动鼠标到所需的新位置,释放鼠标左键即可调整列宽。

2) 使用"表格属性"对话框调整行高和列宽

若要准确地指定表格的行高和列宽,则可以在"表格属性"对话框中设置。

(1)调整行高。选中要调整的行,然后右击,在弹出的快捷菜单中选择"表格属性"菜单项,弹出"表格属性"对话框,切换到"行"选项卡,如图 4.39 所示。选中"指定高度"复选框,然后在其右侧的编辑框中输入行高的数值,单击"确定"按钮即可完成设置。

图 4.39 "表格属性"对话框

(2)调整列宽。选中要调整的列,然后右击,在弹出的快捷菜单中选择"表格属性"菜单项,弹出"表格属性"对话框,切换到"列"选项卡,选中"指定高度"复选框,然后在其右侧的文本框中输入列宽的数值,单击"确定"按钮即可完成设置。

3)平均分布行列

如果需要表格的全部或部分行高或列宽相等,则可以使用平均分布行列的功能。该功能可以使选择的每行或每列都使用平均值作为行高或列宽。

使光标定位于表格中,切换到"表格工具"的"布局"选项卡,在"单元格大小"组中单击"分布行"或"分布列"按钮,即可平均分布所有的行或列。

或者选定要平均分布的行或列,右击,在弹出的快捷菜单中选择"平均分布各行"或"平均分布各列"菜单项,也可平均分布所选行或所选列。

3. 设置对齐方式

1)设置单元格对齐

选定单元格,切换到"表格工具"的"布局"选项卡,根据需要在"对齐方式"组中选择相应的对齐方式,如图 4.40 所示。

2)设置表格对齐方式

选定表格,选择"表格工具"的"布局"选项卡,在"表"组中单击"属性"按钮,打开"表格属性"对话框,在其中可设置表格对齐

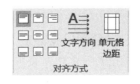

图 4.40 单元格对齐方式

方式,如图 4.41 所示。

图 4.41　"表格属性"对话框

4. 设置表格的边框

选择需要设置边框的表格或单元格,切换到"表格工具"的"设计"选项卡,在"边框"组中单击"边框"按钮下方的下拉按钮,在下拉菜单中选择"边框和底纹"菜单项,打开"边框和底纹"对话框,选择"边框"选项卡,如图 4.42 所示。

在"设置"选项组中选择"全部"选项,在"样式"下拉列表中选择一种边框样式,在"颜色"下拉列表中选择边框颜色,在"宽度"下拉列表中选择边框宽度,在"应用于"下拉列表中选择"表格"或"单元格",在右边的预览框会显示添加边框的效果,设置完毕后单击"确定"按钮。

5. 设置表格的底纹

选择需要设置底纹的表格或单元格,切换到"表格工具"的"设计"选项卡,在"边框"组中单击"边框"按钮下方的下拉按钮,在下拉菜单中选择"边框和底纹"菜单项,打开"边框和底纹"对话框,选择"底纹"选项卡,如图 4.43 所示。

在"填充"下拉列表中选择底纹颜色,或者在"图案"区域分别选择图案样式和图案颜色,在"应用于"下拉列表框中选择"表格"或"单元格",在右边的预览框会显示添加边框的效果,设置完毕后单击"确定"按钮。

6. 绘制斜线表头

把光标定位在表头所在的单元格中,单击"表格工具"的"设计"选项卡"表格样式"组中的"边框"按钮下方的下拉按钮,在弹出的下拉列表中选择"斜下框线"选项;然后在斜线表头的右边按实际需要输入文字;按 Enter 键换行,在斜线表头的左边按实际需要输入文字。

图 4.42 "边框和底纹"对话框

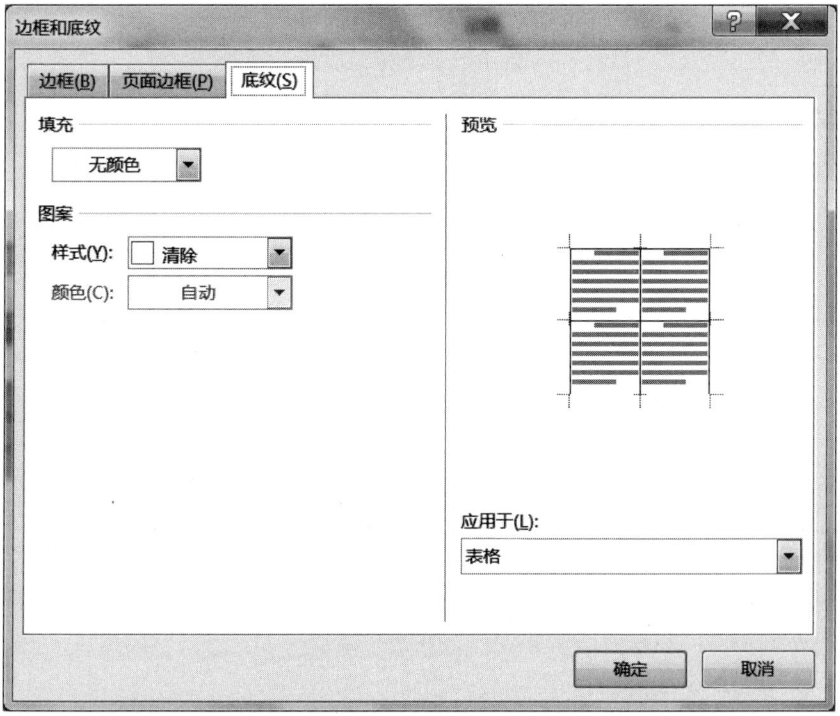

图 4.43 设置表格底纹

文字处理软件 Word 2016

7. 套用内置的表格样式

Word 2016 提供了一些现成的表格样式，其中已经定义了表格中的各种格式，用户可以直接选择需要的表格样式，而不必逐个设置表格的各种格式。使用方法如下：选定表格，选择"表格工具"的"布局"选项卡，单击"表格样式"组的样式列表右下侧的"其他"按钮，打开Word 2016 内置的表格样式列表，然后根据需要选择合适的表格样式套用，如图 4.44 所示。

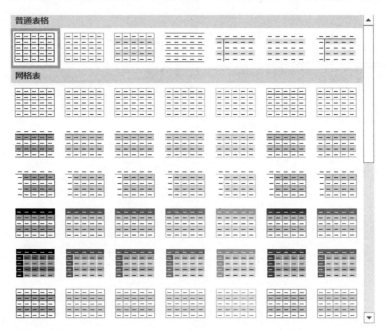

图 4.44　Word 2016 内置的表格样式列表

8. 移动表格和缩放表格

选定表格或者将光标定位于表格中时，在表格的左上方和右下方会显示移动标记和缩放标记，如图 4.45 所示。

图 4.45　表格的移动标记和缩放标记

移动表格，可将鼠标指针指向左上角的移动标记，然后按下鼠标左键拖动鼠标，拖动过程中会有一个虚线框跟着移动，当虚线框到达需要的位置后，释放鼠标左键即可将表格移动到指定位置；缩放表格，可将鼠标指针指向右下角的缩放标记，然后按下鼠标左键拖动鼠标，拖动过程中也有一个虚线框表示缩放尺寸，当虚线框尺寸符合需要后，释放鼠标左键即可将表格缩放为需要的尺寸。

4.5.5　表格计算和排序

1. 表格的计算

在 Word 中，可以通过输入带有加、减、乘、除等运算符的公式进行计算，也可以使用

Word 附带的函数进行较为复杂的计算。

　　将插入点移到要保存计算结果的单元格中,在"表格工具"的"布局"选项卡的"数据"组中,单击"公式"按钮,弹出"公式"对话框,如图 4.46 所示。在"公式"文本框中输入计算公式,或从"粘贴函数"列表中选定函数,并在公式的圆括号中输入计算数据的范围。例如,若要计算表格中某行数据的总和,则其公式是"＝SUM（LEFT）"。在"编号格式"列表中选择计算结果的数据显示格式,单击"确定"按钮,即可得到计算结果。

图 4.46　"公式"对话框

2. 表格排序

　　Word 提供了对表格数据进行自动排序的功能,可以对表格数据按数字顺序、日期顺序、拼音顺序、笔画顺序等排序方式进行排序。在排序时,首先将光标定位到要排序的表格中,然后单击"表格工具"的"布局"选项卡,在"数据"组中单击"排序"按钮,弹出"排序"对话框。在"排序"对话框中,可以任意指定排序列,并可对表格进行多重排序,如图 4.47 所示。

图 4.47　"排序"对话框

4.6 公式编辑

4.6.1 插入内置公式

Word 2016 提供了多种常用的公式,用户可以根据需要将这些内置公式直接插入文档中,以提高工作效率。

光标定位到需要插入公式的位置,切换到"插入"选项卡,在"符号"组中单击"公式"右侧的下拉按钮,打开内置公式列表,在其中选择需要的公式,如图 4.48 所示。

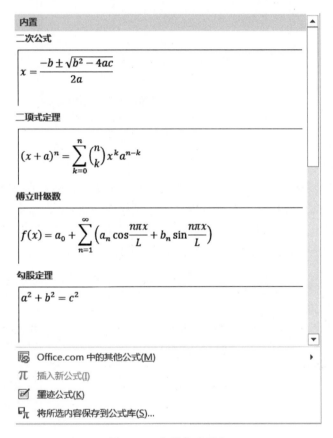

图 4.48 内置公式列表

4.6.2 插入墨迹公式

光标定位到需要插入公式的位置,切换到"插入"选项卡,在"符号"组中单击"公式"右侧的下拉按钮,在弹出的下拉列表中选择"墨迹公式",弹出公式输入窗口,按住鼠标左键在黄色区域中手写公式,如图 4.49 所示。用户不用担心自己的手写字母不好看,墨迹公式的识别能力很强。输入完成后,单击"插入"按钮即可将手动输入的公式插入文档中。

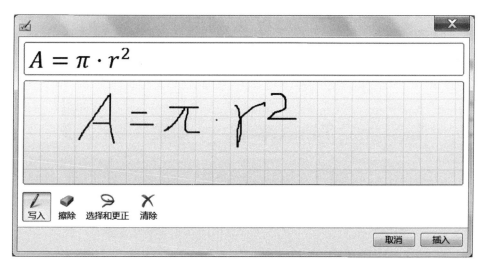

图 4.49　墨迹公式

4.6.3　公式编辑方法

Word 2016 提供了创建空白公式的功能,用户可以根据实际需要使用数学公式模板方便、快速地制作各种形式的数学公式插入文档中。

1. 打开公式工具面板

光标定位到需要插入公式的位置,切换到"插入"选项卡,在"符号"组中单击"公式"按钮(非"公式"右侧的下拉按钮),则文档中显示"在此处键入公式"文本框,同时功能区中出现"公式工具"的"设计"选项卡,包括"工具"组、"符号"组和"结构"组,其中"结构"组用于插入"分数""上下标""根式""积分""大型运算符""括号""函数""导数符号""极限和对数""运算符""矩阵"等模板,如图 4.50 所示。

图 4.50　公式工具面板

2. 输入公式

用鼠标单击"在此处键入公式"文本框,根据需要在"结构"组中单击所需的结构,在"符号"组选择所需的数学符号,或者按键盘上的字母或符号输入所需的字符。如果结构中包含公式占位符(即公式中的小虚线框),则在占位符内单击,然后输入所需的字符。公式输入完成后,单击公式文本框以外的任何位置即可返回文档。

3. 公式工具提供的符号类别

在"公式工具"的"设计"选项卡"符号"组中,默认显示"基础数学"符号。除此之外,Word 2016 还提供了"希腊字母""字母类符号""运算符""箭头""求反关系运算符""手写体"

183

"几何图形"等多种符号供用户使用。

查找这些符号的方法如下：在"符号"组中单击其右下侧的"其他"按钮，打开符号面板，单击顶部右侧的下拉按钮，可以看到 Word 2016 提供的符号类别，选择需要的类别即可将其显示在符号面板中，如图 4.51 所示。

图 4.51　公式工具提供的符号类别

4.6.4　添加公式到常用公式库

如果在 Word 文档中需要反复插入一个相同的公式，则可以把这个公式插入公式库中，需要时一键插入。

假设现在要反复使用余弦定理公式：$a^2 = b^2 + c^2 + 2bc\cos A$，在文档中创建该公式后，选中该公式，右击，在打开的快捷菜单中单击"另存为新公式"菜单项，打开"新建构建基块"对话框，在"名称"文本框中输入公式的名称，在"库"下拉列表中选择"公式"，在"类别"下拉列表中选择"常规"，在"保存位置"下拉列表中选择 Normal.dotm，然后单击"确定"按钮即可把创建的公式添加到常用公式库里，如图 4.52 所示。

图 4.52　"新建构建基块"对话框

如果要在公式库里删除该公式，可切换到"公式工具"的"设计"选项卡，在"工具"组中单击"公式"按钮，在弹出的下拉列表中右击该公式，在弹出的快捷菜单中选择"整理和删除"菜单项,打开"构建基块管理器"对话框,在其中选择要删除的公式名称,单击"删除"按钮,如图 4.53 所示。

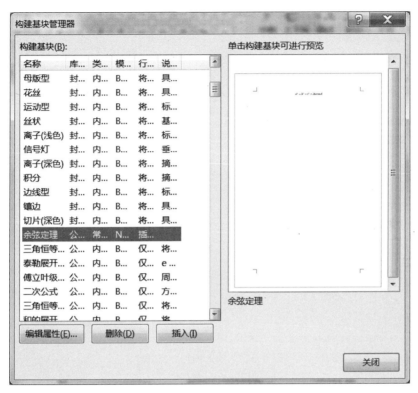

图 4.53 "构建基块管理器"对话框

4.7 图 文 混 排

4.7.1 图片的处理

1. 插入图片

将光标移至需要插入图片的位置,在"插入"选项卡的"插图"组中单击"图片"按钮,打开"插入图片"对话框,如图 4.54 所示。在对话框中找到需要插入的图片,单击"插入"按钮即可在文档中插入图片。

2. 插入联机图片

Word 2016 提供了联机图片功能,通过连接互联网并在其中搜索图片从而帮助用户在文档中插入合适的图片。把光标定位到需要插入图片的位置,选择"插入"选项卡,单击"插图"组中的"联机图片"按钮,弹出插入图片的联机来源页面,如图 4.55 所示。

在"必应图像搜索"右边的搜索框中输入搜索词查找来自必应的图像,必应(Bing)是 Microsoft 公司于 2009 年 5 月推出的搜索引擎服务,输入完毕后单击搜索框右侧的"搜索"按钮,在对话框的下端会显示出搜索结果,选择需要的图片,单击"插入"按钮即可完成联机图片的插入,如图 4.56 所示。

图 4.54　"插入图片"对话框

图 4.55　插入图片的联机来源

图 4.56　搜索联机图片

3. 截取屏幕图片

用户除了可以插入计算机中的图片或联机图片外,还可以随时截取屏幕的内容,然后作为图片插入文档中。

把光标定位到要插入屏幕图片的位置,选择"插入"选项卡,单击"插图"组中的"屏幕截图"的下拉按钮,展开的下拉面板中出现"可用的视窗"列表,如图 4.57 所示。在"可用的视窗"列表中单击需要的屏幕窗口,即可将截取的屏幕图片插入文档中。

如果想截取计算机屏幕的部分区域,可以在"屏幕截图"下拉面板中单击"屏幕剪辑"按钮,此时当前正在编辑的文档窗口进入截屏状态,拖动鼠标就可以选取需要截取的区域,释放鼠标后,系统将自动返回文档编辑窗口,并把截取的屏幕图片插入文档中。

4. 设置图片与文字的环绕方式

图片一共有 7 种文字环绕方式,分别为嵌入型、四周型、紧密型、穿越型、上下型、衬于文字下方和浮于文字上方,设置文字环绕有两种方法。

1) 通过"文字环绕"按钮设置文字环绕方式

选定图片,单击"图片工具"的"格式"选项卡,在"排列"组中单击"文字环绕"按钮,在弹出的"文字环绕方式"下拉列表中选择一种合适的文字环绕方式,如图 4.58 所示。也可以选定图片,右击,在快捷菜单中选择"环绕文字"菜单项打开"文字环绕方式"下拉列表。

2) 通过"布局"对话框设置文字环绕

选定图片,单击"图片工具"的"格式"选项卡,在"排列"组中单击"位置"按钮,在弹出的下拉列表中选择"其他布局选项",打开"布局"对话框的"文字环绕"选项卡也可以设置文字环绕方式,如图 4.59 所示。在"布局"对话框中还可以根据需要设置图片距离正文的距离。

图 4.57　"屏幕截图"下拉面板　　　　　　　图 4.58　文字环绕方式

图 4.59　通过"布局"对话框设置文字环绕

5. 调整图片

1）更正图片

选定插入的图片，选择"图片工具"的"格式"选项卡，单击"调整"组中"更正"按钮右侧的下拉按钮，弹出如图 4.60 所示的图片锐化/柔化和亮度/对比度样式列表，在列表中选择任意一种样式，即可改变图片的锐化/柔化和亮度/对比度。如果想更精确地设置图片的锐化/柔化和亮度/对比度，可单击"图片更正选项"链接，在文档窗口右侧打开的任务窗格中进行设置。

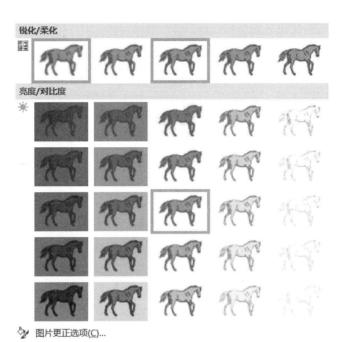

图 4.60　图片锐化/柔化和亮度/对比度样式

2）调整图片颜色

选定插入的图片，选择"图片工具"的"格式"选项卡，单击"调整"组中"颜色"按钮右侧的下拉按钮，弹出如图 4.61 所示的颜色饱和度和色调样式列表，在列表中选择任意一种样式，即可改变图片的颜色饱和度和色调。如果想更精确地设置图片的颜色饱和度和色调，可单击"图片颜色选项"链接，在文档窗口右侧打开的任务窗格中进行设置。

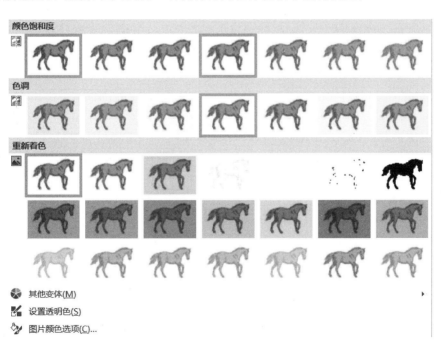

图 4.61　颜色饱和度和色调样式列表

当用户将插入的图片设置为"浮于文字上方"时，可通过为图片设置透明色使图片下方的文字显现出来，此时可单击"设置透明色"命令，在图片中单击相应的位置指定透明色，则被该图片覆盖的文字就会显示出来。

3）为图片添加艺术效果

选定插入的图片，选择"图片工具"的"格式"选项卡，单击"调整"组中"艺术效果"按钮右侧的下拉按钮，弹出如图4.62所示的图片的艺术效果样式列表，在列表中选择任意一种样式，即可为图片添加艺术效果。

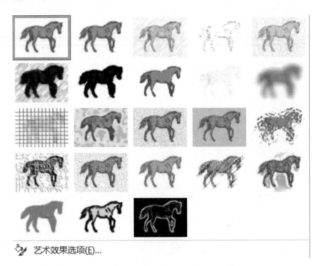

图4.62　图片的艺术效果样式列表

6. 设置图片的大小和位置

1）粗略设置

选定图片后，将鼠标移到所选图片，当鼠标指针变成四向箭头形状时按住鼠标左键拖动鼠标，可以移动所选图片的位置；移动鼠标到图片的某个尺寸控点上，当鼠标变成双向箭头形状时，拖动鼠标可以改变图片的形状。

2）精确设置

鼠标指向需要设置大小的图片并右击，从弹出的快捷菜单中选择"大小和位置"菜单项，弹出"布局"对话框，打开"大小"选项卡，如图4.63所示。在该选项卡中可以精确地设置图片的高度、宽度和旋转角度；在"缩放"选区中可以设置图片高度和宽度的比例。选中"锁定纵横比"复选框，可使图片的高度和宽度保持相同的尺寸比例；选中"相对于原始图片尺寸"复选框，可使图片的大小参考图片的原始大小进行调整。此外，还可以选定图片，在"图片工具"的"格式"选项卡的"大小"组中通过在"形状高度"和"形状宽度"文本框中输入数值精确设置图片大小。

在"布局"对话框中选择"位置"选项卡，如图4.64所示，在其中可对图片的位置进行精确设置。

7. 旋转图片

1）直接拖动鼠标旋转图片

将鼠标移到图片上方的旋转控制点上，此时鼠标变成旋转形状，按住鼠标左键，拖动即

图 4.63　精确设置图片的大小

图 4.64　精确设置图片的位置

可旋转图片。

图 4.65　旋转列表

2）选择旋转选项旋转图片

选定需要旋转的图片，切换到"图片工具"的"格式"选项卡，在"排列"组中单击"旋转"下拉按钮，弹出如图 4.65 所示的旋转列表，从该列表中根据需要选择相应的选项设置旋转。

3）使用布局对话框旋转图片

在需要旋转的图片上右击，从弹出的快捷菜单中选择"大小和位置"菜单项，弹出"布局"对话框，打开"大小"选项卡，出现设置图片大小的界面。在该界面的"旋转"选区中的"旋转"编辑框中输入旋转的角度，单击"确定"按钮即可旋转图片。

8. 设置图片格式

1）设置图片样式

选定要设置样式的图片，选择"图片工具"的"格式"选项卡，在"图片样式"组中单击图片样式列表框右下端的"其他"按钮，弹出如图 4.66 所示的图片样式列表，在此列表中单击所需的图片样式即可设置图片样式。

2）设置图片边框

选定要设置边框的图片，切换到"图片工具"的"格式"选项卡，在"图片样式"组中单击"图片边框"按钮，弹出如图 4.67 所示的图片边框设置列表，可以在"主题颜色"或"标准色"中选择图片边框的颜色，在"粗细"的级联菜单中选择边框的宽度，在"虚线"的级联菜单中选择边框的线条类型。

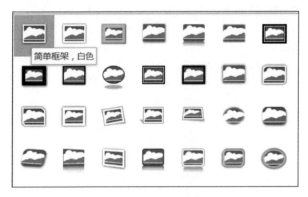

图 4.66　图片样式列表

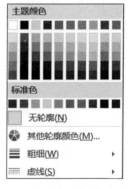

图 4.67　图片边框设置列表

3）设置图片效果

在 Word 2016 中共有 7 种图片效果，分别为预设、阴影、映像、发光、柔化边缘、棱台和三维旋转。下面以图片效果中应用比较多的阴影效果为例说明图片效果的设置方法。

选定要设置阴影效果的图片，切换到"图片工具"的"格式"选项卡，在"图片样式"组单击"图片效果"按钮，在弹出的下拉列表中选择"阴影"，弹出如图 4.68 所示的阴影样式列表，然后根据需要在阴影样式列表中选择合适的阴影样式即可。如果要自定义阴影的各个参数，可以在阴影样式列表最下端单击"阴影选项"链接，弹出如图 4.69 所示的设置阴影的任务窗格，在其中可以设置阴影的颜色、透明度、大小、模糊、角度和距离等。

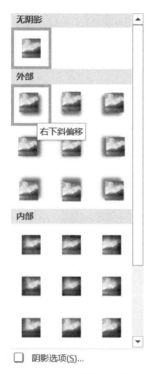

图 4.68　阴影样式列表　　　　　　　　图 4.69　设置阴影

9. 裁剪图片

选定图片后,切换到"图片工具"的"格式"选项卡,在"大小"组中单击"裁剪"按钮,此时将鼠标指针移至图片的控制点上即可对图片进行裁剪,如图 4.70 所示。

10. 图形排列

1）设置图形的叠放次序

当绘制的图形与其他图形位置重叠时,就会遮盖图片的某些重要内容,此时必须调整叠放次序。

图 4.70　裁剪图片

选定需要调整叠放次序的图片,选择"图片工具"的"格式"选项卡,单击"排列"组的"上移一层"或"下移一层"按钮右侧的下拉按钮,在弹出的子菜单中根据需要选择相应的命令即可设置叠放次序。

或者选定需要调整叠放次序的图片,右击,从弹出的快捷菜单中选择"置于顶层"或"置于底层"菜单项,在弹出的子菜单中根据需要选择相应的命令也可设置叠放次序。

2）设置图形的对齐方式

按住 Shift 键选定要对齐的若干图形,选择"图片工具"的"格式"选项卡,单击"排列"组的"对齐"按钮,在弹出的下拉列表中根据需要选择相应的对齐方式。

3）组合图形

对于绘制的图形,用户还可以对其进行组合。组合可以将不同的部分合成为一个整体,便于图形的移动和其他操作。选中需要组合的全部图形,右击,从弹出的快捷菜单中选择"组合"菜单项,在其级联菜单中选择"组合"命令即可将所选图形组合成一个整体。

或者选中需要组合的全部图形,选择"图片工具"的"格式"选项卡,单击"排列"组的"组合"按钮,在弹出的下拉列表中选择"组合"也可将所选图形组合成一个整体。

4.7.2 插入形状

Word 提供了绘制形状的功能,可以在文档中绘制各种线条、基本图形、箭头、流程图、星、旗帜、标注等。

1. 绘制图形

在 Word 文档中,用户可以插入现成的形状,如线条、矩形、圆、箭头、流程图等符号和标注,来绘制图形。光标定位在要插入形状的位置,切换到"插入"选项卡,在"插图"组中单击"形状"按钮,弹出如图 4.71 所示的下拉列表。在该下拉列表中选择需要的形状,此时光标变为"十"字形状,按住鼠标左键拖动到适当的位置后释放鼠标,即可绘制相应的形状。

2. 设置形状样式

选定要设置样式的形状,切换到"绘图工具"的"格式"选项卡,在"形状样式"组中单击形状样式列表框右下端的"其他"按钮,弹出如图 4.72 所示的形状样式列表,在此列表中单击所需的形状样式即可。

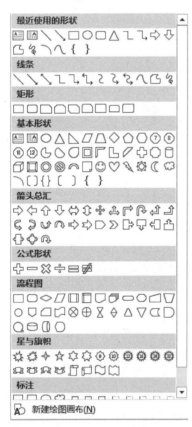

图 4.71 形状列表

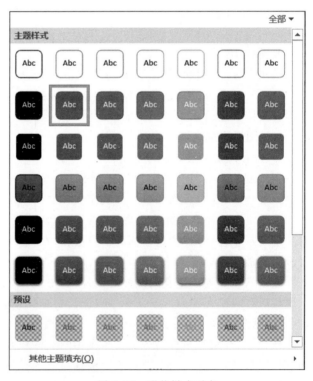

图 4.72 形状样式列表

3. 形状填充

用户可以用纯色、渐变、纹理、图片等对图形进行填充。

1）用纯色填充形状

选定需要进行填充的形状,单击"绘图工具"的"格式"选项卡"形状样式"组中的"形状填充"按钮,打开形状填充面板,在"主题颜色"或"标准色"区域选择设置形状的填充颜色。单击"其他填充颜色"按钮可以在打开的"颜色"对话框中选择更多的填充颜色。

2）用渐变颜色填充形状

如果希望为形状填充渐变颜色,可以在形状填充面板中将鼠标指向"渐变"选项,并在打开的下一级菜单中选择"其他渐变"命令,在文档窗口右侧打开"设置形状格式"任务窗格,并自动切换到"填充"选项卡,选中"渐变填充"单选框,如图 4.73 所示。用户可以选择预设颜色、渐变类型、渐变方向和渐变角度,还可以自定义渐变颜色。

3）用图片或纹理填充形状

如果用户希望为形状设置纹理填充,可以选定形状,在形状填充面板中将鼠标指向"纹理"选项,并在打开的下一级菜单中选择"其他纹理"命令,在文档窗口右侧打开"设置形状格式"任务窗格,并自动切换到"填充"选项卡,选中"图片或纹理填充"单选按钮,如图 4.74 所示。然后单击"纹理"按钮,在纹理列表中选择合适的纹理。

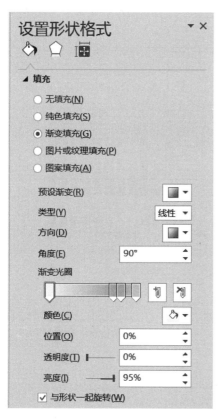

图 4.73　用渐变颜色填充形状

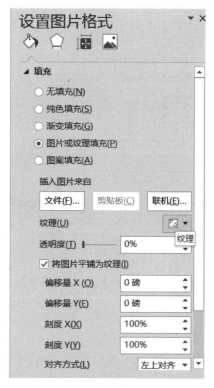

图 4.74　用图片或纹理填充形状

如果用户希望为形状设置图片填充,可以在如图 4.74 所示的任务窗格中单击"文件"按钮,弹出"插入图片"对话框,找到存放图片的文件夹,从中选择合适的图片后单击"插入"按钮即可把图片填充在形状中。或者选定形状后直接在形状填充面板中单击"图片"命令选项,打开"插入图片"对话框,也可以选择图片填充在形状中。

4)用图案填充形状

选定形状,右击,在弹出的快捷菜单中选择"设置形状格式"菜单项,在文档窗口右侧出现"设置形状格式"任务窗格,并自动切换到"填充"选项卡,选中"图案填充"单选按钮,在图案列表中选择合适的图案即可填充到形状中,如图 4.75 所示;还可以根据需要在该任务窗格中设置图案的前景颜色和背景颜色。

4. 设置形状轮廓

选定要设置边框的形状,切换到"绘图工具"的"格式"选项卡,在"形状样式"组中单击"形状轮廓"按钮,弹出如图 4.76 所示的形状轮廓设置列表,可以在"主题颜色"或"标准色"中选择轮廓的颜色,在"粗细"的级联菜单中选择轮廓的宽度,在"虚线"的级联菜单中选择轮廓的线条类型。如果形状是箭头,则可以在"箭头"的级联菜单中选择合适的箭头样式。

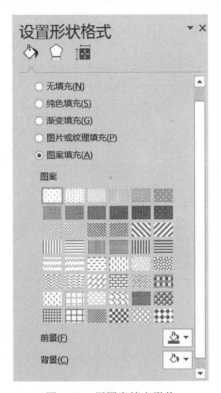

图 4.75　用图案填充形状

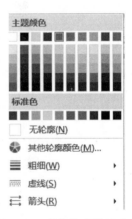

图 4.76　形状轮廓设置列表

5. 设置形状效果

与设置图片效果相同,形状也可以设置预设、阴影、映像、发光、柔化边缘、棱台和三维旋转 7 种效果,其中阴影和三维效果应用较多。

1)设置阴影效果

给图形设置阴影效果,可以使图形对象更具深度和立体感,并且可以调整阴影的位置和颜色,而不影响图形本身。

设置阴影效果的具体操作步骤如下:选定需要进行设置阴影效果的形状,单击"绘图工具"的"格式"选项卡,单击"形状样式"组中的"形状效果"按钮,在下拉菜单中单击"阴影"菜单项,在打开的阴影列表中列出了多种阴影效果可供用户选择,用户可根据需要在"阴影"列表中选择所需的阴影效果。

2)设置三维效果

选定需要进行设置三维效果的形状,单击"绘图工具"的"格式"选项卡"形状样式"组中的"形状效果"按钮,在下拉菜单中单击"三维旋转"菜单项,在打开的列表中列出了多种三维效果可供选择,用户可根据需要在"三维效果"列表中选择所需的三维效果。

6. 为形状添加文本

在插入的形状上右击,从弹出的快捷菜单中选择"添加文字"菜单项,即可在形状中输入要添加的文本。

4.7.3 插入文本框

文本框是存储文本的图形框,文本框中的文本可以像页面文本一样进行各种编辑和格式设置操作,而同时对整个文本框又可以像图形对象一样在页面上进行移动、复制、缩放等操作,并可以建立文本框之间的链接关系。

1. 插入文本框

将光标定位到要插入文本框的位置,选择"插入"选项卡,单击"文本"组中的"文本框"按钮,在弹出的下拉面板中选择要插入的文本框样式,如"简单文本框"。此时,在文档中已经插入该样式的文本框,在文本框中可以输入文本内容并编辑格式。

2. 编辑文本框

1)设置文本框格式

右击要设置格式的文本框,从弹出的快捷菜单中选择"设置形状格式"菜单项,或者选定要设置格式的文本框,单击"格式"选项卡的"形状样式"组右下方的按钮,都可以在文档窗口右侧打开"设置形状格式"任务窗格,在其中可以对文本框的填充类型、线条颜色、线型等进行设置,如图4.77所示。

图4.77 "设置形状格式"任务窗格

2)调整文字方向

选定要调整文字方向的文本框,在"绘图工具"的"格式"选项卡中单击"文本"组中的"文字方向"按钮,在弹出的下拉面板中选择一种文字方向即可改变文本框中文字的方向。

3. 文本框链接

如果一个文本框显示不了过多的内容,可以在文档中创建多个文本框,然后将它们链接在一起,链接后的文本框中的内容是连续的,一篇连续的文章可以依链接顺序排在多个文本框中;在某个文本框中对文章进行插入、删除等操作时,文章会在各文本框间流动,保持文章的完整性。

创建文本框链接的具体操作步骤如下:在文档中需要创建链接文本框的位置创建多个空白文本框;选中第1个文本框,在"绘图工具"的"格式"选项卡"文本"组中单击"创建链接"按钮,然后单击要链接的空文本框中即可创建链接,按 Esc 键即可结束文本链接;选定后边的文本框,重复以上操作,直到将所有需要链接的文本框链接起来;将光标定位在第1

个文本框中,输入文本,当第 1 个文本框排满后,光标将自动排在后续的文本框中。

用户也可以断开文本框之间的链接,步骤如下:选定要断开链接的文本框,在"绘图工具"的"格式"选项卡"文本"组中单击"断开链接"按钮。断开文本框链接后,文字将在位于断点前的最后一个文本框截止,不再向下排列,所有后续链接文本框都将为空。

4.7.4　插入艺术字

艺术字是指将一般文字经过各种特殊的着色、变形处理后得到的艺术化的文字。在 Word 中可以创建出漂亮的艺术字,并可作为一个对象插入文档中。Word 2016 将艺术字作为文本框插入,用户可以任意编辑文字。

1. 插入艺术字

将光标定位在需要插入艺术字的位置,在"插入"选项卡的"文本"组中选择"艺术字"按钮,弹出如图 4.78 所示的下拉面板,在该下拉面板中选择一种艺术字样式,弹出"请在此放置您的文字"提示的文本框,在该文本框中输入需要插入的艺术字。

2. 编辑艺术字

在文档中插入艺术字后,用户可以根据需要对其进行编辑。在 Word 2016 中编辑艺术字非常简单,只需单击艺术字即可进入编辑状态,然后根据需要可对艺术字进行修改。

如果要设置艺术字格式,可以选中需要设置格式的艺术字,并切换到"开始"选项卡,在"字体"组即可对艺术字分别进行字体、字号、颜色等格式设置。

3. 设置艺术字

选择要设置的艺术字,在"绘图工具"的"格式"选项卡"艺术字样式"组中单击"文本效果"按钮,在下拉菜单中单击"转换"菜单项,在打开的"转换"列表中列出了可供选择的多种形状,如图 4.79 所示。在该"转换"列表中单击任意形状,艺术字形状将随之改变。

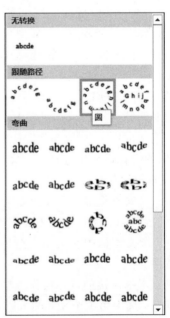

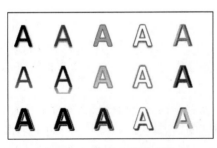

图 4.78　艺术字样式列表　　　　　图 4.79　转换列表

除设置艺术字形状外，还可以为艺术字设置文字环绕、旋转、填充颜色、阴影及三维效果等，其中设置文字环绕、旋转的方法与4.7.1节所述方法相同，设置填充颜色、阴影及三维效果的方法与4.7.2节所述方法相同，在此不再赘述。

4.7.5　插入 SmartArt 图形

SmartArt 图形用来表明对象之间的从属关系、层次关系等，分为列表、流程、循环、层次结构、关系、矩阵和棱锥图等，用户可以根据自己的需要创建不同的 SmartArt 图形。

1. 创建 SmartArt 图形

将光标定位在需要插入 SmartArt 图形的位置。在"插入"选项卡"插图"组中单击 SmartArt 按钮，弹出"选择 SmartArt 图形"对话框，如图4.80所示。

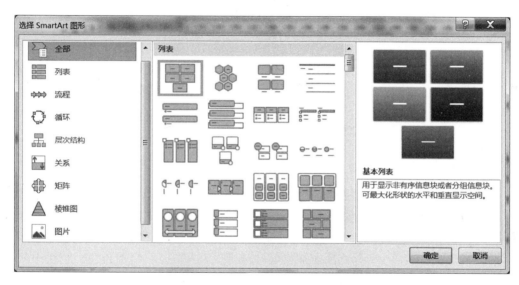

图 4.80　"选择 SmartArt 图形"对话框

在"选择 SmartArt 图形"对话框左侧的列表中选择 SmartArt 图形的类型；在中间的列表中选择子类型；在右侧将显示 SmartArt 图形的预览效果。例如，单击"流程"选项，在中间的列表中单击"基本流程"图标，然后单击"确定"按钮，即可在文档中插入 SmartArt 图形。此时会自动切换至"SmartArt 工具"的"设计"选项卡，如图4.81所示。

此时在"创建图形"组用户可根据需要添加形状、为项目升级或者降级、将项目上移或下移等。如果需要输入文字，可在写有"文本"字样处单击，即可输入文字。选中输入的文字，可以像普通文本一样进行格式化编辑。

2. 编辑 SmartArt 图形

在 Word 文档中插入 SmartArt 图形后，还可以对其进行编辑操作。其方法是：选定 SmartArt 图形，在"SmartArt 工具"的"设计"选项卡"版式"组中可更改 SmartArt 图形的类型，在"SmartArt 样式"组中单击"更改颜色"按钮可设置 SmartArt 图形的颜色，在样式列表中可选择合适的样式。

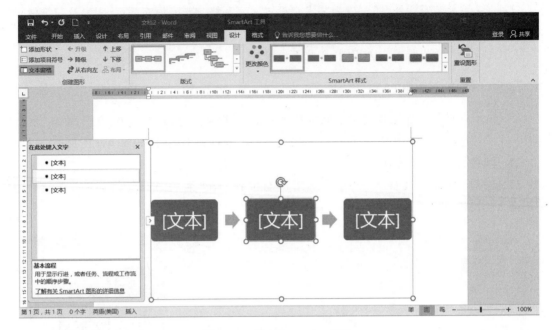

图 4.81　插入 SmartArt 图形

4.7.6　插入图表

在 Word 文档中插入图表之前,需要用户对图表的类型进行选择,常用的图表类型包括折线图、柱形图、条形图、饼图等。插入图表后需要在自动打开的 Excel 工作表中编辑图表数据,才能完成图表的制作。

将光标定位在文档中要插入图表的位置,切换到"插入"选项卡,单击"插图"组中的"图表"按钮,弹出"插入图表"对话框,选择合适的图表类型,例如,单击"柱形图"选项卡,在右侧的柱形图列表中单击"簇状柱形图"图标,如图 4.82 所示。此时,可以看到在文档中插入了一个默认的图表,并且系统自动打开 Excel 工作表,在 Excel 窗口中可编辑图表的数据,如果要调整数据区域,可以用鼠标左键按住区域的右下角进行拖动。完成 Excel 表格中数据编辑的过程中,可以看到 Word 窗口中同步显示的图表效果,最终完成的各类蔬菜价格图表如图 4.83 所示。

4.7.7　文档分栏

选定要分栏的段落,在"布局"选项卡的"页面设置"组中单击"分栏"按钮,弹出如图 4.84 所示的下拉面板,在其中根据需要选择相应的样式即可分栏。如果想更具体地设置分栏效果,可以单击该下拉面板最下端的"更多分栏"链接,弹出如图 4.85 所示的"分栏"对话框,在"预设"组中设置分栏格式,或在"栏数"文本框中输入分栏数,在"宽度和间距"组中设置栏宽和间距。选中"栏宽相等"复选框,则各栏栏宽相等,否则可以逐栏设置宽度。选中"分隔线"复选框,则可以在各栏之间加一条分隔线。

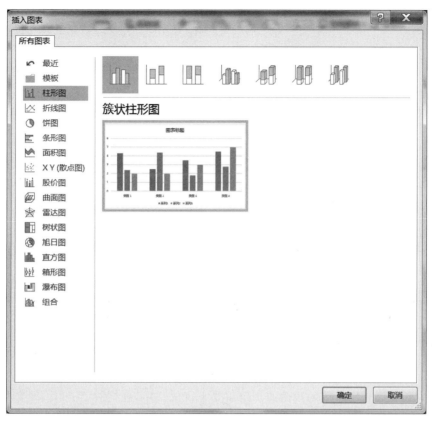

图 4.82 "插入图表"对话框

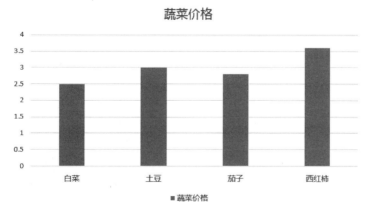

蔬菜价格

图 4.83 插入图表的效果图

图 4.84 分栏列表

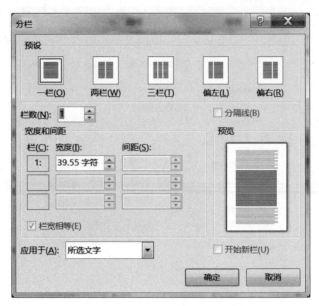

图 4.85 "分栏"对话框

4.7.8 首字下沉

光标定位在要首字下沉的段落或选定需要下沉的文字,在"插入"选项卡的"文本"组中单击"首字下沉"按钮,弹出如图 4.86 所示的下拉面板,在其中根据需要选择下沉的样式。如果想更具体地设置首字下沉效果,可以单击该下拉列表最下端的"首字下沉选项"链接,弹出如图 4.87 所示的"首字下沉"对话框,在"位置"组中选择下沉的样式,在"下沉行数"编辑框中设置下沉的行数,还可以根据需要设置下沉文字距正文的距离,然后单击"确定"按钮即可完成首字下沉操作。

图 4.86 首字下沉列表

图 4.87 "首字下沉"对话框

4.8　长文档排版

4.8.1　使用样式

1. 套用系统内置样式

用户可以使用"样式"组中的样式设置文档格式,选定要套用样式的段落,切换到"开始"选项卡,单击"样式"组中样式列表右下侧的"其他"按钮,弹出样式列表框,从中选择需要的样式,如图 4.88 所示。

图 4.88　样式列表

如果有些样式在样式列表中没有出现,例如,如果标题 3 在样式列表中没有出现,则可以按以下操作步骤显示:在"开始"选项卡的"样式"组中单击右下角的扩展按钮,弹出"样式"列表框,其最下方有 3 个按钮,单击最右端的"管理样式"按钮,弹出"管理样式"对话框,在其中选择"推荐"选项卡,在选择框中找到"标题 3(使用前隐藏)",选中后单击该对话框下方的"显示"按钮,然后单击"确定"按钮,如图 4.89 所示。

2. 新建样式

在 Word 2016 文档中可以新建一种全新的样式。假设要新建一个名为"参考文献"的样式,其字体:黑体、三号;段落:居中对齐、大纲一级、段前段后均为 1 行、行距为 1.5 倍行距。

在"开始"选项卡的"样式"组中单击右下角的扩展按钮,弹出"样式"列表框,单击其下方最左端的"新建样式"按钮,在弹出的"根据格式设置创建新样式"对话框中,命名新样式名称为"参考文献",在"样式基准"下拉列表中选择"无样式"选项,在"后续段落样式"下拉列表中选择"正文"选项,如图 4.90 所示。单击该对话框左下角的"格式"按钮来设置"参考文献"样式的字体和段落。

3. 修改样式

无论是 Word 2016 的内置样式,还是 Word 2016 的自定义样式,用户随时都可以对其进行修改。假设要修改"标题 1"的样式,其字体:中文字体为黑体、西文字体为 Times New Roman、三号;段落:居中对齐、段前段后均为 1 行、行距为 1.5 倍行距。

图 4.89　管理样式

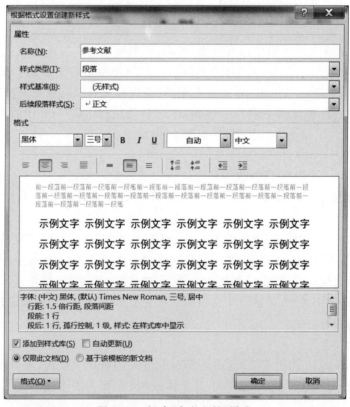

图 4.90　新建"参考文献"样式

在"开始"选项卡的"样式"组中单击右下角的扩展按钮,弹出"样式"列表框,在列表框里单击"标题1"右边的下拉按钮,在弹出的下拉菜单中选择"修改"菜单项,弹出"修改样式"对话框,在"样式基准"下拉列表中选择"无样式"选项,在"后续段落样式"下拉列表中选择"正文"选项,单击左下角的"格式"下拉按钮,在弹出的下拉菜单中选择"字体"菜单项,弹出"字体"对话框,设置中文字体为黑体、西文字体为 Times New Roman、三号;在弹出的下拉菜单中选择"段落"菜单项,弹出"段落"对话框,设置段落为居中对齐、段前段后均为1行、行距为 1.5 倍行距,如图 4.91 所示。

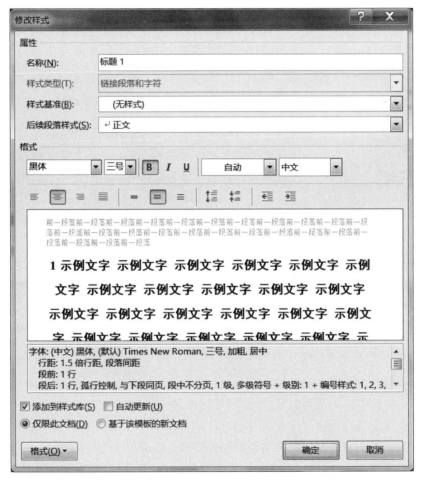

图 4.91　修改"标题 1"样式

4.8.2　文档分页和分节

1. 文档分页

通过插入分页符可将文档分页,插入分页符有以下两种方法。

(1) 将光标定位到需要分页的位置,按 Ctrl＋Enter 快捷键。

(2) 将光标定位到需要分页的位置,单击"布局"选项卡,在"页面设置"组中单击"分隔符"按钮,在弹出的下拉菜单中选择"分页符"菜单项可以完成对文档的分页。

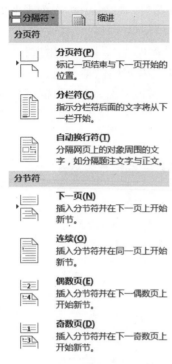

图 4.92　分隔符下拉菜单

2．文档分节

通过插入分节符，将文档的不同部分分成不同的节，这样就能分别针对不同的节进行设置。将光标定位到需要分节的位置，单击"布局"选项卡，在"页面设置"组中单击"分隔符"按钮，弹出如图 4.92 所示的下拉菜单，其中有多种分隔符可供选择，单击"分节符"选项卡中的"下一页"，就会在当前光标位置插入一个不可见的分节符，这个分节符不仅将光标位置后面的内容分为新的一节，还会使该节从新的一页开始，实现既分节，又分页的功能。切换到"视图"选项卡，单击"视图"组中的"草稿"按钮，在草稿视图中可以看到分节符符号。

4.8.3　设置文档页眉和页脚

页眉与页脚可用来显示标题、页码、日期等信息。页眉位于文档中每页的顶端，页脚位于文档中每页的底端。页眉和页脚的格式化与文档内容的格式化方法相同。

1．插入页眉和页脚

在"插入"选项卡"页眉和页脚"组中单击"页眉"按钮，在弹出的下拉菜单中选择一种页眉样式，进入页眉编辑区，并打开"页眉和页脚工具"的"设计"选项卡，如图 4.93 所示。

图 4.93　"页眉和页脚工具"的"设计"选项卡

在页眉编辑区中输入页眉内容，并编辑页眉格式。在"页眉和页脚工具"的"设计"选项卡"导航"组中单击"转至页脚"按钮，切换到页脚编辑区。在页脚编辑区输入页脚内容，并编辑页脚格式。设置完成后，单击"关闭页眉和页脚"按钮，返回文档编辑窗口。

在页眉或页脚处双击，也可以进入页眉或页脚编辑区；在页眉或页脚外的其他地方双击，也可以返回文档编辑窗口。

2．编辑页眉线

当插入页眉时，页眉的底端一般有一条单线，即页眉线。用户可以对页眉线进行设置、修改和删除。

双击页眉区域，将光标定位在页眉编辑区的任意位置。在"开始"选项卡"段落"组中单击"边框和底纹"右侧的下拉按钮，在弹出的下拉菜单中选择"边框和底纹"菜单项，弹出"边框和底纹"对话框。选择"边框"选项卡，在"设置"组中选择"方框"，在"样式"下拉列表中选择需要的线条样式，在"应用于"下拉列表中选择"段落"，在"预览"组中只保留下边框，然后单击"确定"按钮即可设置页眉的下边框为需要的线条样式，如图 4.94 所示。设置完成后，在"页眉和页脚工具"的"设计"选项卡"关闭"组中单击"关闭页眉和页脚"按钮或者在页眉页脚外的其他地方双击返回文档编辑窗口。

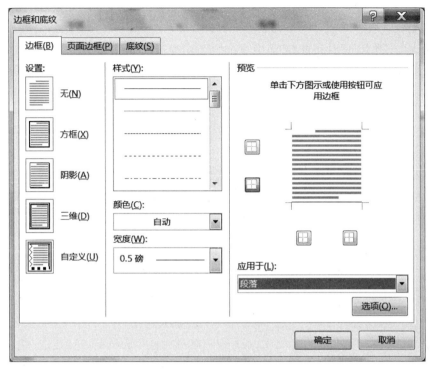

图 4.94 设置页眉线

删除页眉线的步骤如下：双击页眉区域,选中整个页眉段落,注意一定要选中段落标记。选择"开始"选项卡,在"段落"组中单击"边框和底纹"右侧的下拉按钮,在弹出的"边框和底纹"对话框中选择"页面边框"选项卡,在边框线列表中选择"无框线"选项,在"页眉和页脚工具"的"设计"选项卡的"关闭"组中单击"关闭页眉和页脚"按钮或者在页眉页脚外的其他地方双击取消页眉编辑状态,返回文档编辑窗口。

3. 插入页码

双击页脚或页眉区域,在"页眉和页脚工具"的"设计"选项卡"页眉和页脚"组中单击"页码"按钮,或者在"插入"选项卡"页眉和页脚"组中单击"页码"按钮,在弹出的下拉菜单中选择"页面底端"菜单项,在其级联菜单中选择一种页码格式,如"普通数字 2",即可在文档页脚中插入页码。如果在下拉菜单中选择"页面顶端"菜单项,然后在其级联菜单中选择一种页码格式,则可在文档页眉中插入页码。

4. 设置页码格式

在"插入"选项卡的"页眉和页脚"组中单击"页码"按钮,在下拉菜单中选择"设置页码格式"菜单项,弹出"页码格式"对话框,如图 4.95 所示。在该对话框中可设置所插入页码的格式。设置完成后,单击"确定"按钮,即可在文

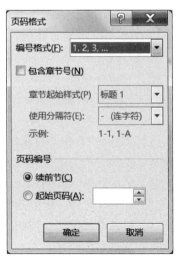

图 4.95 设置页码格式

档中插入页码。

5. 删除页眉或页脚

在"插入"选项卡"页眉和页脚"组中单击"页眉"按钮,在下拉菜单中选择"删除页眉"菜单项,即可删除页眉。

在"插入"选项卡"页眉和页脚"组中单击"页脚"按钮,在下拉菜单中选择"删除页脚"菜单项,即可删除页脚。

4.8.4 在文档中添加引用内容

在编辑文档的过程中,为了便于阅读和理解文档内容,经常在文档中插入题注、脚注或尾注,用于对文档中的对象进行解释说明。

1. 插入脚注

单击"引用"选项卡,在"脚注"组中单击"插入脚注"按钮,在光标指示的位置输入脚注内容,即可完成脚注的添加。

图 4.96 "题注"对话框

2. 插入尾注

单击"引用"选项卡,在"脚注"组中单击"插入尾注"按钮,在光标指示的位置输入尾注内容,即可完成尾注的添加。

3. 插入题注

单击"引用"选项卡,在"题注"组中单击"插入题注"按钮,弹出"题注"对话框,如图 4.96 所示。在"题注"对话框中,可以根据添加题注的不同对象,在"选项"组的"标签"下拉列表中选择不同的标签类型,也可以单击"新建标签"按钮在弹出的对话框中自定义标签。

4.8.5 插入和编辑目录

目录列出了各级标题及其所在的页码,便于用户在文档中快速查找所需内容。Word 2016 提供了一个内置的目录库,方便用户快速生成目录。

1. 插入目录

把光标定位在要插入目录的位置,一般为文档的最前面。切换到"引用"选项卡,在"目录"组中单击"目录"按钮,弹出如图 4.97 所示的目录列表,在其中可以选择"自动目录 1"或"自动目录 2"生成自动目录。

也可以选择"自定义目录",弹出"目录"对话框,如图 4.98 所示。其中各选项的功能如下所示。

(1) 显示页码。选中"显示页码"复选框,即可在目录中显示页码;否则将不显示。

(2) 页码右对齐。选中"页码右对齐"复选框,目录中的页码将右对齐。

(3) 制表符前导符。"制表符前导符"是连接目录内容与页码的符号,可在该下拉列表中选择相应的符号形式。

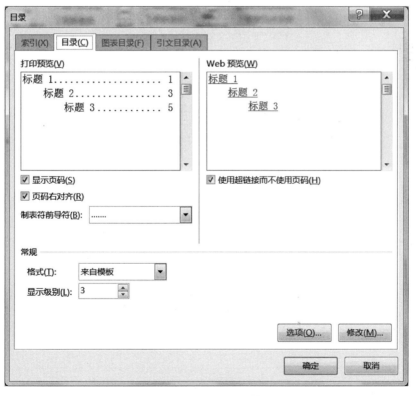

图 4.97　目录列表

图 4.98　"目录"对话框

文字处理软件 **Word 2016**

（4）格式。"格式"指目录的格式，Word已经建立了几种内置目录格式，如"来自模板""古典""优雅""流行"等。

（5）使用超链接而不使用页码。选中"使用超链接而不使用页码"复选框，建立目录与正文之间的超链接，按住Ctrl键并单击目录行时，将链接到正文中该目录所指的具体内容。

（6）显示级别。"显示级别"代表目录的级别。例如，如果该值为2则显示2级目录；如果该值为3则显示3级目录。

（7）打印预览。用来预览打印出来的实际目录样式。

（8）Web预览。用来预览在Web网页中所看到的样式。

（9）选项。"选项"关于目录的其他选项。多数情况下不用设置该选项。

（10）修改。"修改"用来修改目录的内容。如果系统内置的目录与选项能满足要求，则可不进行修改。

2. 修改目录

如果用户对插入的目录不是很满意，可以修改目录或自定义个性化的目录。

光标定位在目录的任意位置，切换到"引用"选项卡，单击"目录"组中的"目录"按钮，在弹出的下拉菜单中选择"自定义目录"菜单项，弹出"目录"对话框，单击"修改"按钮，弹出如图4.99所示的"样式"对话框，在"样式"列表中选择"目录1"选项，单击"修改"按钮，弹出"修改样式"对话框，单击"格式"下拉按钮，弹出下拉菜单，如图4.100所示，在下拉菜单中根据需要选择"字体"和"段落"菜单项等进行修改，修改完成后单击"确定"按钮，返回"样式"对话框。参照以上方法也可修改"目录2"和"目录3"的样式。

图4.99 "样式"对话框

3. 更新目录

在编辑或修改文档的过程中，如果文档内容或格式发生了变化，则需要更新目录。

图 4.100 "修改样式"对话框

　　此时,光标定位在目录的任意位置,右击,在弹出的快捷菜单中选择"更新域"菜单项,或者切换到"引用"选项卡,单击"目录"组中的"更新目录"按钮,都可以弹出,如图 4.101 所示"更新目录"对话框,选中"更新整个目录"单选按钮,然后单击"确定"按钮即可更新目录。

图 4.101　更新目录

4.9　邮件合并

4.9.1　认识邮件合并

1. 邮件合并是什么

　　在平常的工作中,经常要批量制作一些主要内容相同,只是部分数据有变化的文件,如成绩单、邀请函、名片等，如果一个一个制作的话，会浪费大量的时间。这时候就可以利用 Word 的邮件合并功能，它可以帮助用户快速批量地生成文件。邮件合并适用于具有如下特点的一类文档。

(1) 需要批量制作。

(2) 文档中一些内容是固定不变的。

(3) 待填写内容是变化的，且变化的部分根据数据表内容完成填写。

在邮件合并中，有两个主要组成成员：主文档和数据源。其中，主文档是指固定不变的内容；数据源是指变化的内容。

2. 邮件合并的应用领域

只要有数据源，并且数据源是一个标准的二维表格，就可以很方便地利用邮件合并功能批量制作文档。邮件合并的主要应用领域如下所示。

(1) 批量制作信封、信件、贺卡。

(2) 批量制作请柬（邀请函）。

(3) 批量制作缴费单、工资条。

(4) 批量制作个人简历、学生成绩单。

(5) 批量制作准考证、毕业证、明信片等个人报表。

4.9.2　邮件合并的使用

下面以制作准考证为例介绍邮件合并的具体使用方法。

1. 创建数据源

在 Word 文档中插入一个 7 行 7 列的表格，输入表 4.3 所示的内容，注意不要输入表标题，保存为"数据源.docx"文档。注意：文档中不能有表格之外的内容，即表标题不能出现在文档内容中。

表 4.3　数据源

姓名	性别	学校	班级	考号	考场	照片
王天	男	胜利小学	六(1)	06001001	逸夫楼 201	王天.jpg
李明明	女	胜利小学	六(1)	06001002	逸夫楼 201	李明明.jpg
王兰	女	胜利小学	六(1)	06001003	逸夫楼 201	王兰.jpg
孙一南	男	胜利小学	六(1)	06001004	逸夫楼 201	孙一南.jpg
吴浩然	男	胜利小学	六(1)	06001005	逸夫楼 201	吴浩然.jpg
林萌	女	胜利小学	六(1)	06001006	逸夫楼 201	林萌.jpg

2. 创建主文档

新建名为"主文档.docx"的 Word 文档，并设计如图 4.102 所示的准考证。

3. 邮件合并操作

1) 选择文档类型

把光标定位在主文档的任意位置，单击"邮件"选项卡，如图 4.103 所示，在"开始邮件合并"组中单击"开始邮件合并"按钮，弹出文档类型下拉菜单。因为计划每页显示多条记录，所以在下拉菜单中选择"目录"菜单项。

胜利小学 2020 年小学毕业考试准考证					
姓名		性别		考号	
学校		班级		考场	
时间	6 月 25 日				
上	语文		英语		
午	8:30-10:30		11:00-12:00		
下	数学		综合		
午	8:30-10:30		11:00-12:00		

图 4.102　准考证

图 4.103　"邮件"选项卡

2) 选择收件人

在"邮件"选项卡的"开始邮件合并"组中单击"选择收件人",在弹出的下拉菜单中选择"使用现有列表"菜单项,弹出"选择数据源"对话框,在其中选择第 1 步创建的"数据源. docx"文档,如图 4.104 所示,单击"打开"按钮关闭该对话框。

图 4.104　"选择数据源"对话框

3）编辑收件人列表

在"邮件"选项卡的"开始邮件合并"组中单击"编辑收件人列表"按钮，弹出"邮件合并收件人"对话框，如图 4.105 所示，这里不需要修改，直接单击"确定"按钮关闭该对话框。

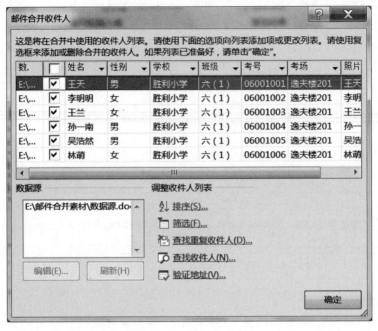

图 4.105　收件人列表

4）插入合并域

把光标定位到主文档中"姓名"后面的空格栏，在"邮件"选项卡的"编写和插入域"组中单击"插入合并域"按钮，在弹出的下拉菜单中选择"姓名"菜单项，则之前光标定位的位置就会出现"«姓名»"字样。用同样的方法，分别插入性别、考号、学校、班级、考场信息。

5）插入照片

光标定位在预留放置照片的位置，切换到"插入"选项卡，在"文本"组中单击"文档部件"按钮，在弹出的下拉菜单中选择"域"菜单项，打开"域"对话框，在"域名"列表中选择IncludePicture，在"域属性"的文件名中将照片所在的地址复制过来，如图 4.106 所示，然后单击"确定"按钮，此时文档中会显示图像占位符，并且照片框会放大，调整其大小，使之适合表格。

保持照片框的选定状态，按 Shift＋F9 快捷键，可以在文档中看到切换过来的域代码，如图 4.107 所示。光标定位在域代码的 pic 后，输入"\\"，然后切换到"邮件"选项卡，在"编写和插入域"组中单击"插入合并域"按钮，在弹出的下拉菜单中选择"照片"菜单项，照片框里又会显示图像占位符，此时还看不到照片。

6）完成并合并

在"邮件"选项卡的"完成"组中单击"完成并合并"按钮，在弹出的下拉菜单中选择"编辑单个文档"菜单项，在打开的"合并到新文档"对话框中选择"全部"单选按钮，如图 4.108 所示，单击"确定"按钮即可生成一个名为"目录 1"的包含全部准考证的多页文档。把光标定

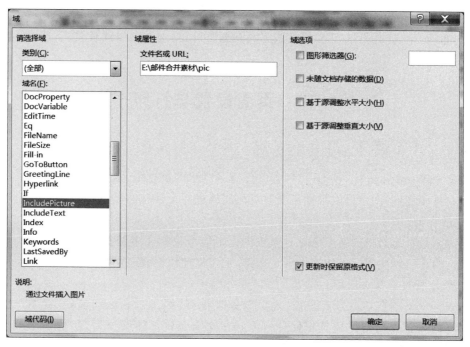

图 4.106　使用 IncludePicture 域

胜利小学 2020 年小学毕业考试准考证					
姓名	《姓名》	性别	《性别》	考号	《考号》
学校	《学校》	班级	《班级》	考场	《考场》
时间	6 月 25 日				
上	语文	英语	{ INCLUDEPICTURE "E:\\邮件合并素材 \\pic" * MERGEFORMAT }		
午	8:30-10:30	11:00-12:00			
下	数学	综合			
午	8:30-10:30	11:00-12:00			

图 4.107　插入合并域后的准考证

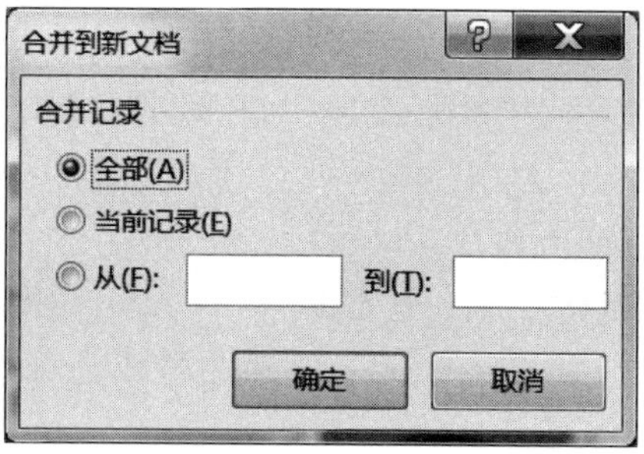

图 4.108　"合并到新文档"对话框

215

位在这个多页文档中,按 Ctrl＋A 快捷键全选,再按 F9 刷新,每个准考证上的照片就正常显示了。如果对生成的"目录 1"文档格式不太满意,可回到主文档中调整格式,然后再重复以上过程。

4.10　页面设置与打印

4.10.1　页面设置

在建立 Word 文档时,Word 已经自动设置了默认的页边距、纸张大小、纸张方向等页面属性。在打印之前,用户可以根据需要对页面属性进行个性化的设置。

1. 设置页边距

页边距是页面周围的空白区域。设置页边距能够控制文本的宽度和长度,还可以留出装订边。用户可以使用标尺快速设置页边距,也可以使用"页面设置"对话框来设置页边距。

1）使用标尺设置页边距

检查一下文档窗口有没有出现"标尺",如果没有"标尺",那么切换到"视图"选项卡,在"显示"组中选中"标尺"复选框使标尺显示在文档窗口。标尺分为"灰色-白色-灰色"三段,水平标尺左侧的灰色区域宽度代表左边距大小,右侧的灰色区域宽度代表右边距宽度;垂直标尺上边的灰色区域高度代表上边距大小,下边的灰色区域高度代表下边距大小。

将鼠标指针置于垂直标尺的灰白区域分隔线位置,其形状将变为垂直方向的双向箭头时,按住鼠标左键上下拖动,即可改变上下页边距;将鼠标指针置于水平标尺的灰白区域分隔线位置,其形状将变为水平方向的双向箭头时,按住鼠标左键左右拖动,即可改变左右页边距。

2）使用"页面设置"对话框设置页边距

如果需要精确设置页边距,就必须使用"页面设置"对话框来进行设置。在"布局"选项卡"页面设置"组中单击"页边距"按钮,在弹出的下拉菜单中选择"自定义边距"菜单项,打开"页面设置"对话框并自动切换到"页边距"选项卡,如图 4.109 所示,在"页边距"区域中,根据实际需要在"上""下""左""右"文本框中分别输入页边距的数值。

2. 设置装订线和纸张方向

如果需要设置装订线,则在"页面设置"对话框"页边距"选项卡中,在"页边距"组的"装订线"编辑框中输入装订线的宽度值,在"装订线位置"下拉列表中根据需要选择"左"或"上"选项。如果需要设置纸张方向,在"纸张方向"组中选择"纵向"或"横向"选项来设置纸张方向。

3. 设置纸张大小

Word 2016 默认的打印纸张为 A4,其宽度为 21 厘米,高度为 29.7 厘米,且页面方向为纵向。如果实际需要的纸型与默认设置不一致,就会造成分页错误,此时就必须重新设置纸张类型。

在"布局"选项卡的"页面设置"组中单击"纸张大小"按钮,在弹出的下拉菜单中选择"其他纸张大小"菜单项,打开"页面设置"对话框并自动切换到"纸张"选项卡,如图 4.110 所示。

在该选项卡中单击"纸张大小"下拉列表右侧的下拉按钮,在打开的下拉列表中选择一种纸型;还可以在"宽度"和"高度"编辑框中设置具体的数值来自定义纸张的大小。在"纸张来源"组中设置打印机的送纸方式:在"首页"列表中选择首页的送纸方式;在"其他页"列表中设置其他页的送纸方式。在"应用于"下拉列表中选择当前设置的应用范围。单击"打印选项"链接,可在弹出的"Word 选项"对话框中的"打印选项"组中进一步设置打印属性。设置完成后,单击"确定"按钮即可退出"页面设置"对话框。

图 4.109 "页面设置"对话框

图 4.110 设置纸张

4. 设置版式

Word 2016 提供了设置版式的功能,可以设置有关页眉和页脚、页面垂直对齐方式以及行号等特殊的版式选项。

单击"布局"选项卡"页面设置"组右下角的扩展按钮,打开"页面设置"对话框,切换到"版式"选项卡,如图 4.111 所示。

在该选项卡中的"节的起始位置"下拉列表中选择节的起始位置,用于对文档分节。在"页眉和页脚"组中可确定页眉和页脚的显示方式:如果需要奇数页和偶数页不同,可选中"奇偶页不同"复选框;如果需要首页不同,可选中"首页不同"复选框。在"页眉"和"页脚"编辑框中可设置页眉和页脚距边界的具体数值。在"垂直对齐方式"下拉列表中可设置页面的一种对齐方式。页面垂直对齐方式有如下 4 种。

（1）顶端对齐。顶端对齐方式为系统默认方式,指正文的第 1 行与上页边距对齐。

（2）居中对齐。居中对齐指正文的上页边距与下页边距之间居中对齐。

（3）两端对齐。两端对齐会增大段间距,使得第 1 行与上页边距对齐,最后一行与下页边距对齐。

（4）底端对齐。底端对齐指正文的最后一行与下页边距对齐。

在"预览"区域中单击"行号"按钮,弹出"行号"对话框,选中"添加行号"复选框,如图 4.112 所示。

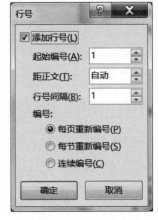

图 4.111 "页面设置"对话框的"版式"选项卡　　图 4.112 "行号"对话框

在该对话框中可进行以下操作：在"起始编号"编辑框中设置起始编号；在"距正文"编辑框中设置行号与正文之间的距离；在"行号间隔"编辑框中设置每几行添加一个行号。"编号"组中有"每页重新编号""每节重新编号""连续编号"3 个单选按钮,可根据需要对其进行设置。单击"确定"按钮,即可看到添加行号后的效果。

5. 设置文字方向

在"布局"选项卡的"页面设置"组中单击"文字方向"按钮,弹出文字方向下拉菜单,在其中可根据需要选择需要的文字方向。也可以单击"布局"选项卡"页面设置"组右下角的扩展按钮,打开"页面设置"对话框,切换到"文档网络"选项卡,如图 4.113 所示,在其中的"文字排列"中设置文字方向。

图 4.113 在"页面设置"对话框中设置文字方向

4.10.2 打印输出

创建、编辑和排版文档的最终目的是将其打印出来,Word 2016 具有强大的打印功能,在打印前用户可以使用"打印预览"功能在屏幕上查看即将打印的效果,如果不满意还可以对文档进行修改。

1. 打印预览

在打印文档之前,必须对文档进行预览,查看是否有错误或不足之处,以免造成不可挽回的错误。单击"文件"按钮,在弹出的菜单中选择"打印"命令,即可在弹出的界面右侧看到文档的预览窗口。

2. 打印文档

在打印文档之前,应该对打印机进行检查和设置,确保计算机已正确连接了打印机,并安装了相应的打印机驱动程序。所有设置检查完成后,即可打印文档。

单击"文件"按钮,在弹出的菜单中选择"打印"命令,即可弹出如图 4.114 所示的界面,在此界面可以根据需要进行相关设置,设置完成后,单击"打印"按钮即可进行打印。

（1）选择打印机。单击"打印机"组右侧的下拉按钮，在弹出的下拉菜单中选择打印机的名称。

（2）设置打印机属性。单击"打印机属性"按钮，弹出"打印机属性"对话框，在该对话框中可对选择的打印机的属性进行设置。

（3）设置打印的页面范围。在"设置"和"页数"组中设置打印文档的范围。

（4）设置打印的份数。在"份数"编辑框中设置打印的份数。

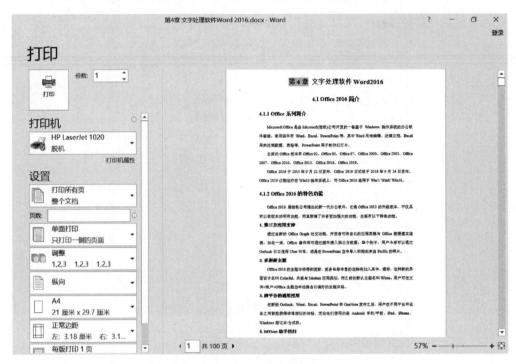

图 4.114 "打印"界面

3. 快速打印

平时在 Word 中打印文档时，一般是通过"文件"菜单下的"打印"功能来打印，但这种常规的操作至少要进行如上所述的多个步骤才能开始打印。Word 2016 提供了快速打印文档的功能，能够帮助用户提高办公效率。

单击 Word 2016 程序左上方的"自定义快速访问工具栏"按钮，在弹出的下拉菜单中有个"快速打印"命令，默认情况下这个命令是没有被选中的。单击"快速打印"命令，选中命令，这个时候就会在"快速访问工具栏"中添加上"快速打印"图标。如果用户编辑好文档后，需要打印文档时，只需要单击这个"快速打印"按钮即可开始打印。

也可以在需要打印时直接按打印文档的 Ctrl＋P 快捷键就可以开始打印。

4.11　本章小结

Word 2016 是 Office 2016 的核心构成，它将文字处理和图表处理功能结合起来，能编排出图文并茂的文档，使文档的表达更加清晰明了和规范，使用起来极为方便。本章介绍了

Word 2016 的基本功能,并详细讲解了以下内容:文档的创建、编辑、保存、打印等基本操作;设置字体和段落格式、样式应用、调整页面布局等排版操作;文档中表格的制作与编辑;文档中图形对象的编辑与处理、文本框的使用、符号和数学公式的输入与编辑;文档的分栏、分页和分节操作、文档页眉页脚的设置、在文档中添加引用内容;利用邮件合并功能批量制作和处理文档等。通过对本章的学习,读者能掌握使用 Word 2016 创建并编辑文档、美化文档外观的基本操作,掌握长文档的排版技巧,学会使用 Word 的邮件合并功能,掌握打印输出文档的操作方法。

思 考 题 4

1. 简述 Word 2016 中几种视图方式的特点。
2. 简述 Word 文档"保存"和"另存为"的区别。
3. 在 Word 2016 中如何使用格式刷快速复制格式?
4. 简述 Word 制表位的作用。如何设置和取消制表位?
5. 简述为段落和字符添加边框的方法,并说明两种操作有什么区别?
6. 在 Word 2016 中怎样新建样式?
7. Word 中的分页符和分节符有什么区别?

第5章 | 电子表格软件 Excel 2016

5.1 Excel 2016 概述

5.1.1 Excel 2016 简介

Excel 2016 是 Office 2016 的一个重要的组成部分,主要是用于完成日常表格的制作和数据计算等操作。它通过友好的人机界面,方便易学的智能化操作方式,使用户轻松拥有实用美观、个性十足的实时表格,是工作、生活中的得力助手。

Excel 2016 功能全面,操作方便,具有丰富的图表制作和数据处理、分析功能。相比之前的版本,Excel 2016 主要有如下新增功能。

（1）主题色彩新增彩色和中灰色。

（2）Excel 2016 的触摸模式,字体间隔更大,更利于使用手指直接操作。

（3）Clippy 助手回归,在功能区上有一显示着"告诉我你想要做什么"的文本框,即 Tell Me 搜索栏。

（4）Excel 2016 文件菜单中对"打开"和"另存为"的界面进行了改良。

（5）Excel 2016 将共享功能和 One Drive 进行了整合,对文件共享进行了大大的简化。

（6）将工作簿保存在 One Drive 或共享上后,在"文件"菜单的"历史记录"界面中,可以查看对工作簿更改的完整列表,并可访问早期版本。

（7）Excel 2016 中添加了墨迹公式,用户可以使用手指或触摸笔在编辑区域手动写入数学公式。

（8）Excel 2016 中新增了树状图、旭日图、直方图、排列图、箱形图与瀑布图。

（9）Excel 2016 中内置 3D 地图,用户可轻松插入三维地图,并与二维地图同步播放。同时 Power Map 插件完善了该功能。

5.1.2 工作界面介绍

启动 Excel 2016 后将会看到它的工作界面。相比以前版本,Excel 2016 的工作界面做了相当大的改进,使操作变得更加方便、快捷。Excel 2016 的工作界面主要包括快速访问工具栏、选项卡、标题栏、功能区、数据区、编辑栏以及工作表标签等,如图 5.1 所示。

- 标题栏。显示当前所打开 Excel 文件的文件名称。
- 快速访问工具栏。用户可以根据自己的使用习惯,将最常用的功能在此显示,以方便用户快速使用,如保存、打印预览等功能。
- 功能区。显示当前选项卡所包含的功能按钮区域。

图 5.1　Excel 2016 工作界面

- 编辑栏。对当前选定单元格的内容进行编辑的区域。
- 状态栏。显示当前工作簿所处状态。

5.1.3　功能区介绍

Excel 功能区位于标题栏下方,使用 Ribbon 风格,采用选项卡标签和功能区的形式,是 Excel 窗口中的重要组成部分。功能区由各种选项卡和包含在选项卡中的各种命令按钮组成,利用它可以轻松地查找以前隐藏在复杂菜单和工具栏中的命令和功能。在其右侧还包含"登录"和"共享"按钮,如图 5.2 所示。可以登录 Microsoft 账户,实现多人协同处理该工作簿。

图 5.2　功能区示意图

Excel 功能区主要包含"文件"按钮,"开始""插入""页面布局""公式""数据""审阅""视图"7 个选项卡。另外,用户也可以通过"文件"→"选项"→"自定义功能区"对选项卡进行添加或删除。下面介绍 Excel 2016 功能区的主要选项卡。

1. "文件"按钮

单击"文件"按钮后,会显示一些基本功能,包括"信息""新建""打开""保存""另存为""导出为 pdf""打印""共享""导出""发布""关闭""账户""选项"等命令,如图 5.3 所示。

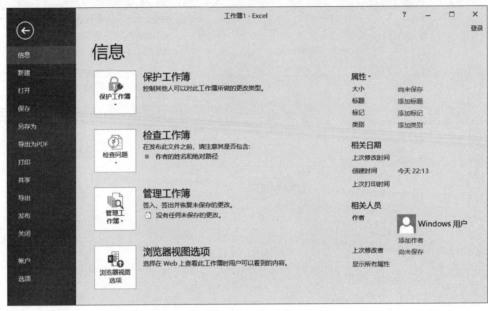

图 5.3 "文件"按钮

2. "开始"选项卡

"开始"选项卡主要包含一些常用的功能,如"剪贴板""字体""对齐方式""数字""样式""单元格""编辑"功能分组,如图 5.4 所示。文本数据的复制和粘贴、字体和段落的格式化、表格和单元格的样式、单元格和行列的基本操作等都可以在该选项卡下找到对应的功能按钮或菜单命令。

图 5.4 "开始"选项卡

3. "插入"选项卡

"插入"选项卡主要包含插入 Excel 对象的操作,例如,在 Excel 中插入表格、透视表、插图、图表、迷你图、文本框、公式和符号等,如图 5.5 所示。

图 5.5 "插入"选项卡

4. "页面布局"选项卡

"页面布局"选项卡主要包含 Excel 外观界面的设置,如主题设置、页面设置、调整为合适大小、工作表选项以及图形对象排列位置的设置等,如图 5.6 所示。

图 5.6 "页面布局"选项卡

5. "公式"选项卡

"公式"选项卡主要包含函数、公式等计算功能,如插入函数、自动计算、定义名称、公式审核及计算等,如图 5.7 所示。

图 5.7 "公式"选项卡

6. "数据"选项卡

"数据"选项卡主要包含数据的处理和分析功能,如获取外部数据、跨多种源查找和连接数据、数据的排序和筛选、数据的验证和预测等,如图 5.8 所示。

图 5.8 "数据"选项卡

7. "审阅"选项卡

"审阅"选项卡主要包含校对、中文简繁转换、智能查找、批注管理及工作表、工作簿的保护和共享等,如图 5.9 所示。

图 5.9 "审阅"选项卡

8. "视图"选项卡

"视图"选项卡主要包含切换工作簿视图、显示与显示比例、窗口的相关操作及查看和录制宏等功能,如图 5.10 所示。

图 5.10 "视图"选项卡

Excel 的主要功能都在功能区中,本节将初步了解 Excel 2016 功能区主要选项卡的功能,在后续的章节中将会深入学习这些选项卡的用途和操作方式。

5.1.4 基本元素介绍

构成 Excel 的基本元素有工作簿、工作表和单元格,如图 5.11 所示。

图 5.11 基本元素介绍

1. 工作簿

在 Excel 中,用来存储并处理工作数据的文件叫做工作簿,也就是说 Excel 文档就是工作簿。它是 Excel 工作区中一个或多个工作表的集合,其扩展名为.xlsx。当启动 Excel 时,系统会自动创建一个新的工作簿文件,名称为"工作簿 1",之后创建工作簿的名称默认为"工作簿 2""工作簿 3"……

2. 工作表

工作表是显示在工作簿窗口中的表格,其名称显示在工作簿文件窗口底部的标签里。一个工作表最多由 1 048 576 行和 16 384 列构成。行的编号为 1~1 048 576,列的编号依次用字母 A、B…AA…XFD 表示。行号显示在工作簿窗口的左边,列号显示在工作簿窗口的上边。

默认情况下,一个工作簿包含一个工作表,一个工作簿最多可建立 255 个工作表。标签是指每个工作表的名称,可以在标签上单击工作表的名称,实现在同一工作簿中切换不同的工作表,如 Sheet1,Sheet2,Sheet3 等。

3. 单元格

工作表中行列交汇处的区域称为单元格,是存储数据的基本单位。下面列出 3 种单元格的表示方法。

(1) 单元格的地址。用"列标+行号"表示,如 A4。

(2) 单元格区域。由单元格区域左上角和右下角单元格地址组成,中间用冒号分开,如 A5:C9。

(3) 活动单元格。指当前正在使用的单元格,在屏幕上用带黑色粗线的方框表示。

5.2　工作簿的基本操作

5.2.1　工作簿的新建、保存与打开

1. 工作簿的新建

启动 Excel 的同时新建了一份空白的工作簿;也可以单击"文件"按钮,选择"新建"菜单项来建立新的工作簿,如图 5.12 所示。

图 5.12　工作簿的新建

2. 工作簿的保存

按下快速访问工具栏的"保存文件"按钮，如果是第 1 次保存，会开启"另存为"对话框，由用户指定工作簿保存的位置、文件名及文件类型，如图 5.13 所示。

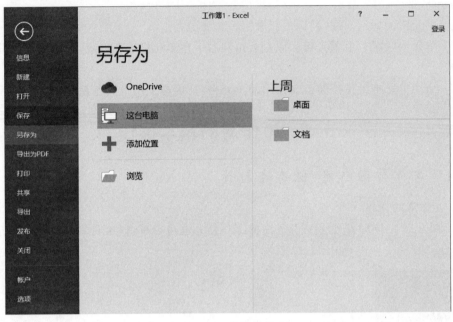

图 5.13　工作簿的保存

3. 工作簿的打开

单击"文件"按钮，在弹出的菜单中选择"打开"菜单项，就会显示"打开"对话框让用户选择要打开的文件，如图 5.14 所示。

图 5.14　工作簿的打开

若想打开最近编辑过的工作簿文件,则可单击"文件"按钮,在弹出的菜单中选择"打开"菜单项,单击"打开"对话框的"最近"按钮,就会列出最近编辑过的文件。

5.2.2 最大化、最小化操作

窗口右上角的3个图表分别为"最小化""最大化""关闭",单击右上角的相应按钮,即可实现相应功能,如图5.15所示。当单击"最大化"按钮后,相应的位置会显示"向下还原"的标志。

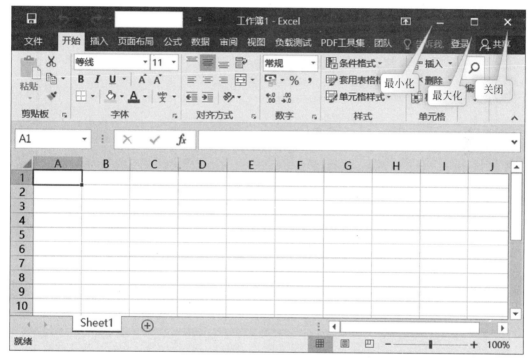

图5.15 工作簿的最大化和最小化

5.3 工作表的基本操作

5.3.1 工作表的新建

1) 通过快捷方式新建工作表

选择"插入"选项。右击Sheet1工作表标签,在弹出的快捷菜单中单击"插入"选项,如图5.16所示。

2) 通过"开始"选项卡下的按钮插入工作表

选择要插入工作表的位置,单击"开始"选项卡"单元格"组中"插入"的下拉菜单按钮,在展开的下拉菜单中单击"插入工作表"菜单项,如图5.17所示。

3) 单击"新工作表"按钮插入工作表

单击工作表标签区域中的"新工作表"按钮,如图5.18所示,也可以插入工作表。

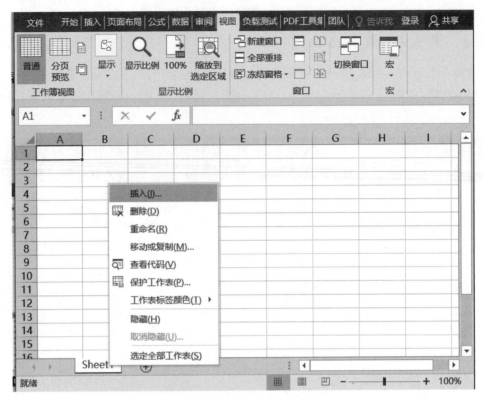

图 5.16 快捷方式新建工作表

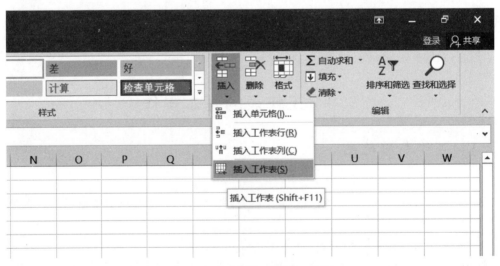

图 5.17 "开始"方式新建工作表

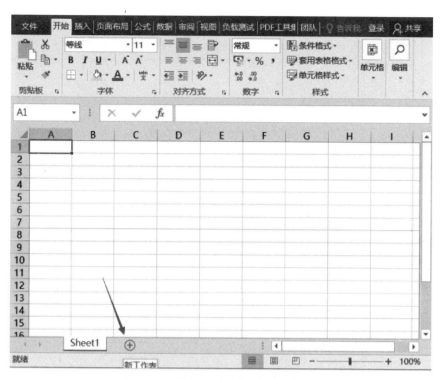

图 5.18　"新工作表"方式新建工作表

5.3.2　工作表的命名与重命名

当用户插入一张新的工作表时,工作表名称标签会自动进入编辑状态,如果用户不输入新的名称,该工作表会使用默认名称。新建的工作表名称默认为 Sheet1,Sheet2,…这样的命名规则对用户来说并不实用,为了更快捷地操作和归类,需要对工作表重新命名。可采用以下两种方法对工作表进行重命名。

(1) 双击工作表标签进行重命名。将光标置于工作表标签外,双击,此时工作表标签的名称处于可编辑状态,即可输入新的名称,如图 5.19 所示。

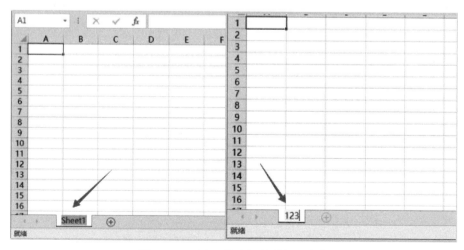

图 5.19　双击工作表标签进行重命名

电子表格软件 *Excel 2016*

（2）选择"重命名"命令进行重命名。如图 5.20 所示，将光标置于工作表标签外，右击，弹出快捷菜单，选择"重命名"菜单项即可进入对工作表标签的可编辑状态。

在命名工作表时，需要注意以下规则：名称不能多于 31 个字符；名称中不能包含"/"
"?"" * ""[""]"任一字符；名称不能为空。

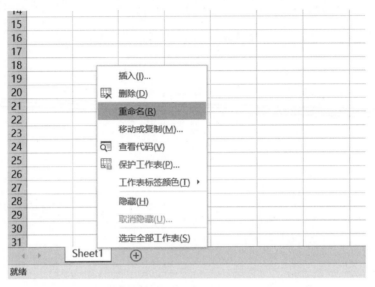

图 5.20　双击工作表标签进行重命名"重命名"命令进行重命名

5.3.3　工作表的移动和复制

有时需要将工作表在工作簿里的顺序进行调整，或是为某张表制作一个副本再进行数据操作，此时就要用到移动与复制操作。下面介绍两种常用方法。

（1）鼠标左键拖动。在要移动的工作表标签上按住鼠标左键，将其拖曳到指定的位置即可完成工作表的移动。在移动工程中，会有一个黑色的三角形指向当前的插入点。用这种方法复制工作表，只需在拖动的同时按住 Ctrl 键，就可以在黑色三角指定的位置插入一张复制工作表，工作表的名称为原工作表的名称加副本的编号，如图 5.21 所示。

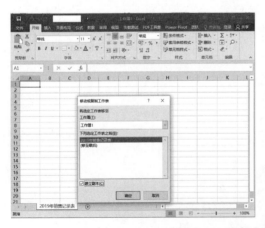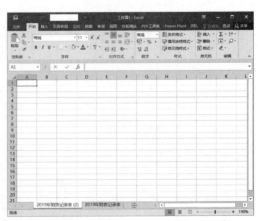

图 5.21　鼠标左键移动或复制表格

（2）使用快捷菜单移动或复制表格。在要操作的工作表上右击，在弹出的快捷菜单中选择"移动或复制"选项。打开"移动或复制工作表"对话框，默认是在当前工作簿内移动工作表，可以在"下列选定工作表之前"列表中选择要插入的位置，单击"确定"按钮，即可完成移动操作。当选中"建立副本"复选框后，原表不会移动，而是会在插入点前插入一张副本工作表，其命名规则如前所述。

对于不同工作簿间工作表的复制与移动，只需在"将选定工作表移至工作簿"下拉列表中选择目标工作簿即可完成，如图 5.22 所示。

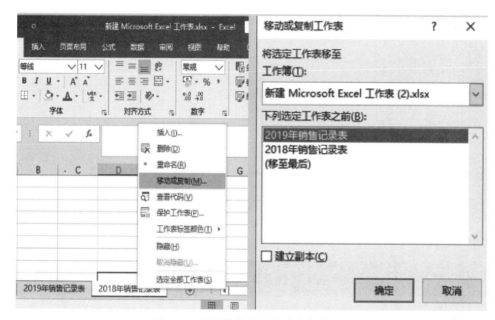

图 5.22　使用快捷菜单移动或复制表格

5.3.4　工作表的插入和删除

在工作簿中插入一张工作表的方法与新建工作表方法相同，不再赘述，这里重点讲述删除一张工作表的方法。

（1）右击要删除的工作表标签，在弹出的快捷菜单中选择"删除"菜单项，系统就会删除选定的工作表，如图 5.23 所示。

（2）单击选定要删除的工作表标签，再在"开始"选项卡里单击"删除"按钮右侧的下拉按钮，在打开的下拉菜单中选择"删除工作表"命令，即可删除当前工作表，如图 5.24 所示。

5.3.5　工作表的切换和隐藏

当处理完一张表格要去查看另一张表格时，就需要进行工作表之间的切换，在 Excel 工作区下方排列着当前工作簿中可见的所有工作表标签，单击标签即可打开对应的工作表，如图 5.25 所示。

在处理表格数据时，如果某些表格暂时不需要操作或者只是为其他表格提供数据，那么为了防止此类表格被不慎破坏，可以将它们隐藏起来。设置隐藏的方式是：右击要隐藏的表格，在弹出的快捷菜单中选择"隐藏"菜单项，即可完成工作表的隐藏，如图 5.26 所示。

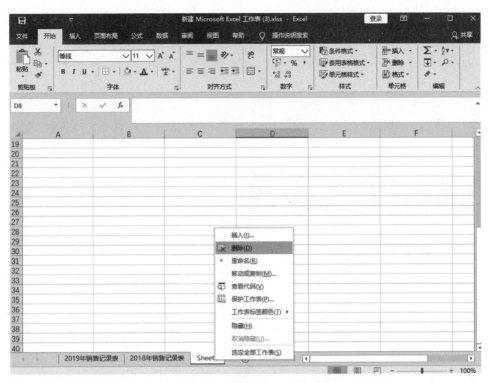

图 5.23　删除工作表方法(1)

图 5.24　删除工作表方法(2)

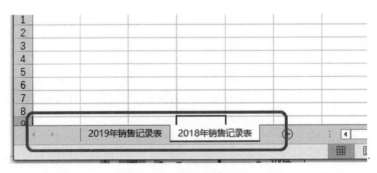

图 5.25　工作表的切换

图 5.26　工作表的隐藏

取消隐藏的方法与之相似：当工作簿中存在已隐藏的表格，在任意工作表标签上右击，在弹出的快捷菜单中会多出一个"取消隐藏"的菜单项，单击该菜单项即可显示出之前隐藏的工作表。注意：取消隐藏会将所有隐藏的工作表都显示出来。

5.3.6　工作表的格式化

为了使工作表更好地表达数据，往往还需要在添加数据前对表格进行必要的格式化操作，由于工作表的格式化内容也可以在表格编辑的其他阶段进行，并且涉及的内容较为复杂，故在本章的 5.5 节详述此问题。

5.4　单元格的基本操作

5.4.1　输入文本和数据

1. 输入文本

（1）普通文本。直接向单元格中输入文本内容。

（2）超长文本的显示。右击单元格，在弹出的快捷菜单中，单击"设置单元格格式"选项，弹出"设置单元格格式"对话框，单击该对话框中的"对齐"选项卡，在文本控制组选择"自动换行"和"缩小字体填充"复选框。

（3）数字作为文本输入。有如下两种方法：①先输入单撇号"'"，再输入数字；②先将单元格格式设置为文本，再输入数字。最终显示如图 5.27 所示。

2. 输入整数

单击选中或双击准备输入的单元格，然后在该单元格中输入整数数字，再按 Enter 键或单击其他任意单元格，即可完成整数数值的输入，默认输入完成的数字将以右对齐的方式显示。

3. 输入分数

输入分数有如下两种方式。

（1）在单元格中输入分数，然后右击该单元格，在弹出的快捷菜单中选择"设置单元格

图 5.27　文本数据的输入

格式"选项,弹出"设置单元格格式"对话框。在该对话框的"数字"选项卡的"分类"列表中选择"分数",在"类型"列表选择相应的形式,即可在单元格显示分数,如图 5.28 所示。

图 5.28　分数的设置

（2）在单元格中先输入 0，再输入空格，然后输入分数，即可按分数形式显示，如图 5.29 所示。

4. 输入百分数

百分数可在单元格中直接输入。选中单元格，首先在"开始"选项卡"数字"组的"常规"下拉菜单中选中"百分比"后再在单元格中输入数值，然后单击"数字"组右下角的扩展按钮 打开图 5.30，对小数位数进行设置。

图 5.29 分数的输入

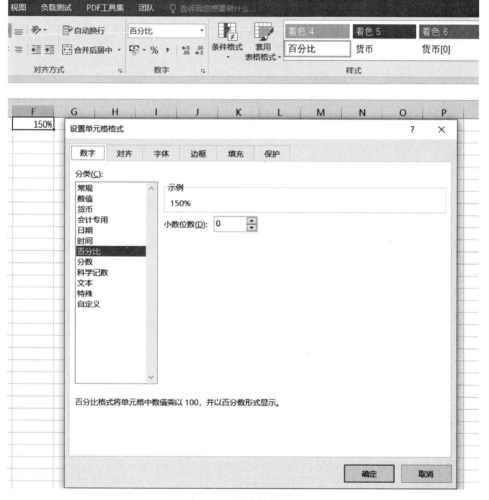

图 5.30 百分数的输入

5. 输入日期和时间

单击单元格，再单击"开始"选项卡"数字"组中右下角的扩展按钮，弹出"设置单元格格式"对话框。在该对话框中单击"数字"选项卡，在分类列表中选择"日期"，在"类型"列表中选择准备使用的日期样式类型，确认操作后，单击"确定"按钮，如图 5.31 所示。以同样的方法设置时间的样式类型，这里不再赘述。

电子表格软件 Excel 2016

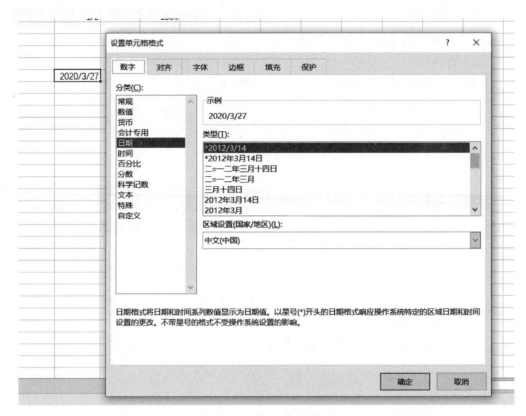

图 5.31 时间日期的输入

类似地,可根据要求设置货币、科学技术、特殊格式以及自定义格式等。

5.4.2 单元格的自动填充

1. 填充柄填充

使用填充柄填充的方法如下所示。

(1) 在单元格中输入准备自动填充的内容,选中该单元格,将鼠标指针移向右下角直至鼠标指针自动变为实心黑十字形状。

(2) 拖动鼠标指针至准备填充的单元格行或列,可以看到准备填充的内容浮动显示在准备填充区域的右下角。

2. 自定义序列填充

(1) 单击"文件"按钮,在弹出的菜单左侧选择"选项"菜单项。

(2) 弹出"Excel 选项"对话框,单击选择"高级"选项卡,拖动垂直滑块至对话框底部,在"常规"组中选择"编辑自定义列表"按钮,如图 5.32 所示。

(3) 弹出"自定义序列"对话框,在"自定义序列"列表中,选择"新序列",在"输入序列"文本框中输入准备设置的序列(每个条目用键盘上的"回车键"隔开),如输入"商务部 1 商务部 2 商务部 3 商务部 4",单击"添加"按钮,如图 5.33 所示。

输入"商务部 1",将鼠标指针移向右下角,向下拖拽,自动填充"商务部 2,商务部 3,商务部 4",如图 5.34 所示。

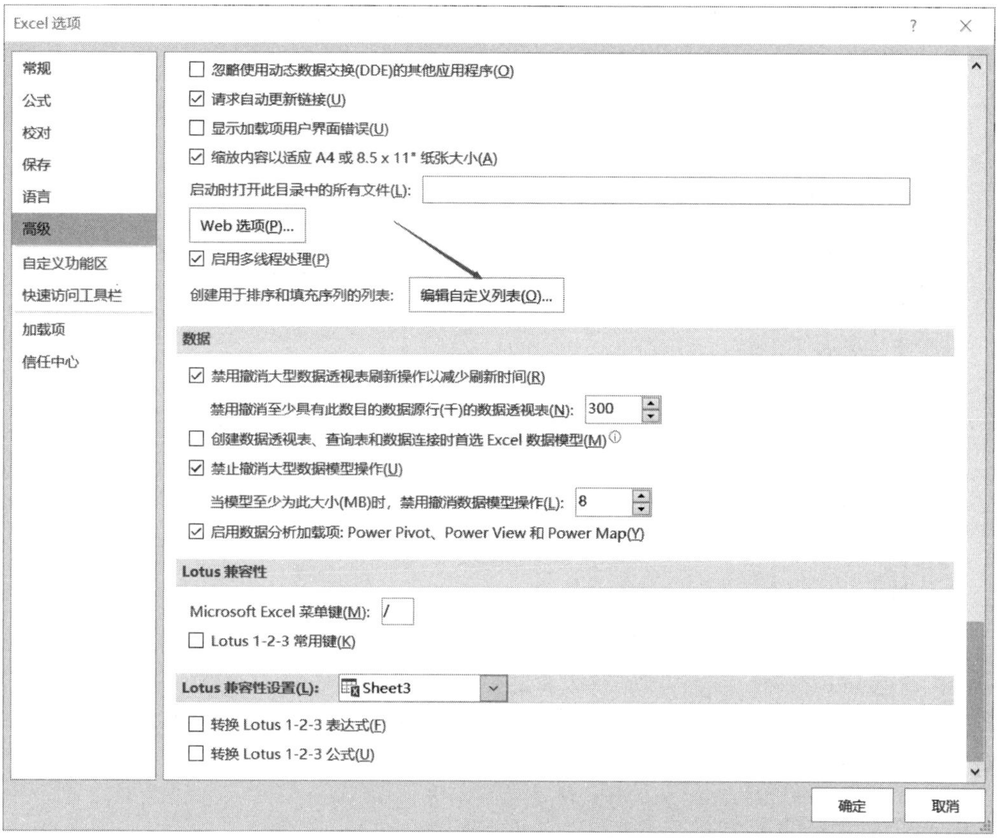

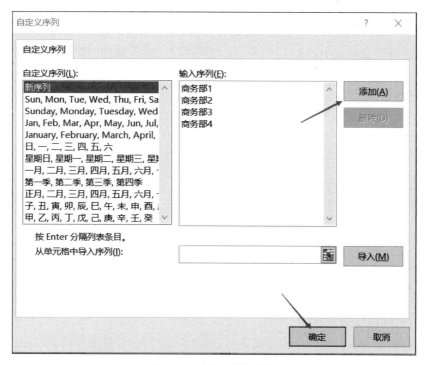

图 5.32　自定义序列填充设置

图 5.33　自定义序列设置

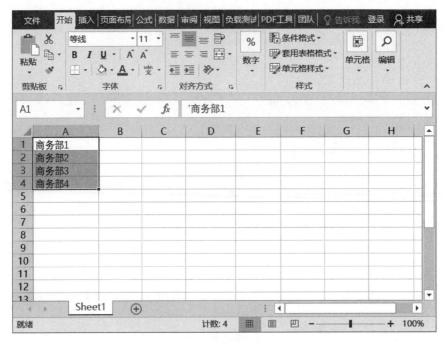

图 5.34   自定义序列填充示例

5.4.3   选中单元格

1. 单个单元格的选中

将光标指向待选中的单元格,单击即可选中。

2. 区域的选中

单击待选区域中的第 1 个单元格,然后按住鼠标左键,拖至最后一个单元格再释放鼠标左键;或者单击待选区域中的第 1 个单元格,然后按住 Shift 键的同时单击该区域中的最后一个单元格。

3. 选中相邻、非相邻单元格

选中相邻的单元格区域:单击要选取区域左上角的单元格,然后按住鼠标左键,拖动光标到需要选取区域的右下角。

选中非相邻的单元格:按住 Ctrl 键不放,单击所需选择的单元格。

4. 选中整行、整列

选中整行:单击行号标题。

选中整列:单击列号标题。

5. 选中整个工作表

单击行号和列号交汇处的全选按钮即可选中整个工作表。

5.4.4   单元格的移动和复制

1. 通过剪贴板移动复制

(1) 选择要移动或复制的单元格或区域,若要移动单元格,单击快捷菜单中的“剪切”菜单项或使用 Ctrl+X 快捷键。若要复制单元格,单击快捷菜单中的“复制”菜单项或使用

Ctrl+C 快捷键。

(2) 选中新的单元格后,单击快捷菜单中的"粘贴"菜单项或使用 Ctrl+V 快捷键。

2. 鼠标拖动

首先选中要复制或移动的单元格区域,移动和复制分别执行以下操作。

(1) 移动。单击选中部分的 4 个黑色边框中的任何一条,按住鼠标左键,将其拖动到目标位置。

(2) 复制。按住 Ctrl 键,接下来的操作与移动操作相同。

5.4.5 单元格的插入与删除

1. 插入单元格

选中一个单元格,在快捷菜单中选中"插入"选项,打开单元格的"插入"对话框,如图 5.35 所示。在该对话框中可以选择以下几种插入方式。

(1) 活动单元格右移。表示在选中单元格的左侧插入一个单元格。

(2) 活动单元格下移。表示在选中单元格上方插入一个单元格。

(3) 整行。表示在选中单元格的上方插入一行。

(4) 整列。表示在选中单元格的左侧插入一列。

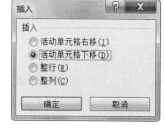

图 5.35　表格的插入

2. 插入行列

(1) 在工作表中选择一行或多行后,在"开始"选项卡"单元格"组中,单击"插入"旁边的下拉按钮,在弹出的下拉菜单中单击"插入工作表行"菜单项,即可在选中行的上方插入空行,插入的空行数与选中的行数相同。

(2) 在工作表中选择一列或多列后,在"开始"选项卡"单元格"组中,单击"插入"旁边的下拉按钮,在弹出的下拉菜单中单击"插入工作表列",即可在选中列的左侧插入空列,插入的空列数与选中的列数相同。

插入空行后,原有选中行及其下方的行自动向下移;插入空列后,原有选中列及其右侧的列自动向右移。

5.5 格式化工作表

5.5.1 设置单元格格式

1. 单元格字体字号的设置

如果默认字体并非表格所需的字体,可以在"开始"选项卡"字体"组中通过以下方法对字体字号进行设置,如图 5.36 所示。

图 5.36　字体字号的设置

(1) 设置字号。在工作表中,选中要设置字体的单元格区域。在"开始"选项卡"字体"组中,单击"字号"的下拉按钮,在展开的字号下拉菜单中选中需要的字号大小。

（2）设置字体。在工作表中，选中要设置字体的单元格区域。在"开始"选项卡"字体"组中，单击"字体"下拉按钮，在展开的字体下拉菜单中选中对应的字体，如"楷体"，单击即可应用效果。

（3）设置加粗斜体与下画线等字体修饰。在"字体"组中还包括了另外一些文字修饰样式，包括"加粗"**B**、"斜体"*I* 及"增大/缩小字号"，当单击这些功能的图标后，选中的文字就会按照要求进行相应的调整；像"下画线"，"背景/字体颜色"这样的右侧带有下拉按钮的功能图标，单击后会打开相应的下拉面板让用户选择"线性""颜色"等调整参数。

这些功能是平时处理字体样式中最为常见的属性，如果用户有更加复杂的字体要求，则可以单击"字体"选项组右下角的扩展按钮，打开"设置单元格格式"对话框，如图 5.37 所示，再进行进一步的设置。

图 5.37　字体的设置

2. 对齐方式

数据输入单元格中默认的对齐方式为：输入的文本左对齐，输入的数字、日期等右对齐。但用户可根据实际需要重新设置数据的对齐方式。

选中要重新设置对齐方式的单元格，在"开始"选项卡"对齐方式"组中可以设置不同的对齐方式：

（1）这 3 个按钮用于设置垂直对齐方式，依次为顶端对齐、垂直居中、底端对齐，输入的数据默认为"垂直居中"。

（2）这 3 个按钮用于设置水平对齐方式，依次为左对齐、居中、右对齐。

（3）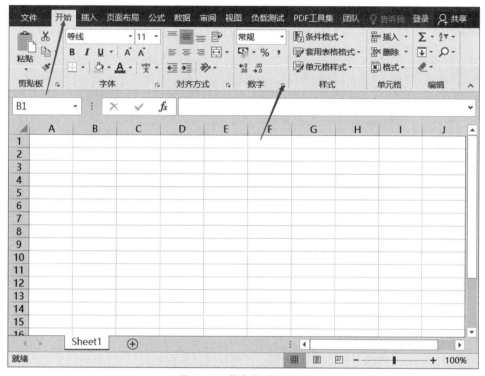这个按钮用于设置文字倾斜或竖排显示，通过单击右侧的下拉按钮，还可以设置不同的倾斜方向或竖排形式。

3. 数字的形式

Excel预设了大量数据格式供用户选择使用，用户也可以根据需要对数据格式进行自定义修改。设置数字格式的方法如下所示。

步骤1：在工作表中单击工作表的列号，选择需要设置数据格式的列，在"开始"选项卡"数字"组中单击右下角的扩展按钮，如图5.38所示。

图5.38　数字格式的设置

步骤2：打开设置"单元格格式"对话框，在"分类"列表中可以选择自己需要的数字格式，当选择某一类别后，窗口右侧可以看到相应的预览示例，以及该格式下可以选择的调节选项。对于已有样式中没有需要的格式，则选择"自定义"选项，在右侧的"类型"文本框中的格式代码上设置所需的格式，如添加一种带欧元符号前缀且有两位小数的货币数字格式，可参照图5.39设置，设置完成后单击"确定"按钮。

4. 设置行高和列宽

在报表的编辑过程中经常需要调整特定行的行高或列的列宽，例如，当单元格中输入的数据超出该单元格宽度时，需要调整单元格的列宽。Excel 2016中调整行高和列宽有如下两种方法。

1）使用命令调整行高和列宽

（1）调整行高的具体操作为：在需要调整其行高的行标上右击，在弹出的快捷菜单中单击"行高"选项，打开"行高"对话框，在文本框中输入要设置的行高值，单击"确定"按钮，即可完成行高的调整，如图5.40和图5.41所示。

244

图 5.39　自定义设置

图 5.40　行高设置

（2）调整列宽的具体操作为：在需要调整其列宽的列标上右击，在弹出的快捷菜单中单击"行高"选项，打开"行高"对话框，在文本框中输入要设置的列宽值，单击"确定"按钮，即可完成列宽的调整。

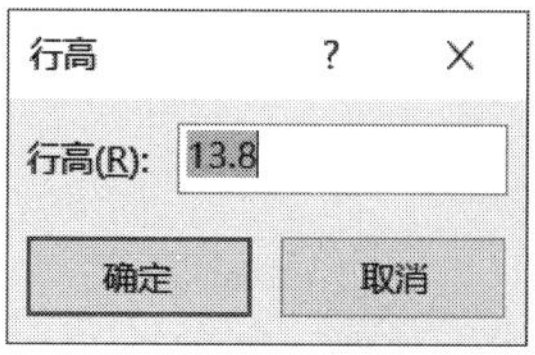

图 5.41　行高输入

2）使用鼠标拖动的方法调整行高和列宽

（1）使用鼠标拖动方法调整行高的具体操作如图 5.42 所示。

① 将光标定位到要调整行高的某行下边线上，直到光标变为双向对拉箭头。

② 按住鼠标左键向上拖动，即可减小行高（向下拖动即可增大行高），拖动时右上角显示具体尺寸。

（2）使用鼠标拖动方法调整列宽的具体操作如图 5.43 所示。

① 将光标定位到要调整列宽的某列右边线上，直到光标变为双向对拉箭头。

② 按住鼠标左键向左拖动，即可减小列宽（向右拖动即可增大列宽），拖动时右上角显示具体尺寸。

图 5.42　调整行高

图 5.43　调整列宽

5.5.2　设置表格格式

1. 边框与填充

Excel 2016 默认显示的网格线只用于区分不同单元格的数据，如果要为单元格添加特定的边框效果，就需要对单元格的边框单独设置，操作步骤如下所示。

（1）在工作表中，选中要设置表格边框的单元格区域右击，在弹出的快捷菜单中单击"设置单元格格式"选项。

（2）打开"设置单元格格式"对话框，选择"边框"选项卡，在"样式"列表中，选择外边框的样式，接着在"颜色"列表中选择外边框样式的颜色，在"预置"组中单击"外边框"按钮，即可将设置的样式和颜色应用到表格外边框中，并且在"边框"组中可以看到应用后的效果，设置完成后，单击"确定"按钮，如图 5.44 所示。

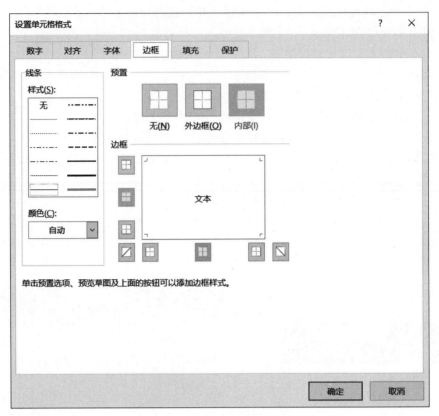

图 5.44　设置单元格格式

设置完成后,选中的单元格区域即可应用上述设置的边框效果,如图 5.45 所示。

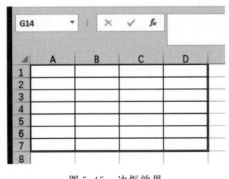

图 5.45　边框效果

给单元格赋予不同的背景颜色或图案可以使表格中特定区域的数据显得更加醒目,也有区分不同条目的作用。设置单元格填充效果的方法有如下两种。

(1) 通过"开始"选项卡"字体"组中的"填充颜色"按钮进行快速设置。

在工作表中,选中要设置表格底纹的单元格区域。在"开始"选项卡"字体"组中,单击"填充颜色"按钮右侧的下拉按钮,展开颜色选取下拉面板。在下拉面板中的"主题颜色""标准色"组中,鼠标指向颜色时,表格中的选中区域即可进行预览,单击即可应用填充颜色,如图 5.46 所示。

填充颜色也可以单击菜单中的"其他颜色"选项打开调色板在更丰富颜色中进行选取。

(2) 打开"设置单元格格式"对话框,在"填充"选项卡下设置。

① 在工作表中,选中要设置表格底纹的单元格区域,如此处选中表格的列标识区域,右击,在弹出的快捷菜单中单击"设置单元格格式"选项,打开"设置单元格格式"对话框,如图 5.47 所示。

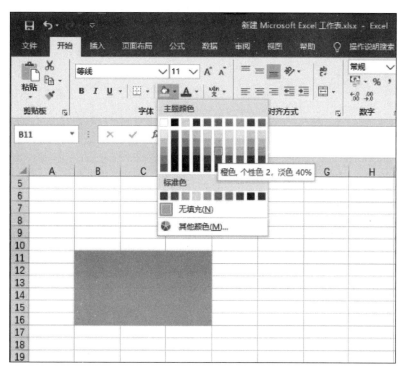

图 5.46 选择颜色

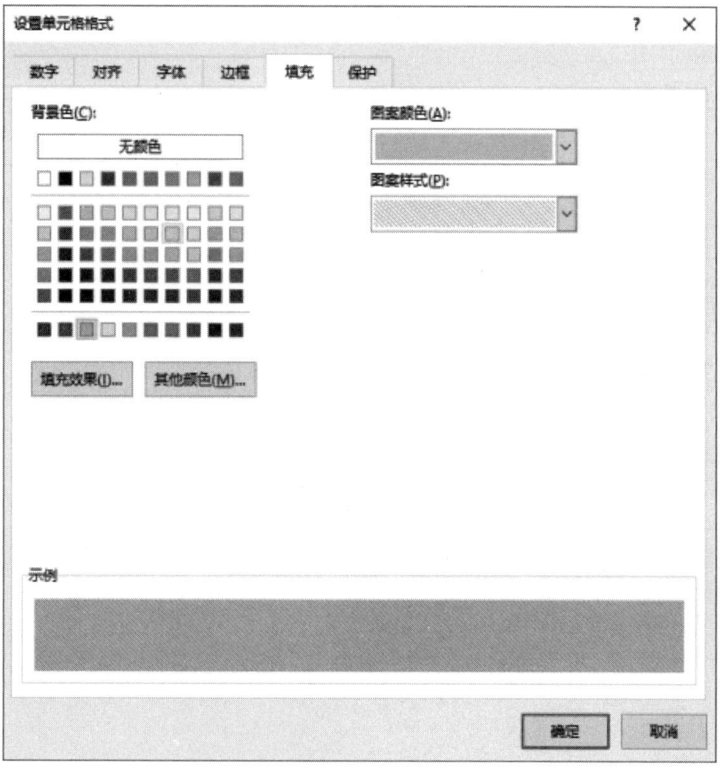

图 5.47 "设置单元格格式"对话框

电子表格软件 Excel 2016

图 5.48 应用底纹效果

② 在"设置单元格格式"对话框中,选择"填充"选项卡,在"背景色"组中选择所需的颜色来填充单元格区域。单击"图案颜色"右侧的下拉按钮,选择图案颜色;单击"图案样式"右侧的下拉按钮,选择图案样式。设置完成后,单击"确定"按钮,完成设置。选中的单元格区域即可应用上述设置的底纹效果,如图 5.48 所示。

2. 套用表格格式

Excel 2016 提供了许多预先定义好的表格样式,使用这些样式,可以迅速建立适合不同需求,且外观精美的工作表。

选中要套用表格格式的单元格区域,单击"开始"选项卡"样式"组中的"套用表格格式"的下拉按钮,如图 5.49 所示,在打开的下拉面板中单击要使用的表格样式,在打开的"套用表格式"对话框中单击"确定"按钮,所选单元格区域自动套用所选表格样式,然后即可在单元格中输入数据。

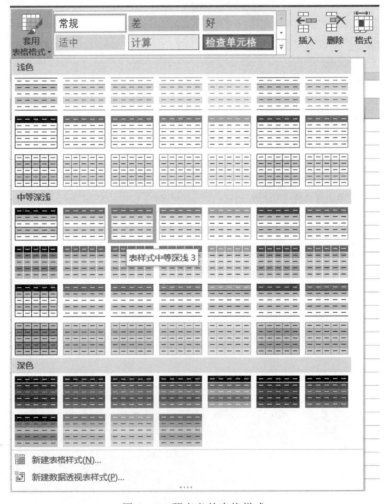

图 5.49 预定义的表格样式

套用表格样式后,"表格工具"的"设计"选项卡会自动出现,如图 5.50 所示。

图 5.50 "表格工具"的"设计"选项卡

"表格工具"的"设计"选项卡"表格样式选项"组中各复选框的含义如下所示。

(1) 选中或取消选中"标题行"复选框,可打开或关闭标题行。标题行可为表的首行设置特殊格式。

(2) 选中或取消选中"汇总行"复选框,可打开或关闭汇总行。汇总行位于表末尾,用于显示每列的汇总。

(3) 选中"第一列"复选框,可显示表的第 1 列的特殊格式。

(4) 选中"最后一列"复选框,可显示表的最后一列的特殊格式。

(5) 选中"镶边行"复选框,可用不同方式显示奇数行或偶数行以便于阅读。

(6) 选中"镶边列"复选框,可用不同方式显示奇数列或偶数列以便于阅读。

3. 表格样式建立

1) 为现有表格应用表格样式

选中要应用表格样式的单元格区域,单击"开始"选项卡"样式"组中的"套用表格格式"按钮,在打开的下拉面板中单击要使用的表格样式,在打开的"套用表格式"对话框中单击"确定"按钮,所选单元格区域会快速套用所选表格样式。

Excel 2016 自带了大量常见的表格样式,如会计统计样式和三维效果样式等。这些表格样式可以直接应用到表格中,而不需要进行复杂的设置。利用"套用表格格式"可以直接套用现成的样式,并且自动对数据进行筛选。其步骤如下所示。

(1) 选中要套用表格样式的单元格区域,在"开始"选项卡"样式"组中单击"套用表格格式"的下拉按钮,在打开的下拉面板中,单击需要的表格样式,如图 5.51 所示。

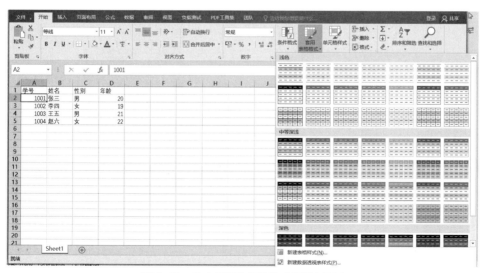

图 5.51 单击"套用表格格式"下拉按钮

（2）打开"套用表格格式"对话框，在"表数据的来源"中已经显示要套用的单元格区域，选中"表包含标题"前的复选框，再单击"确定"按钮完成设置，如图 5.52 所示。

（3）将表格样式方案应用到选中的单元格区域，如图 5.53 所示。

图 5.52　"套用表格式"对话框　　　　图 5.53　应用表格样式

2）自定义表格样式

在工作中，常常会遇到一些样式固定并且需要经常使用的 Excel 表格。此时，用户可以首先根据需要对表格样式进行定义，并保存这种样式，之后该样式可作为"套用表格格式"来使用。自定义表格样式的步骤如下所示。

（1）单击"开始"选项卡"样式"组中的"套用表格格式"的下拉按钮，在打开的下拉面板中选择"新建表格样式"选项，如图 5.54 所示。

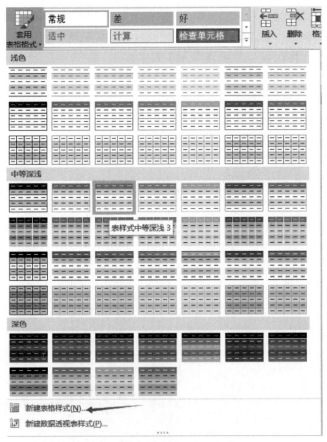

图 5.54　选择"新建表格样式"选项

（2）打开"新建表样式"对话框，在"名称"文本框中输入新建表格样式的名称，在"表元素"列表中选择需要设定的列表项，示例中选择了"整个表"，然后单击"格式"按钮，打开"设置单元格格式"对话框即可对该表元素进行设定，如图 5.55 所示。

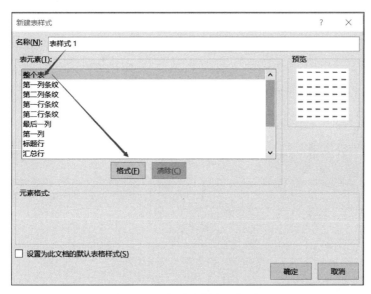

图 5.55　"新建表样式"对话框

（3）在打开的"设置单元格格式"对话框中，对表格的样式进行设置，参照本章前面的内容可以对每个表元素的不同属性进行设置，这里展示的是设置表格的边框样式，如图 5.56 所示。完成设置后，单击"确定"按钮。

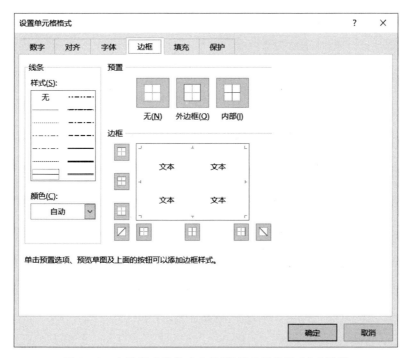

图 5.56　自定义表格样式中的"设置单元格格式"对话框

（4）同理，还可以在"新建表样式"对话框"表元素"列表中选择"第一行条纹"列表，单击"格式"按钮打开"设置单元格格式"对话框，对表格第 1 行的条纹效果进行设置。这里为单元格添加填充颜色，完成样式设置后，单击"确定"按钮，如图 5.57 所示。

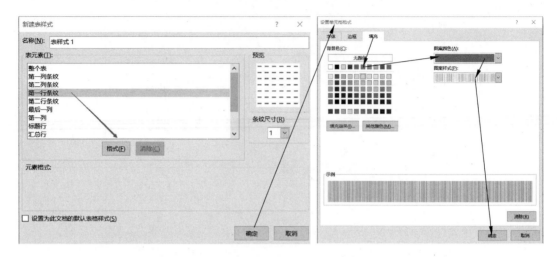

图 5.57　设置第 1 行条纹格式

（5）再次单击"套用表格格式"的下拉按钮，在打开的下拉面板的"自定义"组中将出现刚才创建的表格样式，如图 5.58 所示。用户可以像使用系统预设的样式一样使用该样式。

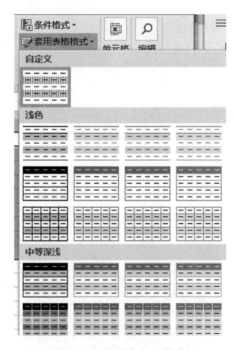

图 5.58　选择自定义样式

5.5.3 使用条件格式

1. 使用条件格式

在 Excel 2016 中使用条件格式,可以让符合特定条件的单元格数据以醒目的方式突出显示,便于对工作表数据进行更好的分析。

Excel 2016 中的条件格式引入了一些新颖的功能,如数据条、色阶和图标集,使得用户能以一种易于理解的可视化方式分析数据。例如,根据数值区域中单元格的位置,可以分配不同的颜色、特定的图标、不同长度阴影的数据条,来展现一组数据的大小和走势;还可以设置各种条件、规则来突出显示和选取某些数据项目。

若想为单元格或单元格区域添加条件格式,首先选定要添加条件格式的单元格或单元格区域,然后单击"开始"选项卡"样式"组中的"条件格式"的下拉按钮,在打开的下拉菜单中列出了 5 种条件规则,选择某个菜单项,然后在其子菜单中选择某个链接,再在打开的对话框中进行相应的设置,即可快速对所选区域添加条件格式。

1) 突出显示特定单元格规则

突出显示特定单元格规则可以对包含文本、数字或日期/时间值的单元格设置格式,或为重复(唯一)值的数值设置格式。

选中要应用规则的单元格或单元格区域,然后单击"开始"选项卡"样式"组中"条件格式"的下拉按钮,在打开的下拉菜单中选择"突出显示单元格规则"菜单项,然后选择其子菜单的某个链接,在打开的对话框中进行设置,最后单击"确定"按钮即可完成对所选区域进行突出显示。如图 5.59 所示,把学生成绩统计表中平均分低于 80 分的用条件格式显示。

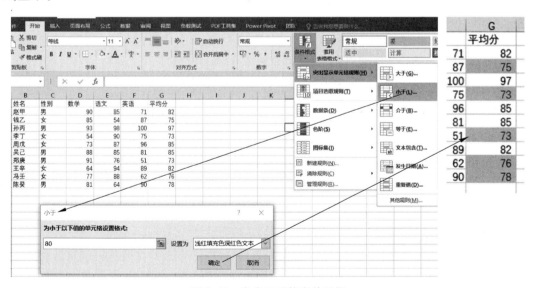

图 5.59 突出显示特定单元格

2) 最前/最后规则

最前/最后规则可以帮助用户识别所选单元格区域中最大或最小的百分数或数字所指

定的单元格,或者指定大于或小于平均值的单元格。

选定要设置规则的单元格区域,在"条件格式"的下拉菜单中选择"最前/最后规则",然后选择其子菜单中的某个链接,在打开的对话框中进行设置,设置完成后单击"确定"按钮。

例如,把学生成绩统计表中数学成绩前30％的用红字浅绿底纹标识。

操作步骤:选定"数学"列,在"条件格式"下拉菜单中选择"最前/最后规则",在其子菜单中选择"前10％"链接,在"前10％"对话框中的"设置为"下拉列表中选择"自定义格式"链接,在弹出的"设置单元格格式"对话框中设置字体颜色和底纹,如图5.60所示。

图5.60　设置"最前/最后规则"

3）数据条

使用"数据条"可帮助用户查看某个单元格相对于其他单元格的值。数据条的长度代表单元格中值的大小:数据条越长,表示单元格的值越高;数据条越短,表示单元格的值越低。在观察大量数据中的较高值和较低值时,数据条尤其有用。

选定要显示值大小的单元格区域,在"条件格式"下拉菜单中选择"数据条"菜单项,然后选择其子菜单中的某个图标即可完成设置,如图5.61所示。

4）色阶

色阶是用颜色的深浅来表示值的高低。颜色刻度作为一种直观的指示,可以帮助用户了解数据的分布和变化。其中,双色刻度使用两种颜色的渐变来帮助比较单元格区域。例如,在绿色和红色的双色刻度中,可以指定较高值单元格的颜色更绿,而较低值单元格的颜色更红;三色刻度使用3种颜色的渐变来帮助比较单元格区域,颜色的深浅表示值的高、中、低。

选择单元格区域,在"条件格式"下拉菜单中选择"色阶"菜单项,然后单击其子菜单中的某个图标即可完成设置,如图5.62所示。

5）图标集

使用图标集可以对数据进行注释,并可以按阈值将数据分为3～5个类别,每个图标代表一个值的范围。选择单元格区域,在"条件格式"下拉菜单中选择"图标集"菜单项,然后在其子菜单中选择某个图标集即可完成设置,如图5.63所示。

2. 修改条件格式

对于已使用了条件格式的单元格,也可以对条件格式进行编辑、修改,让其以另一种格

图 5.61　使用"数据条"规则设置单元格格式

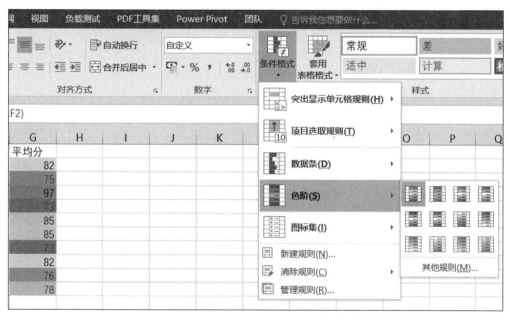

图 5.62　使用"色阶"规则设置单元格格式

式显示。

操作步骤为：选定已使用条件格式的单元格，在"条件格式"下拉菜单中选择"管理规则"菜单项，在打开的对话框中单击"编辑规则"选项，打开"编辑格式规则"对话框进行设置，然后单击"确定"按钮。

3．清除条件格式

当不需要使用条件格式显示时，可以将已使用的条件格式清除。清除条件格式的方法

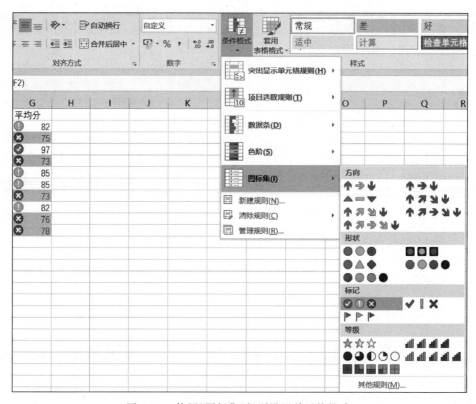

图 5.63 使用"图标集"规则设置单元格格式

是：打开使用了条件格式的工作表，在"条件格式"下拉菜单中单击"清除规则"菜单项，选择其子菜单中的"清除所选单元格的规则"菜单项，即可清除选定单元格或单元格区域内的条件格式，如图 5.64 所示；若选择其子菜单中的"清除整个工作表的规则"菜单项，则可以清除整个工作表的条件格式。

图 5.64 清除条件格式

4. 条件格式管理规则

当用户为单元格区域创建多个条件格式规则时，需要了解如下 3 个问题。如何评估这些条件格式规则？两个或更多条件格式规则冲突时将发生什么情况？如何更改评估的优先级以获得所需的结果？

在"条件格式"下拉菜单中单击"管理规则"菜单项，打开"条件格式规则管理器"对话框，在"显示其格式规则"下拉列表中选择"当前工作表"，对话框的下方会显示当前工作表中已设置的所有条件格式。当两个或更多个条件格式规则应用于同一个单元格区域时，将按它在"条件格式规则管理器"对话框中列出的优先级顺序评估这些规则。列表中较高处规则的优先级高于列表中较低处的规则。默认情况下,新规则总是添加到列表的顶部,因此具有较高的优先级。但用户也可以使用对话框中的"上移"按钮和"下移"按钮来更改优先级顺序,如图 5.65 所示。

图 5.65 "条件格式规则管理器"对话框

对于一个单元格区域,多个条件格式规则评估为真时,如果两种格式间没有冲突,则两个规则都会得到应用;如果两个规则冲突,只应用优先级较高的规则。

5.6 公式与函数

Excel 作为一种具有强大数据处理功能的办公软件,公式是实现这一功能的基础,合理的使用系统提供的公式与函数,可以有效地帮助人们提高工作中信息处理的速度与能力。

一般来说 Excel 中的公式(如"=SUM(A2:A5)+5")是由以下几部分构成的。

(1) 等号(=)。作为公式引导符号的等号,它标志着其后的一组数字与符号构成了一个完整的计算单元。

(2) 运算符(+):运算符的功能是完成某种特定的运算,如例子中的加号,它的功能是将前面的 SUM(A2:A5)计算的结果与后面的数字 5 进行加和操作。

(3) 函数(SUM):系统中根据数据处理的需要构造了一批数据处理函数,它将其后括号里指定的区域里的数据进行对应的处理,并赋予其一个易于识别的名称,如例子中的 SUM 函数,它的功能就是将括号中给出的 A2~A5 单元格里的数据进行累加操作。

(4) 单元格引用(A2:A5):单元格引用出现在函数的参数表里,表示参与某一处理的单元格或单元格范围,如例子中的给出的"A2:A5"就是指从 A2~A5 这 4 个单元格。

(5) 常量(5):常量为参与处理(计算)的常数,如例子中给出的数字"5"。

5.6.1 公式的插入和编辑

在表格中插入公式与在单元格里输入数据一样,只要用户在空白单元格中输入等号,Excel 就默认会将该单元格输入信息解释为公式。公式既可以直接手动输入,也可以通过单击/拖动的方式来指定参与计算数据所在的位置。

例如,在 Excel 中用公式计算如图 5.66 所示学生成绩的总分。

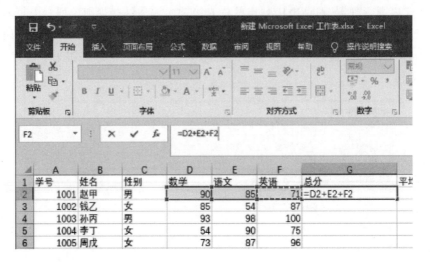

图 5.66 公式的输入

显然,总分为是数学、语文、英语 3 门课程的分数之和。解题分为如下两个步骤。

(1) 选中 G2 单元格,并在其中输入"＝D2＋E2＋F2",如图 5.66 所示。

(2) 输入完成后,按 Enter 键,单元格里的公式将转换为对应的计算结果,如图 5.67 所示

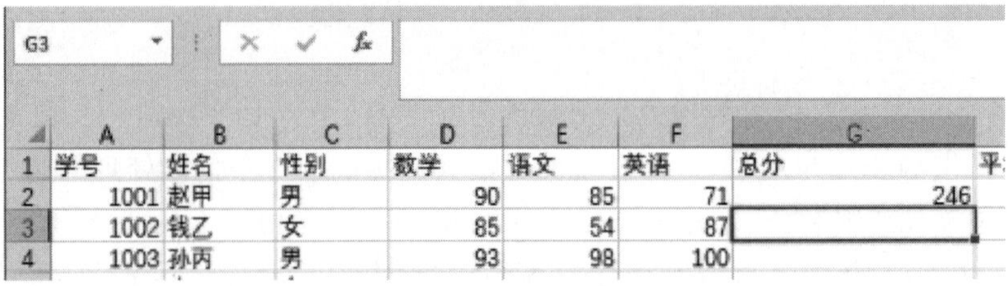

图 5.67 公式的输入结果

注意:公式前面的"＝"一定不能省略,否则输入的公式只能作为字符串出现在单元格中。公式可以像普通数据一样进行复制与粘贴操作,但要注意的是,粘贴后的结果可能会发生变化,如图 5.68 所示,其中的原因与处理的方法将在 5.6.3 节里进一步讲解。

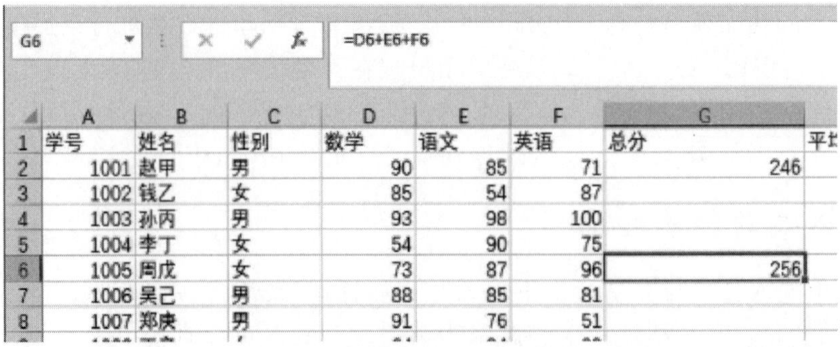

图 5.68 公式的变化

从图 5.68 可以看出，将 G2 单元格里的公式直接复制粘贴到单元格 G6 中，可以从编辑框里看到原公式由"＝D2＋E2＋F2"变成了"＝D6＋E6＋F6"，求得的正好是第 6 行数据的总分信息。

对已经输入的公式可以通过单击公式所在单元格之后再在编辑框中进行编辑调整，也可以双击该单元格直接在单元格中编辑。

5.6.2　函数的插入和编辑

在输入公式时，往往要处理的数据并不像前面的例子中要求的求和那样简单，有限的几次四则运算就可以完成，其背后有比较复杂的算法与计算过程，Excel 将这些处理过程封装成一个个函数，用户只用选择自己所需的函数就可以完成复杂的信息处理工作。

输入函数的方法主要有如下两种。

（1）如果所需的函数名简单易记，用户可以单击要输入公式的单元格，在输完"＝"后之间输入函数，在后面括号中输入相应的参数（或要处理数据的范围），按 Enter 键即可完成函数的输入。

如上面例子中多个数的求和，可以引用 SUM 函数，如图 5.69 所示，步骤如下所示。

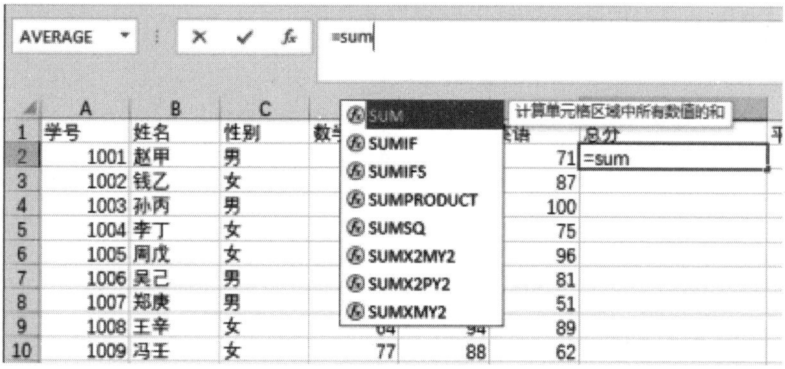

图 5.69　SUM 函数的输入

① 单击要引用函数的单元格 G2，输入等号"＝"。

② 输入 SUM 函数，在输入过程中，系统会提示以已经输入的字符串为前缀的所有公式，单击其中一个，列表旁会出现该函数的功能说明，双击所需的函数，系统会自动补全函数名后面的部分并添加一个前括号"("。

③ 系统提示该函数需要一到多个数字参数，这时可以手动输入，D2、E2、F2 或单元格范围 D2：F2。这个过程也可以通过鼠标选定 D2～F2 这个区域。

④ 输入一个反括号")"表示函数参数输入完成，按 Enter 键，单元格里的公式将转换为对应的计算结果。

（2）Excel 提供了大量的函数，并不是每个函数用户都可以把函数名记忆准确的，这时候通常直接调用函数库。下面以求算术平均数函数 AVERAGE 为例介绍如何调用函数库，步骤如下所示。

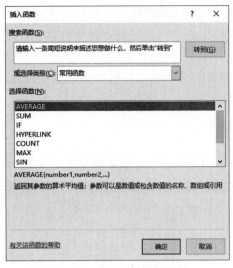

图 5.70　"插入函数"对话框

① 直接单击输入框左边的"插入函数"图标，系统会弹出"插入函数"对话框，如图 5.70 所示。

② 用户可以在"搜索函数"文本框中输入所需函数的关键字，单击"转到"按钮查找所需函数，或者在"或选择类别"下拉列表中选择函数的类别，再在"选择函数"列表中寻找自己所需的函数。单击"选择函数"列表中的每个函数，在列表下方都会给出该函数的功能与参数描述。

③ 用户找到并选中所需的函数后，单击"确定"按钮。

④ 系统根据所选函数弹出"函数参数"对话框，用户可以按照对话框中的指引选择参数。本例中的 AVERAGE 函数所需的参数是若干个数字，所需的参数可以直接输入；也可以单击输入框右侧的按钮在表格中去点选，选择完毕后按回车键。再在"函数参数"对话框中单击"确定"按钮完成函数的输入，如图 5.71 所示。

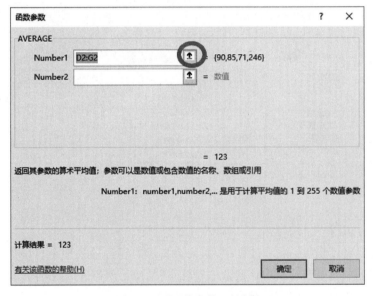

图 5.71　"函数参数"对话框

5.6.3　引用与填充

1. 引用

在 5.6.1 节留下一个问题，当公式复制粘贴到其他单元格时，公式里的单元格名称会发生变化吗？这就涉及"引用"的概念。

引用是用来指明公式中所使用的现有数据的存放位置。通过引用可以将来自工作表不同区域甚至不同工作表或工作簿中的数据进行综合处理，这样可以极大地提高数据复用的程度，并保证数据的一致性。

引用根据在公式里的表现形式不同可以分为相对引用和绝对引用两种方式。

1）相对引用

公式中的相对单元格引用（如 A1）是基于包含公式和单元格引用的单元格的相对位置。如果公式所在单元格的位置改变，引用的单元格引用也随之改变。当在多行或多列间复制公式时，引用的单元格名称会自动做出相应调整。例如，工作表中 A 列包含了一组数字，在单元格 B1 中添加一个包含了相对引用的公式＝A1 * 2，再将其复制到单元格 B2，B2 中的公式自动从＝A1 * 2 调整到＝A2 * 2；将 B1 的公式复制到单元格 C1，C1 中的公式将会调整为＝B1 * 2，如图 5.72 所示。

1	A	B
1	10	=A1*2
2	20	

2	A	B
1	10	20
2	20	=A2*2

3	A	B	C
1	10	20	=B1*2
2	20	40	
3			

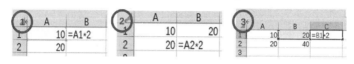

图 5.72　相对引用

2）绝对引用

在实际应用中还会有另外一种情况，用户希望公式被复制之后引用的单元格并不变化，总是在指定位置引用单元格。绝对引用的引用形式是在相对引用的列标和行号前加一个“＄”符号，如＄A＄1，如图 5.73 所示。

	A	B
1	10	=$A$1*2
2	20	20

	A	B
1	10	20
2	20	=$A$1*2

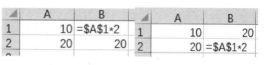

图 5.73　绝对引用

3）混合引用

混合引用是相对地址与绝对地址的混合引用。例如，A＄1 表示列标记 A 是相对引用，行号 1 是绝对引用。当包含这种引用的公式被复制时，目标列与源列不同列号会发生相对变化，但行号变化并不会影响该引用中的行号，其始终固定为 1。

如图 5.74 所示，B2、B3、C1、C2、C3 均由 B1 复制而来。

	A	B	C
1	10	=A$1*2	=B$1*2
2	20	=A$1*2	=B$1*2
3		=A$1*2	=B$1*2

图 5.74　混合引用

4）跨表引用

应用不仅可以在同一个工作表中进行，同一个工作簿的不同工作表中的单元格也可以进行引用，只需在引用前加上表名。形式如“工作表名称！单元格地址”。例如，用“Sheet2！B2:D4”表示对工作表 Sheet2 中的单元格区域 B2:D4 的引用。

如果要引用不同工作簿中的数据可以用“[工作簿名称]工作表名称！单元格地址”的形式完成。例如，用“[Book3]Sheet1！C5”表示对工作簿 Book3 中的工作表 Sheet1 中的单元格 C5 的内容的引用。

2. 公式的填充

当一个单元格中的公式复制到其他需要该公式的单元格中，尤其是连续的一组单元格中时,并不需要逐一复制,可以使用类似单元格填充的方法进行拖曳填充。

例如,快速计算图 5.75 所示所有学生的平均成绩。

使用公式填充的步骤如下所示。

(1) 在单元格 G2 中输入公式"＝AVERAGE(D2:F2)"。

(2) 将光标移动到 G2 单元格右下角的拖曳控制点上,此时,光标变成一个黑色的实心十字,按住鼠标左键向下拖曳至 G11 单元格,则单元格 G2～G11 均完成了所在行求平均成绩的计算。

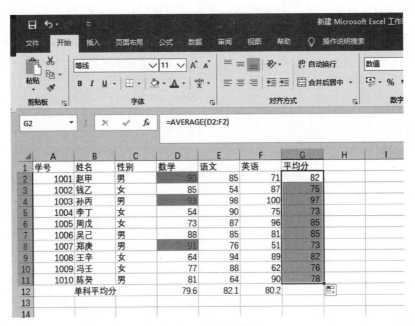

图 5.75　公式的填充

5.7　图表操作

图表也称为数据图表,是以图形的方式显示 Excel 工作表中的数据,可直观体现工作表中各数据间的关系。Excel 2016 中提供了 14 种标准图表类型,其中最常用的图表类型包括:柱形图、折线图、饼图、条形图、面积图、X-Y 散点图、股价图、曲面图、雷达图、树状图、旭日图、直方图、箱形图、瀑布图等。

5.7.1　图表的创建

首先在工作表中选择数据区域,然后选择"插入"选项卡"图表"组中的扩展按钮,在打开的"插入图表"对话框中选择"所有图表"选项卡,根据需要选择左侧列表中的某种图表类型,并在右侧列表中选择具体的图表样式,即可创建一个图表,如图 5.76 所示。

例如,选择数据区域 C1:C9,E1:F9,再选择"插入"选项卡,在"图表"组中单击"插入柱形图或条形图"按钮,在打开的下拉菜单中选择"簇状柱形图",即可创建一个柱形图,如图 5.77 所示。

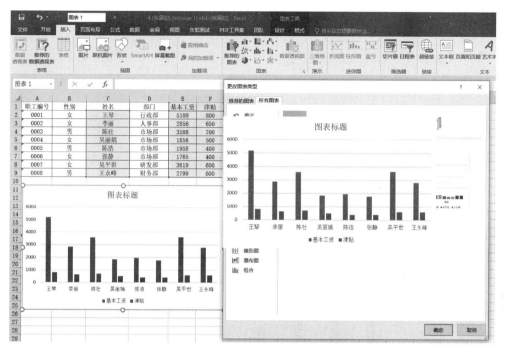

图 5.76 创新图表

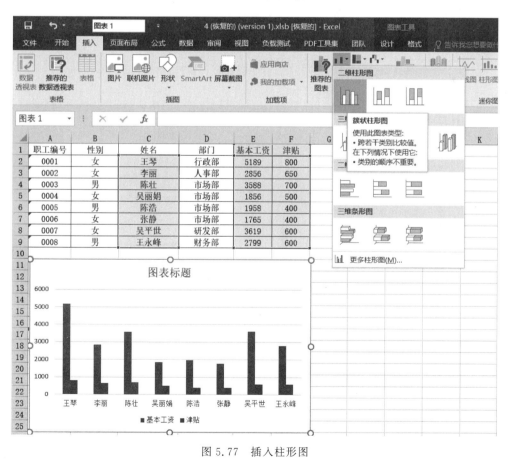

图 5.77 插入柱形图

电子表格软件 Excel 2016

5.7.2 图表的编辑

图表创建后,用户可以对它进行编辑修改,如改变图表的大小、位置、类型、增删数据系列、改动标题等。

1. 图表的位置

建立在工作表中的图表,直接拉曳图表对象的外框,即可移动图表,调整图表的位置。

2. 图表的大小

选中需要调整大小的图表,将鼠标移动到图表边缘四周的中点位置或图表的角上,当鼠标改变形状时(两头为箭头),拖动鼠标可以改变图表大小,如图 5.78 所示。

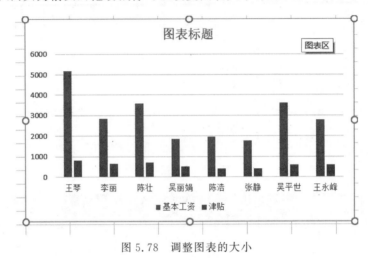

图 5.78　调整图表的大小

3. 图表区字体

选中图表中的文字,单击主窗口中的"开始"选项卡,在"字体"组中可以修改字体的大小、样式、颜色等,如图 5.79 所示。

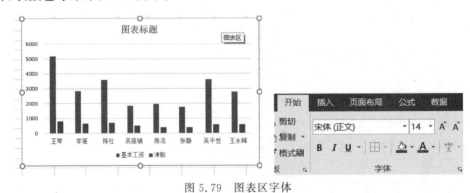

图 5.79　图表区字体

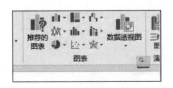

图 5.80　图表类型

4. 变更图表类型

如果用户觉得柱状图不适合该类型的数据,可以选择更换图表的类型。方法是:选择"插入"选项卡"图表"组右下角的"查看所有图表"扩展按钮,如图 5.80 所示。

打开"更改图表类型"对话框,在"所有图表"选项卡左侧的图表类型列表中可以选择自己需要的图表类型,如饼图、折线图、雷达图等,如图 5.81 所示。

图 5.81　更改图表类型

5. 变更数据源范围

图表建立完成之后,如果发现当初选取的数据范围错了,可直接变更数据源范围,不必重新建立图表。以职工工资表为例,如果只需要在图表中显示基本工资(不需要显示津贴),则可重新选取数据范围,步骤如下所示。

选取图表对象后,切换到"图表工具"的"设计"选项卡,然后单击"数据"组的"选择数据"按钮,打开"选择数据源"对话框进行变更操作,重新选取数据区域,图表即会自动按照重新选取的数据范围重新绘图,如图 5.82 所示。

6. 改变图表行/列方向

以图 5.83 所示的图表为例,图表的数据系列来自列,如果想将数据系列改成从行取得,可选取图表对象,然后切换至"图表工具"的"设计"选项卡,单击"数据"组中的"切换行/列"按钮即可完成图表行/列方向的切换。

7. 更改图表名称

如果要更改图表名称,可直接选中图表,在"名称编辑框"中输入图表名称后按 Enter 键,如图 5.84 所示。

266

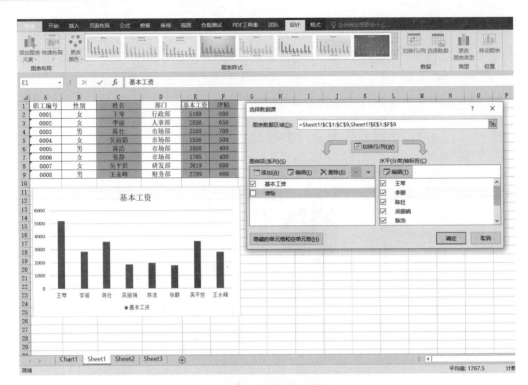

图 5.82　变更数据源范围

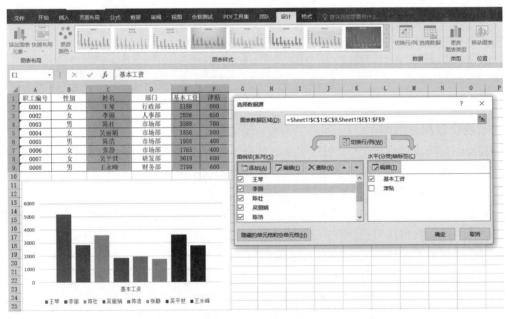

图 5.83　改变图表栏列方向

8. 更改图表布局

默认创建的图表不包含图表标题，用户如果想为图表添加标题，可使用更改图表布局的方式添加。步骤为：选择图表，切换至"图表工具"的"设计"选项卡，在"图表布局"组单击"快速布局"的下拉按钮，在下拉列表中选择标题样式即可为图表添加标题，如图 5.85 所示。

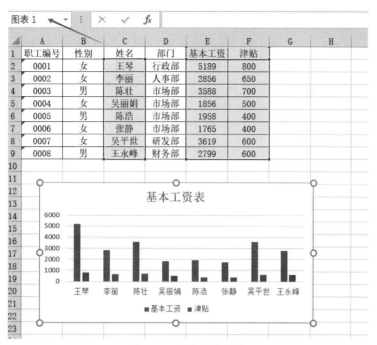

图 5.84 改变图表名称

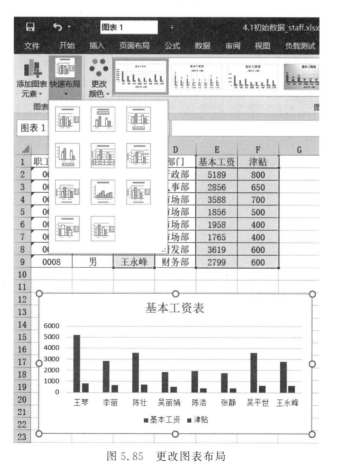

图 5.85 更改图表布局

电子表格软件 Excel 2016

5.7.3　独立图表

　　Excel 独立图表是指生成的图表不在同一个工作表中显示，而是显示在单独的一张工作表上。方法是：选中图表，右击，在弹出的快捷菜单中单击"移动图表"选项，弹出"移动图表"对话框，如图 5.86(a)所示。在"移动图表"对话框中选中"新工作表"单选按钮，单击"确定"按钮，则生成一个独立的图表工作表，如图 5.86(b)所示。

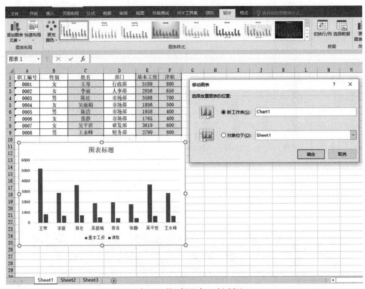

(a) 打开"移动图表"对话框

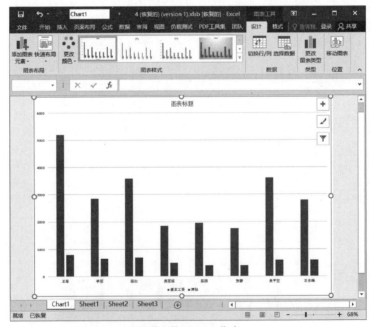

(b) 独立的 Chart1 工作表

图 5.86　生成独立图表

5.7.4 迷你图

迷你图作为一个将数据形象化呈现的制图小工具,使用方法非常简单。

首先选定数据区域,然后选择"插入"选项卡,根据需要选择"迷你图"组中的某种类型,弹出"创建迷你图"对话框,在对话框中选择数据范围和位置范围后即可生成迷你图,如图 5.87 所示。

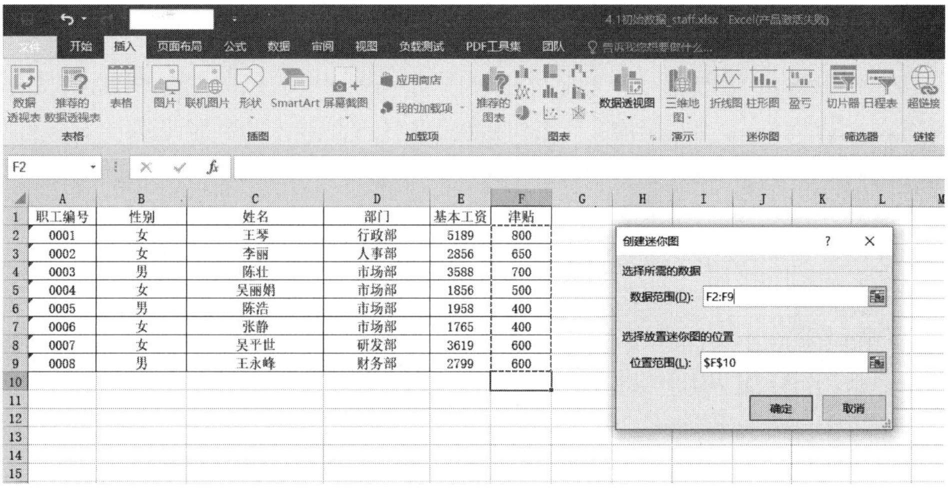

图 5.87　创建迷你图

以"津贴"列创建迷你图:首先选择数据区域 F2:F9,再选择"插入"选项卡,然后在"迷你图"组中单击"折线"按钮,打开"创建迷你图"对话框,选择放置迷你图的 F10 位置单元格,单击"确定"按钮,即可创建一个迷你图。如图 5.88 所示,单元格 F10 中即为创建的迷你图。

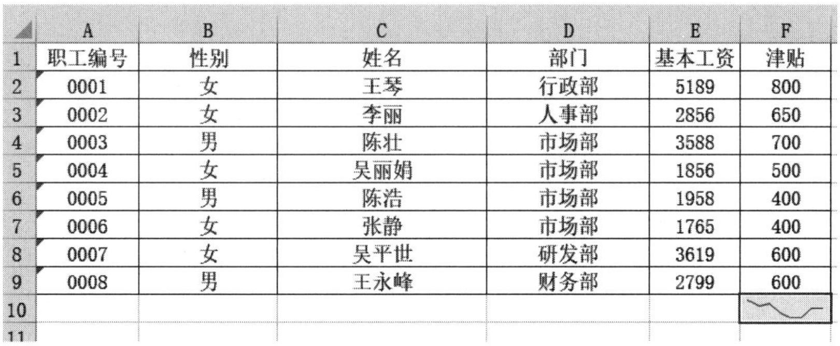

	A	B	C	D	E	F
1	职工编号	性别	姓名	部门	基本工资	津贴
2	0001	女	王琴	行政部	5189	800
3	0002	女	李丽	人事部	2856	650
4	0003	男	陈壮	市场部	3588	700
5	0004	女	吴丽娟	市场部	1856	500
6	0005	男	陈浩	市场部	1958	400
7	0006	女	张静	市场部	1765	400
8	0007	女	吴平世	研发部	3619	600
9	0008	男	王永峰	财务部	2799	600
10						
11						

图 5.88　津贴变化的迷你图

5.8　数据管理

5.8.1　数据获取与导入

Excel 不仅可以使用工作簿中的数据,还可以访问外部数据库文件。用户通过执行导入和查询操作,可以在 Excel 中使用熟悉的工具对外部数据进行处理和分析。能够导入

电子表格软件 Excel 2016

Excel 的数据文件可以是文本文件、Microsoft Access 数据库、Microsoft SQL Server 数据库、Microsoft OLAP 多维数据集等。

常用的导入外部数据的方法共有 4 种,分别是从文本文件导入数据、从 Microsoft Access 导入数据、从网站获取数据,以及使用"现有连接"的方法导入多种类型的外部数据。

1. 从文本文件导入数据

(1) 单击"文件"按钮,在打开的菜单中选择"打开"菜单项,可以根据相关操作导入数据文件。使用该方法时,如果文本文件的数据发生变化,不能在 Excel 中体现,除非重新进行导入操作。

(2) 切换到"数据"选项卡,在"获取外部数据"组中单击"自文本"按钮,可以导入文本文件。使用该方法时,Excel 会在当前工作表的指定位置上显示导入的数据,同时 Excel 会将文本文件作为外部数据源,一旦文本文件中的数据发生变化,可以在 Excel 工作表中进行刷新操作。

2. 从 Microsoft Access 数据库文件导入数据

(1) 打开需要导入外部数据的 Excel 工作簿。

(2) 单击"数据"选项卡"获取外部数据"组中的"自 Access"按钮,在弹出的"选取数据源"对话框中,选择文本文件所在的路径,选中该文件后,单击"打开"按钮。可支持的数据库文件类型包括 .mdb、.mde、.accdb 和 .accde 4 种格式,如图 5.89 所示。

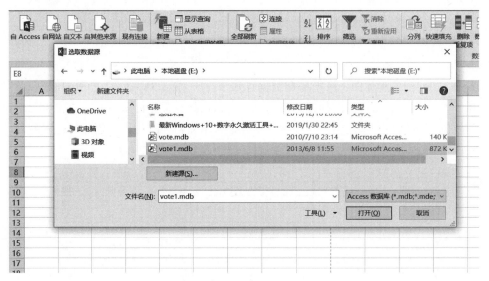

图 5.89　数据的导入

(3) 在弹出的"选择表格"对话框中,选中需要导入的表格。

(4) 在弹出的"导入数据"对话框中,可以选择该数据在工作簿中的显示方式,包括"表""数据透视表""数据透视表""数据透视图"等,如图 5.90 所示。

3. 从网站获取数据

(1) 新建一个工作表,然后单击主窗口的"数据"选项卡。

(2) 在打开的数据功能区,单击"获取外部数据"组的"自网站"按钮。

(3) 在弹出的"新建 Web 查询"对话框中的"地址"文本框输入要导入数据的网址,然后单击"转到"按钮,再单击"导入"按钮。

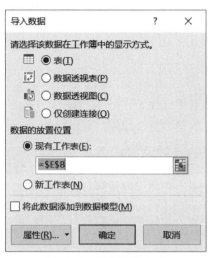

图 5.90　导入数据方式

4. 使用"现有连接"的方法导入数据

（1）打开需要导入数据的 Excel 工作簿。

（2）单击"数据"选项卡"获取外部数据"组中的"现有连接"按钮，在弹出的"现有连接"对话框中，单击"浏览更多"按钮。

（3）在弹出的"选取数据源"对话框中，选择文本文件所在路径，选中要导入的 Excel 文件后，单击"打开"按钮。

（4）在弹出的"选择表格"对话框中，单击要导入的工作表名称，选中"数据首行包含列标题"的单选按钮，单击"确定"按钮，如图 5.91 所示。

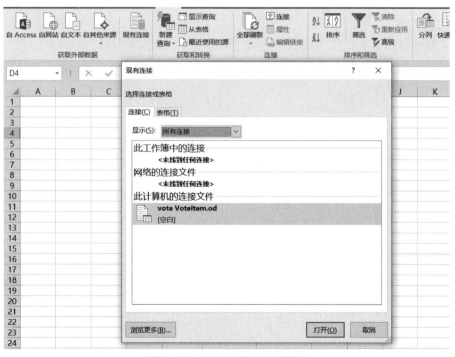

图 5.91　"现有连接"导入数据

5.8.2 数据排序

1. 简单排序

单击需要排序列中的任一单元格,选择"开始"选项卡,在"编辑"组中单击"排序与筛选"的下拉按钮,在弹出的下拉列表中选择"升序"或"降序"。或者选择"数据"选项卡,在"排序和筛选"组中选择单击"升序"或"降序"按钮,如图 5.92 所示。

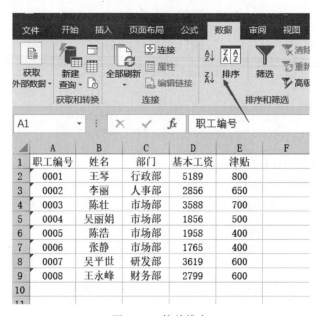

图 5.92　简单排序

2. 复杂排序

如果对排序的要求较高,可以进行复杂排序,操作步骤如下所示。

单击图 5.92 中的"排序"按钮,弹出如图 5.93 所示的"排序"对话框,在其中根据要求选择排序的关键字及次序。

图 5.93　"排序"对话框

5.8.3 数据筛选

数据筛选是将不符合用户特定条件的行隐藏起来,这样可以更方便地让用户对数据进行查看。Excel 提供了如下两种筛选数据列表的命令。

1. 自动筛选

自动筛选只能根据一个字段筛选,适用于简单的筛选条件。步骤为:选中表格编辑区域的任意单元格,在"数据"选项卡"排序和筛选"组中单击"筛选"按钮,可以在表格所有列标识上添加筛选下拉按钮,如图 5.94 所示。

	A	B	C	D	E	F
1	职工编 ▾	姓名 ▾	部门 ▾	基本工 ▾	津贴 ▾	
2	0001	王琴	行政部	5189	800	
3	0002	李丽	人事部	2856	650	
4	0003	陈壮	市场部	3588	700	
5	0004	吴丽娟	市场部	1856	500	
6	0005	陈浩	市场部	1958	400	
7	0006	张静	市场部	1765	400	
8	0007	吴平世	研发部	3619	600	
9	0008	王永峰	财务部	2799	600	
10						
11						
12						

图 5.94　自动筛选

2. 高级筛选

高级筛选适用于复杂的筛选条件,并允许把满足条件的记录复制到另外的区域,以生成一个新的数据清单。采用高级筛选方式可以将筛选到的结果存放于其他位置,以便于得到单一的分析结果,方便使用。在高级筛选方式下可以实现只满足一个条件的筛选(即"或"条件筛选),也可以实现同时满两个条件的筛选(即"与"条件筛选)。

高级筛选的操作步骤如下所示。

(1) 建立条件区域,条件区域的第 1 行为条件标记行,第 2 行开始是条件行。

(2) 设置筛选条件,然后选择"数据"选项卡,在"排序和筛选"组中单击"高级"按钮,弹出"高级筛选"对话框,如图 5.95 所示。

(3) 在"高级筛选"对话框中,选择步骤(1)建立的条件区域,并选择筛选的显示方式。

条件区域包含如下两种情况。

(1) 同一条件行的条件互为"或"(OR)的关系,表示筛选出满足任何一个条件的记录。例如,查找津贴＞700 或者津贴＜600 的职工信息,如图 5.96 所示。打开"高级筛选"对话框,设置"列表区域"为参与筛选的单元格区域,设置"条件区域"为之前建立的区域,设置"复制到"位置为想显示筛选结果的起始单元格,设置完成后,单击"确定"按钮,如图 5.97 所示。

(2) 不同条件行的条件互为"与"(AND)的关系,表示筛选同时满足条件的记录。例如,查找津贴＞600 并且津贴＜700 的职工信息,如图 5.98 所示。

职工编号	性别	姓名	部门	基本工资	津贴
0001	女	王琴	行政部	5189	800
0002	女	李丽	人事部	2856	650
0003	男	陈壮	市场部	3588	700
0004	女	吴丽娟	市场部	1856	500
0005	男	陈浩	市场部	1958	400
0006	女	张静	市场部	1765	400
0007	女	吴平世	研发部	3619	600
0008	男	王永峰	财务部	2799	600
津贴	津贴				
<600					
	>700				

图 5.95　"高级筛选"对话框　　　　　　　图 5.96　筛选满足条件之一的记录

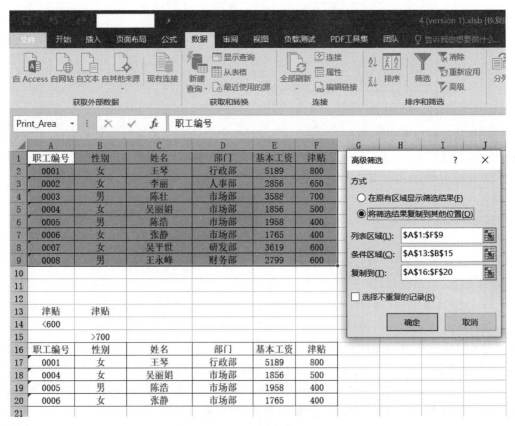

图 5.97　高级筛选

图 5.98 筛选同时满足条件的记录

5.8.4 分类汇总

分类汇总是 Excel 的重要功能之一,可以帮助用户快速地对表格中的字段进行分类,然后对去字段数据进行统计计数。

1. 创建分类汇总

汇总前必须先按要汇总的字段排序,再选择"数据"选项卡,在"分级显示"组中单击"分类汇总"按钮,在弹出的"分类汇总"对话框中选择相应的信息,再单击"确定"按钮即可完成分类汇总。

例如,要求显示男职工和女职工基本工资的平均值。

首先单击"性别"一列的任一单元格,再选择"数据"选项卡,在"排序和筛选"组中单击"升序"按钮,把数据表按照"性别"进行排序,如图 5.99 所示。然后在"分级显示"组中单击"分类汇总"按钮,弹出"分类汇总"对话框,在该对话框中的"分类字段"的下拉列表中选择分类字段为"性别",在"汇总方式"下拉列表中选择"平均值",在"选定汇总项"列表中选中"津贴"复选框,单击"确定"按钮完成设置,如图 5.100 所示。

学生成绩统计表分类汇总后的结果如图 5.101 所示。

2. 仅显示分类汇总结果

在进行分类汇总后,如果只想查看分类汇总结果,可以通过单击分级序号实现。单击 Excel 2016 中编辑分类汇总的方法按钮(或依次单击左侧的 Excel 2016 中编辑分类汇总的方法按钮进行折叠),即可实现只显示出分类汇总的结果,如图 5.102 所示。

电子表格软件 Excel 2016

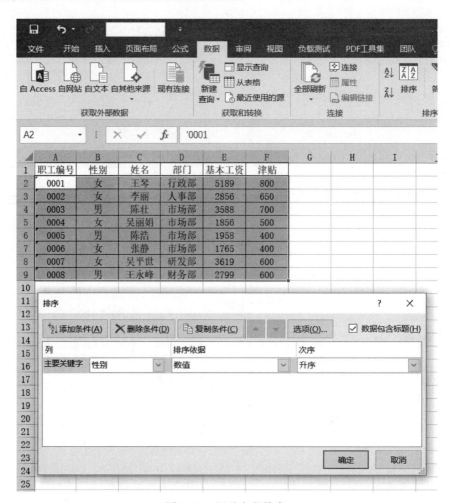

图 5.99 汇总字段排序

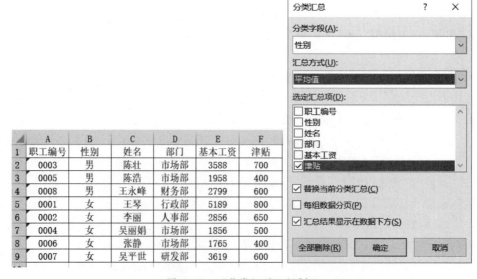

图 5.100 "分类汇总"对话框

1 2 3		A	B	C	D	E	F
	1	职工编号	性别	姓名	部门	基本工资	津贴
	2	0003	男	陈壮	市场部	3588	700
	3	0005	男	陈浩	市场部	1958	400
	4	0008	男	王永峰	财务部	2799	600
	5		男 平均值				566.66667
	6	0001	女	王琴	行政部	5189	800
	7	0002	女	李丽	人事部	2856	650
	8	0004	女	吴丽娟	市场部	1856	500
	9	0006	女	张静	市场部	1765	400
	10	0007	女	吴平世	研发部	3619	600
	11		女 平均值				590
	12		总计平均值				581.25
	13						

图 5.101　分类汇总后的结果

1 2 3		A	B	C	D	E	F
	1	职工编号	性别	姓名	部门	基本工资	津贴
	5		男 平均值				566.67
	11		女 平均值				590
	12		总计平均值				581.25

图 5.102　只显示分类汇总后的结果

3. 删除分类汇总

选择"数据"选项卡,在"分级显示"组中单击"分类汇总"按钮,弹出"分类汇总"对话框,单击左下方的"全部删除"按钮即可删除分类汇总,如图 5.103 所示。

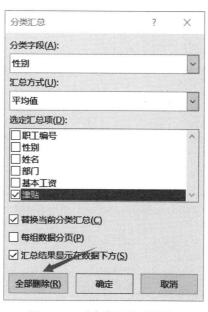

图 5.103　"分类汇总"对话框

5.8.5　数据透视表

数据透视表是一种交互式报表,可以快速分类汇总比较大量的数据,并可以随时选择其中页、行和列中的不同元素，以达到快速查看源数据的不同统计结果。

Excel 2016 中数据透视表综合了数据排序、筛选、分类汇总等数据分析的优点，可以方便地调整分类汇总的方式，灵活地以多种不同方式展示数据的特征。建立数据表之后，通过鼠标拖曳来调节字段的位置可以快速获取不同的统计结果，即表格具有动态性。另外，还可以根据数据透视表直接生成图表（即数据透视图），通过单击"数据透视表"选项组"工具"的"数据透视图"按钮，Excel 会自动根据当前的数据透视表生成一个图表并切换到图表中，从而便于对数据的筛选。

创建数据透视表分析数据，需要先准备好相关数据。

选择"插入"选项卡，单击"表格"组的"数据透视表"按钮，弹出"创建数据透视表"对话框。然后选择透视表的数据来源的区域，一般 Excel 已经自动选取了范围，检查一下该区域是否正确。接下来选择透视表放置的位置，如图 5.104 所示。

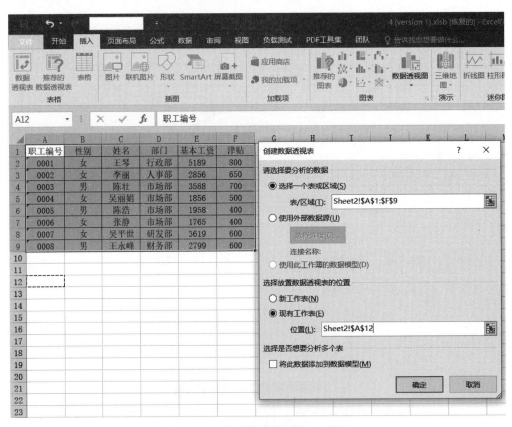

图 5.104　"创建数据透视表"对话框

单击"确定"按钮后出现如图 5.105 所示的数据透视表。

在透视表的各个部分都有提示，同时界面中出现了一个数据透视表字段列表，里面列出了所有可以使用的字段。

例如，查看男女职工的人数、基本工资最大值和津贴的平均值，因此在要添加到报表的字段中选择"性别"，然后拖动"姓名""基本工资""津贴"字段到数值区域，并把"基本工资"和"津贴"字段的汇总方式分别改为求最大值和求平均值，如图 5.106 所示。

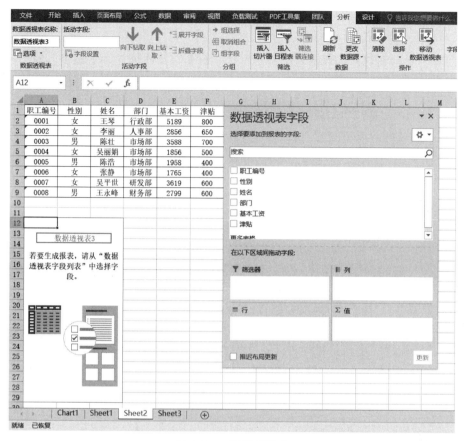

图 5.105　数据透视表

图 5.106　建立数据透视表

5.8.6 数据透视图

用户还可以根据数据透视表直接生成图表。假定建好的按性别求基本工资、津贴的平均值的数据透视表如图 5.107 所示。

12	行标签 ▼	计数项:姓名	最大值项:基本工资	平均值项:津贴
13	男	3	3588	566.67
14	女	5	5189	590
15	总计	8	5189	581.25

图 5.107　按性别求基本工资、津贴平均值的数据透视表

单击透视表中的任一单元格,选择"插入"选项卡,单击"图表"组的"数据透视图"下拉按钮,在弹出的"插入图表"对话框中选择图表的样式后,单击"确定"就可以直接创建出数据透视图,如图 5.108 所示。

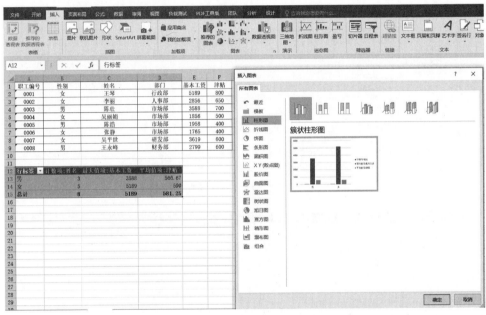

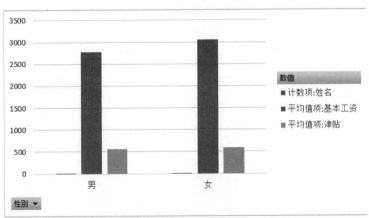

图 5.108　数据透视图

5.9 页面设置与打印

对于在 Excel 中建立的工作表,在完成对工作表数据的输入和编辑后,只需简单设置就可以打印出具有良好格式的报表。

5.9.1 页面设置

1. 设置纸张方向

纸张方向有"纵向"与"横向"两种。若文件的行较多而列较少,则可以使用"纵向";若文件的列较多而行较少,则可以使用"横向"。

单击"页面布局"选项卡"页面设置"组中"纸张方向"的下拉按钮,在打开的下拉列表中根据需要选择"纵向"或"横向"。此外,也可单击"页面布局"选项卡"页面设置"组右下角的扩展按钮,弹出"页面设置"对话框。在"页面设置"对话框的"页面"选项卡中进行纸张方向的设置,如图 5.109 所示。

图 5.109　设置纸张方向

2. 设置纸张大小

设置纸张的大小就是设置以多大的纸张进行打印,如 A3、A4 等。要设置工作表的纸张大小,单击"页面布局"选项卡"页面设置"组中的"纸张大小"下拉按钮,在打开的下拉列表中根据需要选择。

若列表中的选项不能满足需要,可单击列表底部的"其他纸张大小"选项,打开"页面设置"对话框,在"纸张大小"下拉列表中提供了更多的纸张大小选项供用户选择,如图 5.110 所示。

图 5.110　设置纸张大小

3. 设置页边距

页边距是指正文与页面边缘的距离。要设置页边距,可单击"页面布局"选项卡"页面设置"组中"页边距"的下拉按钮,在打开的下拉列表中可选择"普通""宽""窄"等样式,如图 5.111 所示。

图 5.111　设置页边距

此外，还可以自定义页边距。单击"页边距"列表底部的"自定义边距"选项，打开"页面设置"对话框的"页边距"选项卡，在该选项卡可分别设置上、下、左、右页边距的值，如图5.112所示。

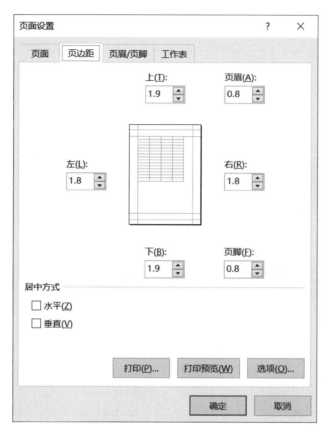

图 5.112　设置页边距

4. 设置页眉和页脚

（1）切换"页面布局"选项卡，单击"页面设置"组右下角的扩展按钮，如图5.113所示。

图 5.113　设置页眉页脚

（2）弹出"页面设置"对话框，单击"页眉/页脚"选项卡，默认都是"无"，如图 5.114 所示。

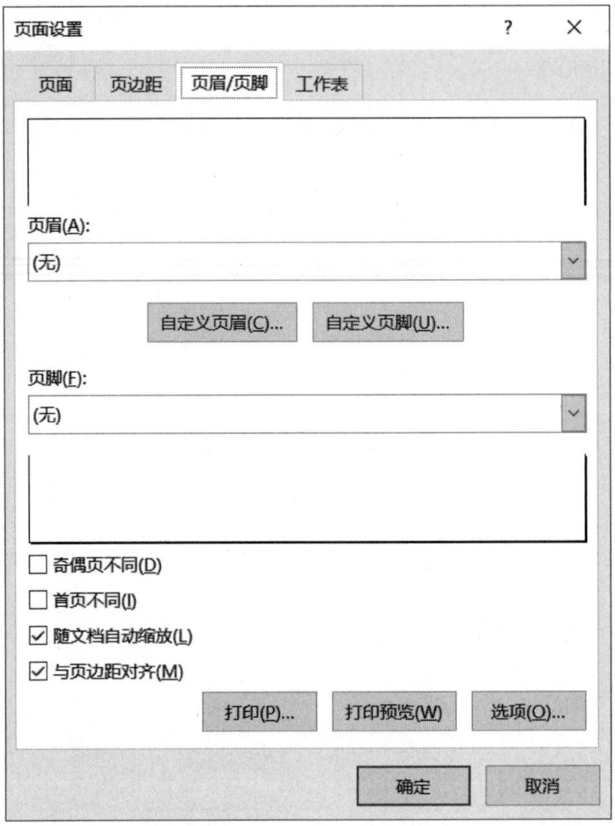

图 5.114　"页眉/页脚"选项卡

（3）单击"页眉"和"页脚"的下拉按钮，在打开的下拉列表中有系统预设的格式模板，可以直接选择并使用，如图 5.115 所示。

（4）单击"自定义页眉"按钮，在弹出的"页眉"对话框中可以看到页眉的 3 种格式，既可以调用系统设置的格式；也可以在下方的"左""中""右"列表中自行修改，如图 5.116 所示。

（5）除了使用统一的页眉/页脚，还可以设置首页不同与奇偶页不同。进入"页面设置"对话框，单击"页眉/页脚"选项卡，再单击"自定义页眉"按钮。顶部的选项卡根据所选择的项发生变化，对应进入首页页眉、奇数页页眉、偶数页页眉选项设置不同的格式，如图 5.117 所示。

5. 设置分页符

如果需要打印的工作表中的内容不止一页，Excel 会自动插入分页符，将工作表分成多页。这些分页符的位置取决于纸张大小、页边距设置等。可以通过插入水平分页符来改变页面上数据行的数量或插入垂直分页符来改变页面上数据列的数量。

打开需要添加分页符的工作表，在工作表中选择需要分到下一页的第 1 行，然后在"页面布局"选项卡"页面设置"组中单击"分隔符"的下拉按钮，在打开的下拉菜单中单击"插入分页符"菜单项，如图 5.118 所示。

图 5.115　设置页眉/页脚格式

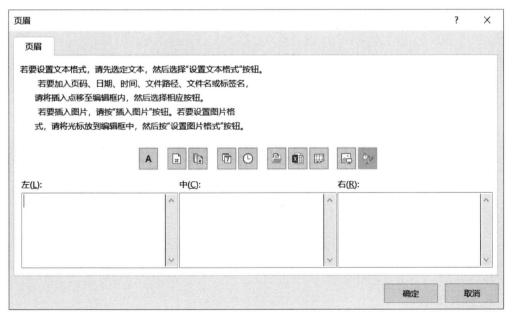

图 5.116　"页眉"对话框

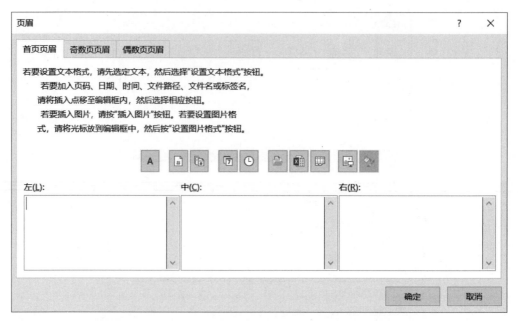

图 5.117　自定义页眉

图 5.118　插入分页符

此时，在文档中已经插入了分页符，单击"文件"按钮，在窗口左侧选择"打印"选项，可预览打印效果，文档从分页符处分页，如图 5.119 所示。

6. 删除分页符

一般是指删除手动插入的分页符。方法为：在"页面布局"选项卡"页面设置"组中单击"分隔符"的下拉按钮，在打开的下拉菜单中单击"删除分页符"菜单项。如果要一次性删除

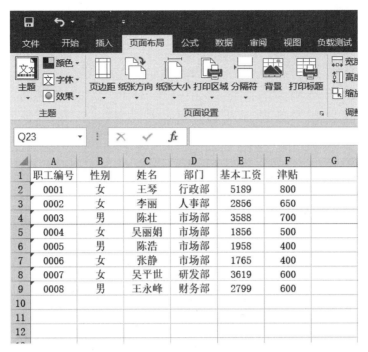

图 5.119　分页打印预览

所有手动分页符,可单击工作表中的任一单元格,然后单击"分隔符"下拉菜单中的"重设所有分页符"项,如图 5.120 所示。

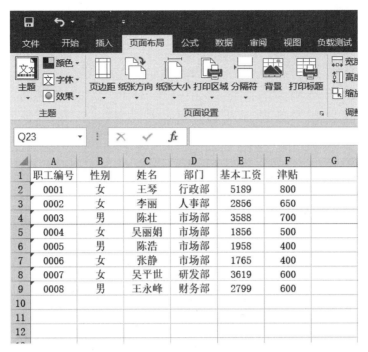

图 5.120　删除分页符

7. 设置打印区域

当只对 Excel 工作表的部分单元格区域进行打印时,需要对打印区域进行设置。具体操作步骤如下所示。

(1) 打开要打印的工作表,选择需要打印的单元格区域。

(2) 在"页面布局"选项卡"页面设置"组中单击"打印区域"的下拉按钮,在打开的下拉菜单中单击"设置打印区域"菜单项。此时的打印区域即为所选择单元格的区域,如图 5.121 所示。

图 5.121　设置打印区域

完成上述设置后,单击"文件"按钮,在打开的菜单左侧选择"打印"菜单项,就可预览要打印区域的打印效果,如图 5.122 所示。

职工编号	性别	姓名	部门	基本工资	津贴
0001	女	王琴	行政部	5189	800
0002	女	李丽	人事部	2856	650
0003	男	陈壮	市场部	3588	700
0004	女	吴丽娟	市场部	1856	500
0005	男	陈浩	市场部	1958	400
0006	女	张静	市场部	1765	400
0007	女	吴平世	研发部	3619	600
0008	男	王永峰	财务部	2799	600

图 5.122　打印预览

8. 取消打印区域

在"页面布局"选项卡"页面设置"组中单击"打印区域"的下拉按钮,在打开的下拉菜单中选择"取消打印区域"菜单项,设置的打印区域就会被取消。

5.9.2 打印输出

页面设置完成后,并且打印预览效果也较为满意时,就可以在打印机上进行真实报表的打印输出了。单击"文件"按钮,在打开的菜单中选择"打印"菜单项,出现的"打印"对话框如图 5.123 所示。

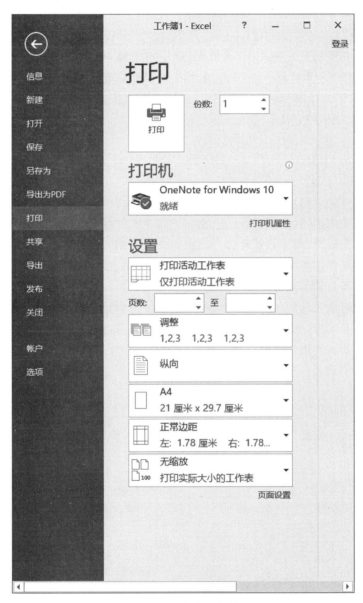

图 5.123 "打印"对话框

在"打开"对话框中选择要使用的打印机、设置打印份数、打印的文档范围等后,按 Enter 键或单击"打印"按钮即可开始打印文档内容。

5.10　本　章　小　结

　　Excel 2016 是 Office 2016 办公软件中的一款数字表格软件。它拥有直观的界面、出色的数据处理能力和图表功能,因而在个人数据管理领域成为最流行的工具。Excel 2016 在继承了之前版本优点的同时,增加了许多近年来流行的数据表达方式与数据接口,使其拥有了更广泛的应用场景与适用平台。本章介绍了 Excel 2016 的基本功能,并详细讲解了以下内容:工作表的创建,命名与重命名,移动和复制,插入和删除,切换和隐藏,格式化等基本操作;单元格文本和数据的输入,自动填充,选中单元格,单元格的移动和复制、插入和删除、条件格式;公式、函数的插入与编辑,单元格引用和填充;图表的创建和编辑,生成独立图表,迷你图;数据的获取与导入,数据排序、筛选,分类汇总,数据透视表,数据透视图;页面设置,打印输出表格的方法。

思 考 题 5

　　1．Excel 软件的主要功能是什么?

　　2．Excel 中如何创建、复制、移动、重命名工作表?

　　3．Excel 单元格中,文本数据和普通数据有什么区别? 分别应该如何输入?

　　4．Excel 中最常用的图表类型有哪些? 如何生成图表? 如何更改图表类型?

　　5．Excel 有哪几种引用方式? 各自的特点是什么?

　　6．Excel 如何输入日期、学号、分数、序列这些特殊的数字信息? 举例说明。

　　7．Excel 中在实现分类汇总之前先要做什么操作? 具体如何实现?

　　8．Excel 中如何使用函数? 举例说明。

第6章　演示文稿软件 PowerPoint 2016

6.1　PowerPoint 2016 概述

Microsoft PowerPoint 2016 是一款专业的演示文稿(通常称为幻灯片)制作软件,它集演示文稿的制作、编辑、演示为一体。相对以前的版本,PowerPoint 2016 在界面和功能上都有了很大的改进。

6.1.1　PowerPoint 2016 简介

Microsoft PowerPoint 2016 是 Office 2016 的组件之一,是专门用于制作幻灯片的软件。相对于 Microsoft PowerPoint 2013 来说,Microsoft PowerPoint 2016 新增加了 Office 主题、设计创意、墨迹公式、Tell Me 助手、屏幕录制和开始墨迹书写等功能,以帮助用户快速完成更多工作。

6.1.2　PowerPoint 2016 的工作界面

PowerPoint 2016 的工作界面主要由快速访问工具栏、标题栏、功能区、幻灯片编辑区、幻灯片窗格、备注窗格和状态栏等部分组成,如图 6.1 所示。

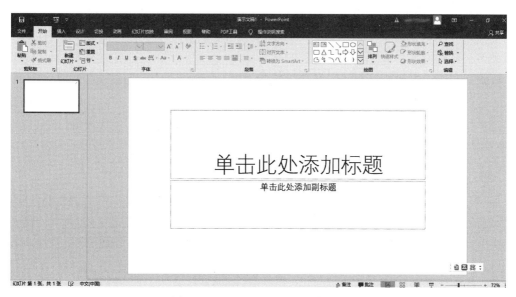

图 6.1　PowerPoint 2016 工作界面

1. 快速访问工具栏

快速访问工具栏位于窗口的左上角,用于显示一些常用的工具按钮,默认包括"保存""撤销""恢复""从头开始"等按钮,单击某个按钮可执行相应的操作,如图 6.2 所示。

图 6.2　快速访问工具栏

2. 标题栏

标题栏位于窗口的最上方,主要用于显示正在编辑的演示文件名称及所使用的文件名,另外还包括"登录""功能区显示选项""最小化""还原""关闭"等按钮。

3. 功能区

功能区位于标题栏的下方,主要包括"文件"按钮,"开始""插入""设计""切换""动画""幻灯片放映""审阅""视图"等选项卡。每个选项卡由多个功能组构成,单击某个选项卡,可展开该选项卡下方的所有功能组。

4. 幻灯片编辑区

幻灯片编辑区位于工作界面的正中心,是 PowerPoint 最主要的编辑区域,可以在这里制作用于展示的幻灯片中的各种元素,如插入和编辑文本、表格、图形等。

5. 幻灯片窗格

幻灯片窗格位于幻灯片编辑区的左侧,用于显示当前演示文稿的幻灯片。

6. 备注窗格

备注窗格位于幻灯片编辑区的下方,通常用于给幻灯片添加备注内容,如幻灯片的讲解说明等,如图 6.3 所示。

7. 状态栏

窗口的最下面一栏是状态栏,左端用于当前显示的幻灯片是第几张、演示文稿总共几张、当前使用的输入法状态等信息。中间是添加备注和批注的按钮。右端有两栏功能按钮,分别是视图切换工具按钮和显示比例调节工具按钮,如图 6.3 所示。

图 6.3　备注窗格和状态栏

6.1.3　PowerPoint 2016 功能区介绍

PowerPoint 2016 功能区包括 10 个选项卡,分别为"开始""插入""设计""切换""动画""幻灯片放映""审阅""视图""帮助""PDF 工具"。选择功能区中的任意选项卡,即可显示其按钮及命令,如图 6.4 所示。

6.1.4　PowerPoint 2016 视图方式介绍

一个演示文稿通常由多张幻灯片组成,为了方便用户操作,针对演示文稿的创建、编辑、放映或预览等不同阶段的操作,提供了不同的工作环境,这种工作环境称为"视图"。PowerPoint 2016 提供了 5 种视图模式:普通视图、大纲视图、幻灯片浏览视图、备注页视图和阅读视图。其中,普通视图和大纲视图是最常使用的两种视图。

1. 普通视图

普通视图是 PowerPoint 2016 默认的视图模式。该视图主要用于设计幻灯片的总体结构,编辑单张幻灯片中的内容。

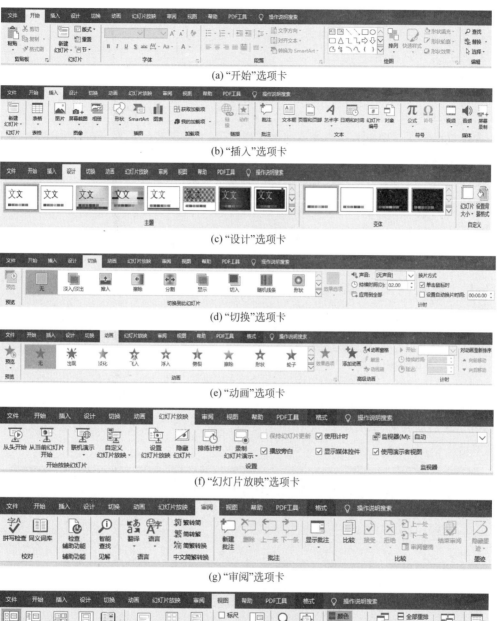

(a) "开始"选项卡

(b) "插入"选项卡

(c) "设计"选项卡

(d) "切换"选项卡

(e) "动画"选项卡

(f) "幻灯片放映"选项卡

(g) "审阅"选项卡

(h) "视图"选项卡

(i) "帮助"选项卡

(j) "PDF工具"选项卡

图 6.4　各功能区按钮及命令

2. 大纲视图

大纲视图和普通视图布局差不多，区别在于以大纲形式显示幻灯片中的标题文本，主要用于查看、编辑幻灯片中的文字内容。

3. 幻灯片浏览视图

在幻灯片浏览视图中，所有幻灯片以缩略图的形式整齐地排列。在这种视图模式下，可以添加新的幻灯片，也可以复制、删除或移走幻灯片，但不能编辑幻灯片中的内容。

4. 备注页视图

备注页视图主要用于为幻灯片添加备注说明，如演讲者备注信息、解释说明信息等。

5. 阅读视图

阅读视图以窗口的形式来查看演示文稿的放映效果，在播放过程中，可以欣赏幻灯片的动画和切换等效果。

6.2　演　示　文　稿

6.2.1　新建演示文稿

一个演示文稿包含一张或多张幻灯片。因此，在制作幻灯片之前，先要新建演示文稿，新建演示文稿包括新建空白演示文稿、根据联机模板和根据主题新建演示文稿 3 种。

1. 新建空白演示文稿

PowerPoint 2010 之前的版本，启动 PowerPoint 软件后，系统自动创建一个空白演示文稿，但从 PowerPoint 2013 版本开始，启动软件后，不会直接新建空白演示文稿，而是进入 PowerPoint 启动界面，只有单击"空白演示文稿"按钮后，才会新建一个名为"演示文稿 1"的空白演示文稿，如图 6.5 所示。

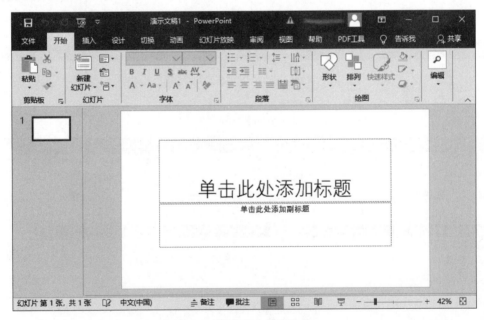

图 6.5　新建空白演示文稿

2. 根据联机模板新建演示文稿

PowerPoint 2016 提供了一些在线模板和主题，用户可以通过输入关键字搜索需要的模板，然后进行下载，创建带有内容的演示文稿。例如，创建一个与"总结"相关的演示文稿，在新建界面右侧的搜索框中输入关键字"总结"，单击其后的"搜索"按钮，只要计算机网络连接正常，就会在下方显示搜索结果，选择需要创建的任意一种模板后，在弹出的对话框中单击"创建"按钮，就可以开始下载该模板，下载完毕后，即可创建带有内容的演示文稿，如图 6.6 所示。

(a) 通过关键字搜索需要的模板

(b) 创建带有内容的演示文稿

图 6.6　根据联机模板新建演示文稿

3. 根据主题新建演示文稿

单击"文件"菜单中的"新建"菜单项，在右侧的搜索框中输入需要的关键字，如输入"框架"，单击其后的"搜索"按钮，选择需要的主题样式，弹出该主题的对话框，单击"创建"按钮,则会对该主题进行下载,下载完成后即可创建该主题的演示文稿,如图 6.7 所示。

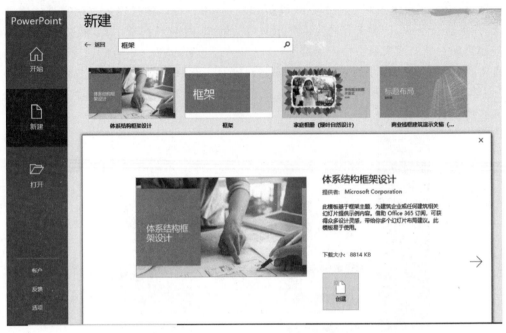

图 6.7　根据主题新建演示文稿

6.2.2　打开已有的演示文稿

如果要对计算机或 PowerPoint OneDrive(云服务)中已有的演示文稿进行编辑,那么需要先打开相关的演示文稿。

1. 打开计算机中的演示文稿

在 PowerPoint 2016 工作窗口中单击"文件"按钮,在打开的菜单页面左侧选择"打开"菜单项,在中间列表选择"最近"列表项,则页面右侧显示最近打开的演示文稿,选择需要打开的演示文稿,即可将其打开;在中间列表选择"浏览"列表项,则会打开本地计算机,选中需要打开的演示文稿,单击"打开"按钮即可打开该演示文稿。或者在计算机中找到需要打开的演示文稿,选择该文稿并双击,也可快速打开。

2. 打开 PowerPoint OneDrive 中的演示文稿

OneDrive 是 PowerPoint 2016 的一个云存储服务,通过它可以存储、共享演示文稿。如果需要对 OneDrive 中的演示文稿进行查看或编辑,也可将其打开。具体步骤如下所示。

(1) 单击"文件"按钮,在打开的菜单页面左侧选择"打开"菜单项,在中间列表选择 OneDrive 列表项,在弹出的"登录"对话框中输入电子邮箱地址,如图 6.8 所示。

(2) 单击"下一步"按钮,再在对话框中输入邮箱密码,单击"登录"按钮,即可登录用户账户,选择需要打开的文件,即可打开。

6.2.3　演示文稿的保存方式

对制作和编辑的演示文稿,要及时进行保存,以免丢失演示文稿的内容。在默认情况下 PowerPoint 2016 以 .pptx 文件格式保存。

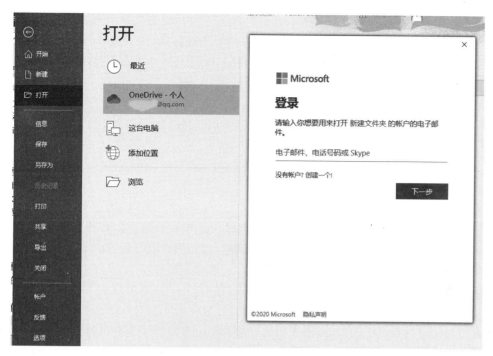

图 6.8　打开 OneDrive 中的演示文稿

如果是对计算机中已保存过的演示文稿进行保存，可单击快速访问工具栏中的"保存"按钮，或按 Ctrl＋S 快捷键。保存后，演示文稿的保存位置和文件名不会发生任何变化。

如果要把当前演示文稿以其他名称保存到计算机的其他位置，则需要单击"文件"按钮，在打开的菜单页面左侧选择"另存为"菜单项，在中间列表选择"浏览"列表项，在弹出的"另存为"对话框中选择要保存的位置并在"文件名"中输入要保存的名称，单击"保存"按钮。

PowerPoint 2016 新增了一个保存功能，就是直接在保存页面就可对演示文稿的保存名称和保存位置进行设置，以提高保存演示文稿的速度。如果想通过保存页面保存演示文稿，则在打开的菜单页面左侧选择"另存为"菜单项，在中间列表选择"这台计算机"列表项，在右侧列表选择上一级或其他文件夹，单击"保存"按钮，如图 6.9 所示。

图 6.9　演示文稿的保存

如果要把当前演示文稿保存到 OneDrive(云服务)中,以方便共享和跨设备使用,则选择"另存为"菜单项,在中间列表选择"OneDrive-个人"列表项,在右侧列表显示了保存位置及名称,单击"保存"按钮,即可保存,并在主窗口的状态栏显示"正在上载到 OneDrive"。

6.2.4　演示文稿的组成

一个演示文稿通常由若干张幻灯片组成,每张幻灯片由以下几个元素组成。

1. 背景

应用设计模板生成的幻灯片具有预先设计好的背景图形、填充效果及配色方案,所有这些预定义效果都可以被修改或删除。

2. 标题

通常每张幻灯片都有一个标题,而每个演示文稿也有一张标题幻灯片,该幻灯片包含该演示文稿的标题、副标题及该演示文稿的其他信息,如该演示文稿的作者等。

3. 正文

正文即用户输入的内容,经常以符号列表或编号列表的格式出现。

4. 占位符

占位符是由虚线组成的方框,用于包括添加到幻灯片中的文本和对象(如框图、表格、照片或多媒体文件)。在 PowerPoint 中,某些占位符也具有移动控制点,可以通过拖动控制点来控制占位符的位置。

5. 页脚

页脚在幻灯片底部的一个区域,可以在这里注明用户的单位名称和幻灯片的主题,也可以删除这个部分。

6. 日期和时间

日期和时间显示在幻灯片的底部,此项可设置为自动更新,也可以删除。

7. 幻灯片编号

在默认情况下,编号显示在幻灯片的底部,也可以移动或删除。

6.3　幻灯片的基本操作

幻灯片是构成演示文稿的主体,因此掌握对幻灯片的一些基本操作,如新建、移动、复制与删除等,非常有必要。

6.3.1　幻灯片的新建方式

如果演示文稿中的幻灯片张数不够,用户可以根据需要进行新建。在 PowerPoint 2016中既可新建默认版式的幻灯片,也可新建指定版式的幻灯片。

新建默认版式幻灯片的方式是:打开要操作的演示文稿,选择某张幻灯片,单击"开始"选项卡,在"幻灯片"组中单击"新建幻灯片"按钮　或按 Enter 键或按 Ctrl＋M 快捷键,将在当前幻灯片后添加一张与当前幻灯片相同版式的幻灯片。

新建指定版式幻灯片的方式是:打开要操作的演示文稿,选择某张幻灯片,单击"新建幻灯片"的下拉按钮,在弹出的下拉菜单中选择需要新建幻灯片的版式,即可新建此版式的一张幻灯片,如图 6.10 所示。

图 6.10 新建指定版式的幻灯片

6.3.2 幻灯片的移动、复制与删除

当制作的幻灯片位置不正确时,可以通过移动幻灯片将其移到合适位置;对于要制作结构和格式相同的幻灯片,可以直接复制幻灯片,然后再修改其中的内容;对于多余的幻灯片,可将其删除。

1. 移动幻灯片

在大纲视图或幻灯片浏览视图中选中要移动的幻灯片,将其拖动到目的地位置;也可以用 Ctrl+X 快捷键剪切,然后用 Ctrl+V 快捷键粘贴到目的位置。

2. 复制幻灯片

在大纲视图或幻灯片浏览视图中选中要复制的幻灯片,右击弹出快捷菜单,选择"复制"命令,在要粘贴的位置前的幻灯片上右击弹出快捷菜单,选择"粘贴"命令;或在拖动鼠标移动幻灯片时保持按住 Ctrl 键,表示复制;也可以用 Ctrl+C 快捷键复制,然后用 Ctrl+V 快捷键粘贴。

3. 删除幻灯片

在大纲视图或幻灯片浏览视图中选中要删除的幻灯片,右击弹出快捷菜单,选择"删除幻灯片"命令;或者选中要删除的幻灯片后直接按 Delete 键。

6.3.3 幻灯片版式设计

用户可根据幻灯片内容对版式进行更改,使幻灯片中内容的排版更合理。选择要更改版式的幻灯片,在"开始"选项卡的"幻灯片"组中单击"版式"下拉按钮,在打开的下拉菜单中选择需要的版式,即可将所选版式应用于当前幻灯片,如图 6.11 所示。

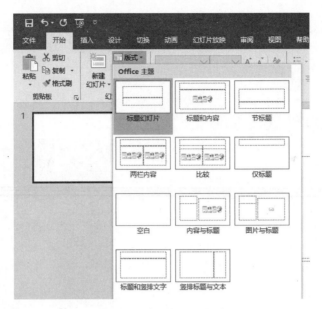

图 6.11　设置幻灯片版式

6.3.4　幻灯片文本输入方式

演示文稿主要通过文字来展现相关内容或表达相关思想,因此,在制作幻灯片时,首先要做的就是在各张幻灯片中输入相应的文本内容。

在 PowerPoint 2016 中输入文本的方式有如下 3 种。

(1) 通过占位符输入文本。新建的幻灯片中一般都自带占位符,因此,通过占位符输入文本是最常用最简单的方法,而且通过占位符输入的文本具有一定的格式。输入文本时只需要在占位符中单击,然后输入需要的文本。

(2) 通过文本框输入文本。当幻灯片中的占位符不够或需要在幻灯片中其他位置输入文本时,则可以使用文本框。相对占位符,使用文本框可灵活创建各种形式的文本,但要使用文本框输入文本时,首先需要绘制文本框。单击"插入"选项卡"文本"组中"文本框"的下拉按钮,选择下拉菜单中的"绘制横排文本框"菜单项,在幻灯片中需要放置文本框的位置按住鼠标左键进行拖动,即可绘制一个横排文本框,然后在文本框中输入文本。若要绘制竖排文本框,则在"文本框"下拉菜单中选择"竖排文本框"菜单项。

(3) 通过大纲窗格输入文本。当幻灯片中需要输入的文本内容较多时,可通过"大纲视图"中的"大纲窗格"进行输入,这样方便查看和修改演示文稿所有幻灯片中的文本内容。单击"视图"选项卡"演示文稿视图"组中的"大纲视图"按钮,将鼠标光标定位在左侧的窗格中,按 Ctrl+Enter 快捷键新建一张幻灯片,将鼠标光标定位在新建的幻灯片后面,输入幻灯片标题,如图 6.12 所示。

用户可以在幻灯片普通视图和大纲视图中编辑文本,包括对文本进行选择、复制、删除、查找与替换、设置文本格式等操作,这些操作与 Word 中基本一致。由于在幻灯片普通视图中,只能看到一张幻灯片的内容,因此在幻灯片视图中进行文本编辑时是逐张幻灯片进行的,也就是说每次只对一张幻灯片的文本进行编辑(查找与替换除外)。在大纲视图中,可以看到多张幻灯片中的文本,并且将幻灯片的内容展开后,每张幻灯片中的文本全部显示。因

图 6.12   通过"大纲窗格"输入文本

此,利用大纲视图进行文本编辑,可以在同一屏幕中,同时对多张幻灯片的文本进行编辑。

如果要在幻灯片中输入公式,可以单击"插入"选项卡"符号"组中"公式"的下拉按钮,在下拉菜单中选择"插入新公式"菜单项;还可以使用 PowerPoint 2016 提供的"墨迹公式"功能,手写输入公式,如图 6.13 所示。

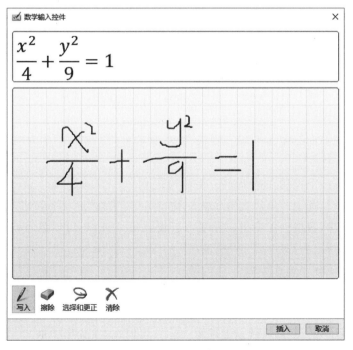

图 6.13   通过"墨迹公式"手写输入公式

6.3.5 幻灯片图片、形状、图表、SmartArt、艺术字插入

PowerPoint 中的图片是必不可少的，添加图片后可使演示文稿内容更美观。对图片、形状、图表、SmartArt 的操作主要集中在"插入"选项卡"图像"和"插图"组中，而艺术字在"文本"组，如图 6.14 所示。

图 6.14 "插入"选项卡

1. 插入图片

在幻灯片中既可插入计算机中保存的图片，也可插入联机图片和屏幕截取的图片。若要插入图片，首先选中要插入图片的幻灯片，切换到"插入"选项卡，单击"图像"组中的"图片"按钮，弹出"插入图片"对话框，选中要插入的图片，单击"插入"按钮。若要插入联机图片，必须首先登录用户账户，才能在幻灯片中插入网络中搜索到的图片。屏幕截取图片可将当前打开窗口中的图片或需要的部分截取下来。

2. 插入形状

首先选中要插入形状的幻灯片，切换到"插入"选项卡，单击"插图"组中"形状"的下拉按钮，弹出下拉面板，如图 6.15 所示。在下拉面板中单击任意形状的按钮，回到主窗口中，光标变成十字，然后在幻灯片上的某一位置单击并拖动鼠标，即可完成形状的绘制。

当绘制椭圆时，若同时按住 Shift 键，将绘制出正圆；若同时按住 Ctrl 键，将以单击点为中心绘制椭圆；若同时按住 Shift＋Ctrl 快捷键，则以单击点为中心绘制正圆。

1）调整形状对象

（1）选择形状对象。通过单击和拖画虚线两种方法来选择对象。当选择多个对象时可以采用下面的两种方法：第 1 种方法是按住 Ctrl 或 Shift 键，用鼠标依次单击各个图形，再释放 Ctrl 或 Shift 键；第 2 种方法是将光标移到要选择的所有图形的外边，按住鼠标左键，拖画虚线框将图形全部框在其中，再释放鼠标左键。

（2）调整对象的位置、尺寸、颜色、线条。对象的位置可以通过拖动对象来调整，尺寸可以通过拖拉对象的 8 个控制点来调整。更精确的调整可以通过"设置形状格式"窗格来调整，如图 6.16 所示。选中对象后在对象的快捷菜单中，选择"设置形状格式"，在窗口的右侧出现"设置形状格式"窗格。该窗格中除了可以设置尺寸外，还可以设置线条的样式、颜色、填充颜色、透明度等。

2）添加文本

绝大多数形状允许添加文本，方法如下所示。

（1）在图形对象上右击，在弹出的快捷菜单中选择"编辑文字"菜单项。

（2）选中图形对象，直接从键盘上输入文字。可以在"设置形状格式"窗格中单击"文本选项"选项卡调整文本格式。

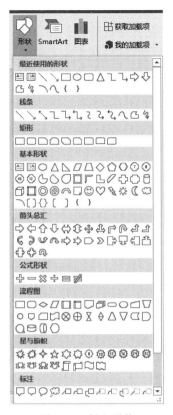

图 6.15　插入形状

图 6.16　设置形状格式

3）组合图形

运用"组合"命令可以使两个或两个以上的形状组合在一起,具体步骤如下所示。

（1）选中第 1 个对象,按住 Shift 键后继续选中其他的形状对象。

（2）右击,在快捷菜单中单击"组合"菜单项;或者单击"绘图工具"的"格式"中"排列"组中"组合"的下拉按钮,在弹出的下拉菜单中选择"组合"菜单项。此时,所有选中的对象组合成一个对象,并共享一个大小调整控点。

（3）如果不想组合对象集,请选中该对象组合,则单击"组合"下拉菜单中的"取消组合"菜单项,即可取消对象组合。

4）更改对象叠放次序

幻灯片上每个绘制的对象都处于单独的一个图层中,即某些绘图对象可能遮盖住其他对象的一部分,所以有必要经常改变对象的叠放次序。改变对象叠放次序的方法是:如果希望一个图形对象显示在其他对象的最下面/最上面,请选中该对象,右击,在快捷菜单中单击"置于底层"/"置于顶层"菜单项来完成该功能;如果要为大量的图形对象设置次序,请使用同一快捷菜单下的"下移一层"/"上移一层"菜单项来调整其次序。

3. 插入图表

PowerPoint 2016 提供了多种类型的图表,不同类型的图表用于体现不同的数据。选中要插入图表的幻灯片,切换到"插入"选项卡,单击"插图"组中的"图表"按钮,在弹出的"插入图表"对话框中选择需要的图表样式,如图 6.17 所示;然后单击"确定"按钮,所选择的图表即可插入当前幻灯片中。与此同时,PowerPoint 2016 系统会自动打开与图表数据相关联的工作簿,并提供默认的数据,如图 6.18 所示。根据操作需要,在工作表中输入相应数据,然后关闭工作簿,回到当前幻灯片,即可看到所插入的图表。插入图表后,功能区会自动显示"图表工具"的"设计"和"格式"选项卡,可对插入的图表进行格式的设定。

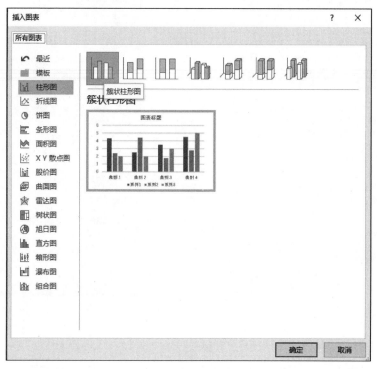

图 6.17　插入图表

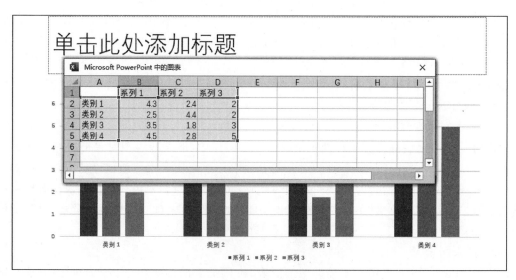

图 6.18　图表关联数据

4. 插入 SmartArt 图形

PowerPoint 2016 中提供了 SmartArt 图形功能,用于直观地说明层次关系、附属关系、并列关系及循环关系等,具有很强的立体感。当要插入 SmartArt 图形时,首先选中要插入 SmartArt 图形的幻灯片,切换到"插入"选项卡,单击"插图"组中的 SmartArt 按钮,在弹出的"选择 SmartArt 图形"对话框中选择一种样式,然后单击"确定"按钮,如图 6.19 所示。

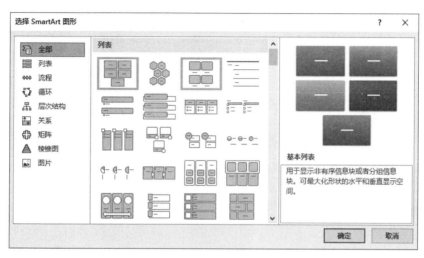

图 6.19　插入 SmartArt 图形

5. 插入艺术字

艺术字能突出显示幻灯片中的重点内容,因此艺术字在幻灯片中经常被使用。首先选中要插入艺术字的幻灯片,单击"插入"选项卡"文本"组中"艺术字"的下拉按钮,在下拉面板中选择一种艺术字样式,如图 6.20 所示。在幻灯片中将出现一个艺术字文本框,占位符内显示的文字"请在此放置您的文字"变为选中状态,此时可直接输入具体文字内容。

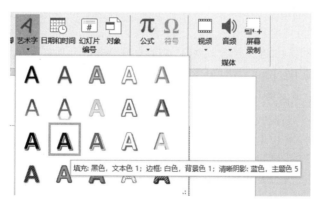

图 6.20　插入艺术字

6.3.6　幻灯片表格插入与编辑

如果幻灯片中要使用一些数据实例,则插入表格会更加直观清晰。在 PowerPoint 2016

中插入表格的方式有多种：选中要插入表格的幻灯片，切换到"插入"选项卡，单击"表格"组中"表格"的下拉按钮，在下拉面板中通过拖动鼠标指针选择行、列数创建表格；或选择"插入表格"选项，在弹出的"插入表格"对话框中输入行数和列数，单击"确定"按钮；或选择"绘制表格"按钮，可在幻灯片中手工绘制表格。插入表格后，功能区中会自动显示"表格工具"的"设计"和"布局"两个选项卡，可对表格格式进行设置，如图6.21所示。

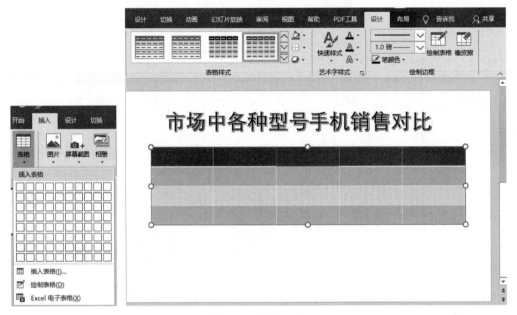

图 6.21　插入表格

6.3.7　幻灯片音频与视频插入

PowerPoint 2016提供了插入音频和视频的功能，音频和视频的效果可以打破幻灯片在放映过程中的沉闷，使其更加吸引听众。

1. 插入音频

PowerPoint 2016支持的音频文件格式有：.aiff、.wav、.wma、.mp3、.mid、.m4a、.mp4、.au、.c。幻灯片中插入音频可以通过插入"PC上的音频"和"录制音频"两种方法实现，如图6.22所示。

图 6.22　插入"音频"下拉菜单

当幻灯片中被插入音频后，可以看到在当前幻灯片中出现了一个"小喇叭"的图标。在功能区将显示"音频工具"的"格式"和"播放"选项卡，可以设定音频图标的外观、播放方式等，如图6.23所示。

2. 插入视频

PowerPoint 2016支持的视频文件格式有：.asf、.avi、.mov、.wmv、.mpg、.m4v、.mpeg、.mp4、.swf。幻灯片中插入视频可以通过插入"联机视频"和"PC上的视频"两种方法。将视频插入幻灯片的具体步骤同插入音频类似，在此不再赘述。

图 6.23　插入音频

6.3.8　幻灯片插入页眉和页脚

页眉和页脚可以显示幻灯片的共同信息,如演示文稿的标题、日期、编号等。具体设置步骤如下所示。

（1）单击"插入"选项卡"文本"组中的"页眉和页脚"按钮,弹出如图 6.24 所示的"页眉和页脚"对话框。

图 6.24　"页眉和页脚"对话框

（2）单击"幻灯片"选项卡,并在其中按照需要选择或输入相关设置。

（3）单击"全部应用"按钮,所设置的页眉和页脚就被添加到整个演示文稿的幻灯片中。

（4）单击"应用"按钮,则此设置只能添加到当前正处于编辑区的幻灯片中。

6.3.9　超链接和动作插入

1. 插入超链接

可以在演示文稿中添加超链接,然后通过该超链接跳转到不同的位置。例如,跳转到现有文件或网页(如 Microsoft Word 文档、Microsoft Excel 电子表格、Internet 或公司内部网络)、本文档中的某张幻灯片、新建文档或电子邮件地址。可以通过任何对象(包括文本、形状、表格、图片)创建超链接,如果形状中有文本,可以为形状和文本分别设置超链接。激活超链接的方式可以是单击或鼠标移过,通常采用单击的方式,鼠标移过的方式一般用于提示用户。值得注意的是只有在演示文稿放映时,超链接才能激活。设置超链接的步骤如下所示。

(1) 选中要链接的对象,然后右击,在弹出的快捷菜单中选择"超链接"选项,或单击"插入"选项卡"链接"组中的"链接"按钮,弹出"插入超链接"对话框,如图 6.25 所示。在对话框的左侧有一个"链接到",提供了 4 个带图标的选项。

图 6.25　插入超链接对话框(1)

(2) 如果选中第 1 项"现有文件或网页",对话框中间部分列出 3 个选项:"当前文件夹""浏览过的网页""最近使用过的文件",选择其中一项后,就会在列表中列出符合条件的文件名或网址,十分方便。

如果选中第 2 项"本文档中的位置",可以在中间列表中选择要链接的幻灯片,还可以预览幻灯片,如图 6.26 所示。

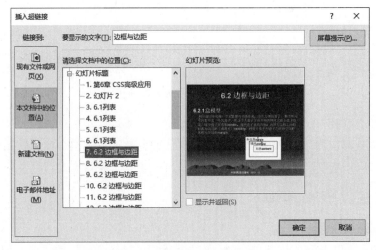

图 6.26　插入超链接对话框(2)

如果选中第 3 项"新建文档",可以链接到一个新建的文档中,新建文档可在以后有时间时进行编辑。

如果选中第 4 项"电子邮件地址",就可以从列表框中选取最近用过的邮件地址,或是输入新地址。

(3) 单击"确定"按钮后,被链接的文字加了下画线且改变了原来的颜色。在进行放映时,当鼠标指针停在加了链接的文字上,就变成小手的形状,旁边出现了刚才输入的提示文字,单击后即可跳转到相应的网页、幻灯片或打开文件、打开 Outlook 发送邮件等。

2. 插入动作按钮

超链接的对象很多,包括文本、形状、表格、图表等。此外,还可以利用动作按钮来创建超级链接。PowerPoint 2016 带有一些制作好的动作按钮,可以将动作按钮插入演示文稿并为之定义超链接。单击"插入"选项卡"插图"组中"形状"的下拉按钮,在下拉面板中可找到动作按钮,如图 6.27 所示。按钮上的图

图 6.27　动作按钮

形都是常用的易理解的符号,例如,左箭头表示上一张,右箭头表示下一张,此外还有表示转到开头、转到结尾等的按钮,有播放电影或声音的按钮。插入一个动作按钮,如选择第 1 个动作按钮,将光标移动到幻灯片窗口中,光标会变成十字形状,按住鼠标左键并在窗口中拖动,画出所选的动作按钮,释放鼠标,这时"操作设置"对话框将自动打开,如图 6.28 所示。

图 6.28　"操作设置"对话框

在"操作设置"对话框中还可以指定运行程序、运行宏、对象动作和播放声音等选项。

在"超链接到"列表中给出了建议的超级链接,也可以自己定义链接,最后单击"确定"按钮,完成动作按钮的设置。

创建超链接后,用户可以根据需要随时编辑或更改超级链接的目标。首先选中代表超链接的文本或对象,单击"插入"选项卡"链接"组中的"链接"按钮,弹出"操作设置"对话框,在"操作设置"对话框中选择所需选项。另外,也可以选中超链接,右击,在弹出的快捷菜单

中选择"编辑链接"菜单项。

如果需要删除超链接，可先选中代表超链接的文本或对象，在"操作设置"对话框中选择"无动作"单选按钮。如果要将幻灯片中的超链接和代表超链接的文本或对象同时删除，则选择该对象或文本后，按 Delete 键。

6.4　幻灯片的设计

幻灯片的设计包括幻灯片的主题、背景、大小、母版等方面的设计。为了保持演示文稿中所有幻灯片风格外观一致，PowerPoint 提供了母版和主题这两种重要工具。

6.4.1　幻灯片主题设计

幻灯片主题是应用于整个演示文稿中各种样式的集合，包括颜色、字体和效果 3 大类。PowerPoint 2016 预置了多种主题供用户选择。

在 PowerPoint 2016 中选择"设计"选项卡，单击"主题"组中"其他"按钮 ，在弹出的菜单中选择预置的某种主题，如图 6.29 所示。有的主题还提供了变体功能，使用该功能可以在应用主题效果后，对其中设计的变体进行更改，如背景颜色、形状样式上的变化等。

图 6.29　所有主题

1. 更改主题颜色

应用主题后，默认的主题颜色有时不能满足需要，此时可以根据需要对主题颜色进行更改。在"设计"选项卡中单击"变体"组中的"其他"按钮 ，然后在弹出的下拉菜单中选择"颜色"菜单项，在其子菜单中选择需要的颜色，如图 6.30 所示。

在"颜色"子菜单中单击"自定义颜色"选项，弹出"新建主题颜色"对话框，如图 6.31 所示。在弹出的"新建主题颜色"对话框中可设置各种类型的颜色选择用户需要的主题颜色后，即可单击"保存"按钮，将其添加到"主题颜色"菜单中。

2. 更改主题字体

字体也是主题中的一种重要元素。更改主题字体操作和更改主题颜色类似。同样地，单击"自定义字体"选项后也可以建立新的主题字体。

3. 更改主题效果

主题效果是 PowerPoint 内预置的一些图形元素及特效。更改主题效果操作和更改主

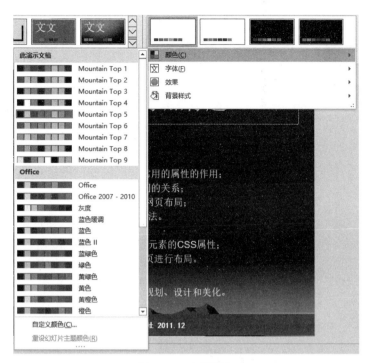

图 6.30　主题颜色

图 6.31　"新建主题颜色"对话框

题颜色类似,在此不再赘述。由于主题效果的设置非常复杂,因此 PowerPoint 2016 不提供用户自定义主题效果的功能。

6.4.2　幻灯片背景设计

在 PowerPoint 2016 中,单击"设计"选项卡,在"自定义"组中单击"设置背景格式"按

图 6.32 "设置背景格式"窗格

钮,弹出"设置背景格式"窗格,如图 6.32 所示。

"填充"有"纯色填充""渐变填充""图片或纹理填充""图案"4 种类型,可根据需要添加或更改背景的填充效果。

1. 纯色背景

纯色背景是一种较常见的背景。在图 6.32 中可见,对"纯色填充"可设置"颜色"和"透明度"等属性。单击"应用到全部"按钮,可将此设置应用到整个演示文稿的所有幻灯片中。

2. 渐变背景

渐变背景允许用户为幻灯片设置自定义的渐变色背景。用户可选择预设的渐变填充,还可以通过修改渐变类型、方向、角度和渐变光圈等自定义渐变填充。

3. 图片或纹理背景

图片或纹理背景是一种更加复杂的背景样式,其可以将 PowerPoint 内置的纹理图案、外部图像、剪贴板图像设置为幻灯片的背景,如图 6.33 所示。

4. 图案背景

图案背景也是一种比较常见的幻灯片背景。使用图案进行填充时,不仅可以设置图案前景填充色,还可设置图案背景填充色,如图 6.34 所示。

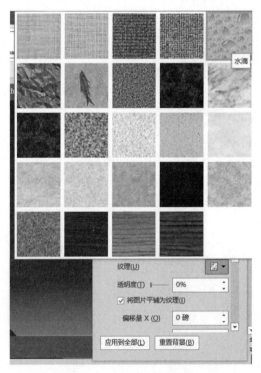

图 6.33 图片或纹理填充

图 6.34 图案填充

6.4.3 幻灯片大小设置

在添加幻灯片内容之前，用户可根据幻灯片的内容对幻灯片的大小进行设置。PowerPoint 2016中内置了标准(4∶3)和宽屏(16∶9)两种幻灯片大小，而宽屏(16∶9)是默认的大小，当需要用标准(4∶3)大小时，可在"设计"选项卡"自定义"组中单击"幻灯片大小"的下拉按钮，在下拉菜单中选择"标准(4∶3)"。

除了内置大小外，PowerPoint 2016还可以自定义幻灯片大小。在"设计"选项卡"自定义"组中单击"幻灯片大小"下拉按钮，在下拉菜单中选择"自定义幻灯片大小"选项，弹出"幻灯片大小"对话框，在"高度"和"宽度"文本框中分别输入高度和宽度值，单击"确定"按钮，如图6.35所示。

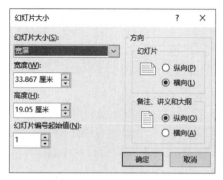

图6.35　自定义幻灯片大小

6.4.4 幻灯片母版设计

PowerPoint提供了母版工具，以方便控制幻灯片的整体风格，或将其应用到打印、备课工作中。母版分为幻灯片母版、讲义母版及备注母版3种。其中，最常使用的是幻灯片母版。

1. 查看幻灯片母版

幻灯片母版是一种模板，可以存储多种信息，包括文本和对象在幻灯片上放置的位置、文本和对象的大小、文本样式、背景、颜色、主题、效果和动画等。当幻灯片母版发生变化时，其对应的幻灯片中的效果也将随之发生变化。

在PowerPoint 2016中，单击"视图"选项卡"母版视图"组中"幻灯片母版"按钮，进入"幻灯片母版"视图，如图6.36所示。

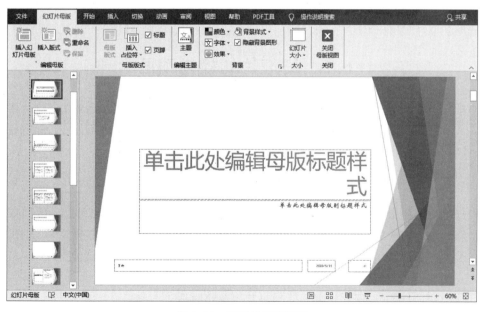

图6.36　幻灯片母版视图

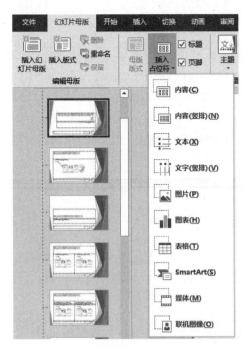

图 6.37　插入占位符

2. 插入幻灯片母版及版式

在"幻灯片母版"视图中选择"幻灯片母版"选项卡,在"编辑母版"组中单击"插入幻灯片母版"按钮,插入一个空白母版。同理,单击"编辑母版"组中的"插入版式"按钮,即可为当前选择的母版创建一个新的版式。

3. 插入占位符

在"幻灯片母版"视图中选择"幻灯片母版"选项卡,在"母版版式"组中单击"插入占位符"下拉按钮,在打开的下拉菜单中选择想要的占位符,即可插入相应占位符,如图 6.37 所示。

4. 修改幻灯片母版及版式

修改幻灯片母版的方式与修改普通幻灯片类似,用户可以方便地选中各种元素,设置元素的样式;也可以修改幻灯片母版的背景格式、占位符格式。但要记住:母版上的文本只用于样式,实际的文本(如标题和列表)应在普通视图的幻灯片上输入,而修改页眉和页脚应单击"插入"选项卡"文本"组中的"页眉和页脚"按钮进行设置。

讲义母版通常用于教学备课工作中,可以显示多张幻灯片的内容,便于用户对幻灯片进行打印和快速浏览。在"讲义母版"选项卡中,用户可设置讲义方向、幻灯片大小及每页显示幻灯片数量等。

备注母版也常用于教学备课中,其作用是演示文稿中各幻灯片的备注和参考信息,由幻灯片缩略图和页眉、页脚、日期、正文码等占位符组成。同样也可以在"备注母版"选项卡,设置备注页方向、幻灯片大小等。

6.5　幻灯片切换与动画

幻灯片上的文本、形状、声音、图表等对象都可以具有动画效果,也就是在幻灯片中出现的方式及一些控制设定,如擦除、百叶窗等。这样一来,不仅可以突出重点、控制信息的流程,还可以提高演示文稿的趣味性。

6.5.1　幻灯片切换方式

幻灯片切换是指幻灯片与幻灯片之间进行切换的一种动画效果,使得上一张幻灯片与下一张幻灯片的切换更自然。幻灯片切换方式的设定集中在"切换"选项卡中,如图 6.38 所示。

PowerPoint 2016 提供了很多幻灯片切换动画效果,用户可选择需要的切换动画添加到幻灯片中,对要添加不同切换的每张幻灯片重复执行以下步骤。

(1) 在普通视图中,选中要添加切换的幻灯片。

图 6.38　幻灯片切换选项卡

（2）单击"切换"选项卡，在"切换到此幻灯片"组中，单击所希望的切换效果，如百叶窗。为某幻灯片添加切换动画后，在幻灯片窗格中的幻灯片编号下会添加 * 图标。

（3）在"切换到此幻灯片"组中"效果选项"下拉菜单可设置切换效果的方向；在"计时"组中可设置持续时间、声音、换片方式等。如果想将动画效果应用于所有幻灯片，单击"应用到全部"按钮。

（4）设置完成后，单击"预览"组中的"预览"按钮，即可进行播放预览，观看效果。

6.5.2　幻灯片动画制作

6.5.1 节的切换效果是对整张幻灯片而言的，如果要设置幻灯片中各个元素的动画效果，可以使用自定义动画。自定义动画的操作集中在"动画"选项卡中，如图 6.39 所示。PowerPoint 2016 提供了进入、强调、退出和动作路径 4 种类型的动画效果，每种动画效果下又包含了多种相关的动画，不同的动画能带来不一样的效果。进入是指对象进入幻灯片的动作效果，可实现多种对象从无到有、陆续展现的动画效果。强调是指对象从初始状态变化到另一个状态，再回到初始状态的效果。强调主要用于对象已出现在屏幕上，需要以动态的方式作为提醒的视觉效果情况，常用于需要特别说明或强调突出的内容。退出是让对象从有到无、逐渐消失的一种动画效果，主要实现换片的连贯过渡。动作路径是让对象按绘制的路径运动的一种高级动画效果。

图 6.39　"动画"选项卡

1. 添加动画效果

添加动画效果的操作步骤如下所示。

（1）选中当前幻灯片中要进行动画设置的一个或多个对象。

（2）单击"动画"选项卡，在"动画"组中任意选中一个动画效果，即可为当前选中对象添加此效果。如果想为同一个对象添加多个动画效果，可在"高级动画"组中单击"添加动画"下拉按钮，在弹出的下拉列表中选择需要添加的第 2 个动画效果，以此类推，可添加其他多个动画效果。

（3）每个动画效果选择后，在"动画"组中都可以通过"效果选项"设置该动画的方向和序列，并且添加动画效果后的对象左侧都有编号，编号是根据添加动画效果的顺序自动添加的，如图 6.40 所示。

2. 编辑动画效果

添加动画效果后，还可以对这些效果进行编辑，如更改动画效果、删除动画效果、调整动

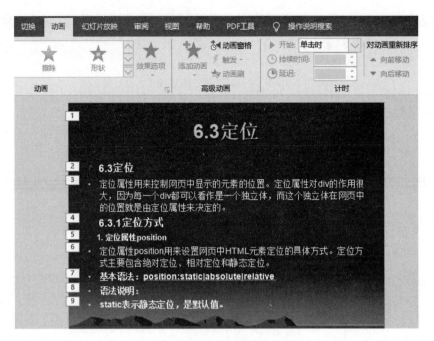

图 6.40　设置幻灯片的动画效果

画播放顺序和更改触发器等。

　　要编辑动画,单击"高级动画"组中的"动画窗格"按钮,打开"动画窗格"进行编辑,如图 6.41 所示。

　　由图 6.41 所示,在"动画窗格"中显示了当前幻灯片中所有对象的动画效果,每个列表项目表示一个动画事件,并且用幻灯片上项目的部分文本进行标记;4 种动画类型也有不同的图标标识。

　　单击某个编号,即可选中对应的动画效果,并对其进行编辑,单击右侧的下拉按钮,弹出下拉菜单,如图 6.42 所示。可对对象的动画进行如下设置。

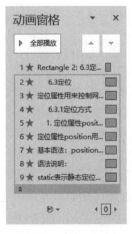

图 6.41　动画窗格

图 6.42　选中某动画的下拉列表项

（1）播放启动方式。在下拉菜单中选择"单击开始""从上一项开始""从上一项之后开始"中的一项，其含义分别如下所示。

① 单击开始：在幻灯片上单击鼠标时动画事件开始。

② 从上一项开始：在列表中前一个项目开始的同时开始此动画序列（也就是，一次单击执行两个动画效果）。

③ 从上一项之后开始：在列表中前一个项目完成播放后立即开始此动画序列（也就是，在下一个序列开始时不再需要单击）。

（2）效果选项设置。根据所选择的动画类别的不同，效果选项的内容也不同，如方向、平滑、弹跳等。"飞入"的"效果选项"对话框如图 6.43 所示。

图 6.43　"飞入"中的"效果选项"对话框

（3）计时设置。计时设置中可设置播放启动方式、延迟时间、速度、重复等。

（4）顺序设置。在动画列表中选中需要调整顺序的一个或相邻的多个动画，单击列表框中的"重新排序"按钮 ▲ ▼ ，将所选对象向上或向下移动，从而改变动画的启动顺序。

（5）删除动画效果。如果不再需要某动画效果，可打开"动画窗格"，选中需要删除的动画效果，右击，在弹出的快捷菜单中单击"删除"菜单项；或在"动画窗格"中选中要删除的动画效果直接按 Delete 键进行删除。

设置完成后，单击"播放"按钮 ▶ 播放自 ，将播放当前幻灯片中的除触发器控制的动画外的所有动画，播放过程中忽略了用户的控制，如单击。如果想真实地查看幻灯片中的动画，需要单击状态栏的"幻灯片放映"按钮 ☐ ，对动画进行播放。

（6）使用"动画刷"快速复制动画。如果要使幻灯片中的其他对象或其他幻灯片中的对象应用相同的动画效果，可通过"动画刷"复制动画，使对象快速拥有相同的动画效果。选择设置好动画的对象，单击"动画"选项卡"高级动画"组中的"动画刷"按钮，将鼠标指针移到需要应用复制的对象上单击，即可为对象应用复制的动画效果。

6.6　放映幻灯片

　　制作演示文稿的最终目的就是为观众放映幻灯片。放映幻灯片是一个非常精彩的时刻，为了使它更加完美，PowerPoint 提供了很多预备功能，如浏览幻灯片、排练幻灯片等，下面将一一进行详尽的介绍。

6.6.1　幻灯片浏览方式

　　浏览幻灯片可以帮助用户预先对演示文稿进行检查，单击"视图"选项卡"演示文稿视图"组中的"幻灯片浏览"按钮，弹出如图 6.44 所示的幻灯片浏览视图，可以看到此组演示文稿的整体效果及版式的协调性。用户可以利用"显示比例"按钮或滑块控制幻灯片浏览视图的比例。在该视图中，可直接把幻灯片从原来的位置拖到另一个位置来更改幻灯片的显示顺序。

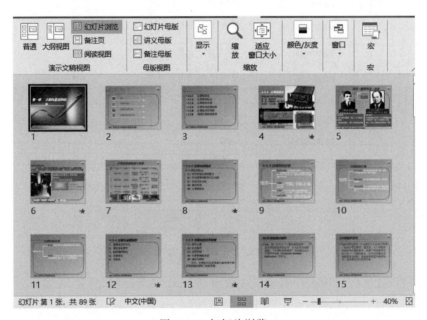

图 6.44　幻灯片浏览

　　如果放映幻灯片的时间有限，有些幻灯片将不能逐一演示，用户可以将某几张幻灯片隐藏起来，而不必将这些幻灯片删除。具体操作为：选中要隐藏的幻灯片，单击"幻灯片放映"选项卡"设置"组中的"隐藏幻灯片"按钮；或者右击要隐藏的幻灯片，在弹出的快捷菜单中选择"隐藏幻灯片"菜单项，即可完成隐藏操作。此时，在幻灯片右下角的编号上会出现一根斜线，如图 6.45 所示。如果要重新显示这些幻灯片，只需取消隐藏。

6.6.2　幻灯片放映方式

　　默认情况下，演示者需要手动放映演示文稿。此外，还可以创建自动播放演示文稿，如用于商贸展示。自动播放幻灯片，需要设置每张幻灯片在自动切换到下一张幻灯片前在屏幕上停留的时间。

图 6.45　隐藏幻灯片

选择"幻灯片放映"选项卡，单击"设置"组中的"设置幻灯片放映"，即可打开"设置放映方式"对话框，如图 6.46 所示。

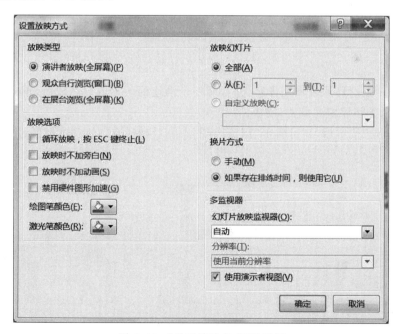

图 6.46　"设置放映方式"对话框

注意：设置放映方式中包括 3 种单选的放映类型和 4 种复选的放映选项；单击"放映幻灯片"组中选择放映的起始号和终止号；单击"换片方式"组中确定每张幻灯片的切换方式，完成后单击"确定"按钮。

用户可以按照在不同场合运行演示文稿的需要，选择 3 种不同的方式放映幻灯片。

（1）演讲者放映（全屏幕）是最普遍的放映类型，幻灯片以整屏显示。如想退出，则按Esc键。

（2）观众自行浏览（窗口）是为了方便观众按自己的需要观看而设立的浏览放映类型，所以预留了工具栏和鼠标。如果想退出，同样也是按Esc键。

（3）在展台浏览（全屏幕）是在无人管理下的自行放映类型，以全屏显示，循环放映。这种方式需要事先做排练计时并设置"换片方式"为"如果存在排练时间，则使用它"。

6.6.3 幻灯片排练计时

在正式放映幻灯片前，调整掌握最理想的放映速度，可以使放映效果最佳，下面介绍几种放映速度设定方法。

1. 排练计时

通过排练计时记录各张幻灯片的播放时间，操作步骤如下所示。

（1）单击"幻灯片放映"选项卡"设置"组中的"排练计时"按钮。

（2）系统开始放映幻灯片，同时在左上角出现一个对话框，此为"录制"工具栏，如图6.47所示。在这个工具栏中会分别显示每张幻灯片和整套演示文稿放映的时间，用户可通过单击其左边的按钮来对其进行控制和编排。

图 6.47 "录制"工具栏

（3）最后一张幻灯片放映完毕后，会打开一个消息框。单击"是"按钮，正式放映时则采用此设置，如果无须保留此设置，则单击"否"按钮。

（4）单击"是"按钮后，还可单击"浏览"视图中查看到所有幻灯片的时间设置，如图6.48所示。

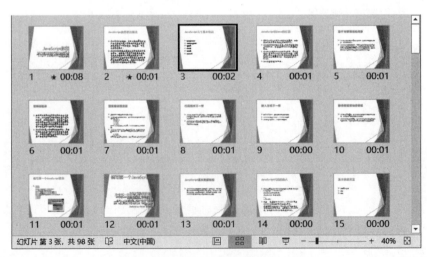

图 6.48 查看时间编排

2. 人工设置放映间隔

如果想在放映前就人工设定时间间隔或者对前面由排练计时所记录的时间做调整，则可以单击"切换"选项卡，在"计时"组"换片方式"中的"设置自动换片时间"中设置，如图 6.49 所示。

3. 自定义幻灯片放映

放映演示文稿的方法包括从头开始放映、从当前幻灯片开始放映和自定义幻灯片放映。自定义幻灯片放映可以将演示文稿中的幻灯片重新选用编排，创建一个新的演示文稿。创建自定义放映的操作步骤如下所示。

（1）在"幻灯片放映"选项卡"开始放映幻灯片"组中单击"自定义幻灯片放映"下拉菜单中的"自定义放映"选项，弹出"自定义放映"对话框，如图 6.50 所示。

图 6.49　设定自动换片间隔时间

图 6.50　"自定义放映"对话框

（2）单击"新建"按钮，弹出"定义自定义放映"对话框，如图 6.51 所示。在"幻灯片放映名称"文本框中输入自定义放映演示文稿的名称；"在演示文稿中的幻灯片"列表中选中要进行自定义放映的幻灯片，然后单击"添加"按钮，当其出现在"在自定义放映中的幻灯片"列表中时，表明添加成功。

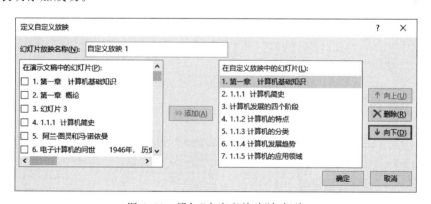

图 6.51　添加"自定义放映"幻灯片

（3）以此类推，如果要删除某一自定义放映的幻灯片，则在"在自定义放映中的幻灯片"列表中将其选中，单击"删除"按钮。

（4）如果要编排自定义放映幻灯片的顺序，则在"在自定义放映中的幻灯片"列表中选中它，然后使用右边的"向上"按钮 ↑向上(U) 和"向下"按钮 ↓向下(D) 来进行上下移动。

（5）完成设置后，单击"确定"按钮，返回"自定义放映"对话框。此时，"自定义放映"对

话框内容如图 6.52 所示。如果要立刻放映,则单击"放映"按钮;如果无须立刻放映则单击

"关闭"按钮退出,如果要删除自定义放映的演示文稿,则在此对话框中单击"删除"按钮。

4. 录制幻灯片

如果需要为演示文稿添加旁白或墨迹标注,可使用 PowerPoint 2016 中的"录制幻灯片演示"功能对演示文稿的放映过程进行录制。在开始录制之前可选择想要录制的内容,包括幻灯片和动画计时,旁白、墨迹和激光笔。默认为都录

图 6.52　创建"自定义放映"后对话框

制。此操作需要有声卡和麦克风等硬件支持。

1) 从头开始录制

从头开始录制就是从演示文稿的第 1 张幻灯片开始录制。在"幻灯片放映"选项卡中,单击"设置"组中"录制幻灯片演示"的下拉按钮,在弹出的下拉菜单中单击"从头开始录制"选项,弹出"录制幻灯片演示"对话框,单击"开始录制"按钮,进入幻灯片放映视图,弹出"录制"工具栏,它与排练计时的"录制"工具栏功能相同,唯一的区别在于该"录制"工具栏中不能手动设置计时时间。录制演示过程中,默认的笔颜色为红色,若要更改笔的颜色,可单击"笔"按钮后,再单击其需要颜色对应的色块,即可更改笔的颜色,如图 6.53 所示。录制完成后,会返回到普通视图,再切换到幻灯片浏览视图中,可查看到在每张幻灯片中添加了一个声音图标,并在每张幻灯片下方显示录制的时间。

2) 从当前幻灯片开始录制

从当前幻灯片开始录制即从演示文稿中当前选中的幻灯片开始,向后录制旁白、墨迹和激光笔等。其录制方法与从头开始录制功能相同。

3) 清除计时或旁白

单击"幻灯片放映"选项卡"设置"组中"录制幻灯片演示"的下拉按钮,在弹出的下拉菜单中单击"清除"菜单项,在弹出的子菜单中可清除幻灯片的计时或旁白,如图 6.54 所示。

图 6.53　更改笔的颜色　　　　　　　　图 6.54　"清除"下拉列表

6.7　演示文稿输出

如果需要将制作好的演示文稿共享给他人,可根据实际情况选择需要的共享方式,与他人共享自己的幻灯片。另外,如果需要在不同情况下对制作好的演示文稿进行放映和查看,

可对演示文稿进行打包、保存为 PDF/XPS 文档、视频文件等进行导出发布。

6.7.1 演示文稿共享

在 PowerPoint 2016 中，共享演示文稿包括与人共享、电子邮件与联机演示 3 种共享方式。单击"文件"按钮，选择在"文件"菜单左侧的"共享"，并在中间列表中选择共享方式，如图 6.55 所示。

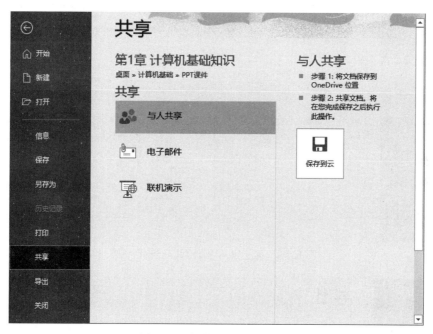

图 6.55　与他人共享演示文稿

在中间列表中单击"与人共享"列表项，在右侧列表中单击"保存到云"按钮，会将演示文稿先保存到 OneDrive 中，然后再将保存的演示文稿共享给他人。

在中间列表中单击"电子邮件"列表项，在右侧列表中选择电子邮件发送的方式，如单击"作为附件发送"按钮，会启动 Outlook 程序，将演示文稿作为附件发送给输入的收件人，如图 6.56 所示。

通过联机演示功能，演示者可在任意位置通过 Web 与任何人共享幻灯片放映。

6.7.2 演示文稿打包

打包是指将与演示文稿有关的各种文件都整合到一个文件夹下，将这个文件夹复制到 CD 中。默认情况下，Microsoft Office PowerPoint 播放器包含在 CD 中，即使该计算机未安装 PowerPoint，启动其中的播放程序，也可以正常播放演示文稿。

打包演示文稿的具体操作步骤如下所示。

（1）打开要打包的演示文稿。

（2）单击"文件"菜单中的"导出"菜单项，然后在中间列表中选择"将演示文稿打包成 CD"列表项，再单击"打包成 CD"按钮，如图 6.57 所示。

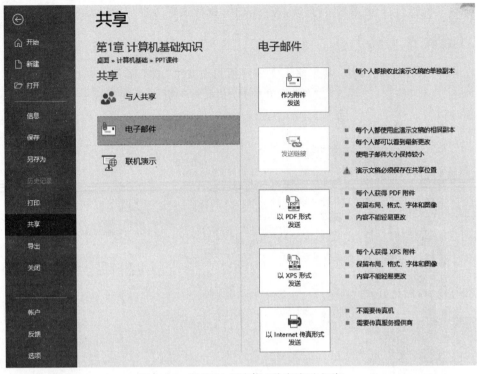

图 6.56   通过"电子邮件"共享演示文稿

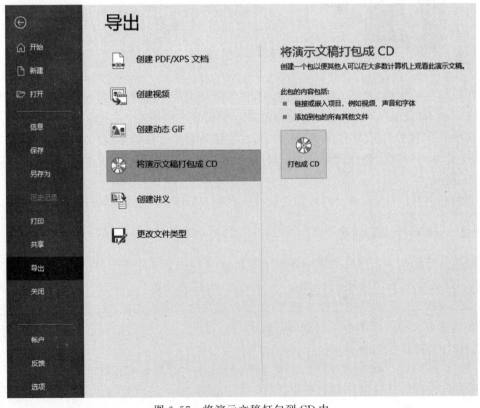

图 6.57   将演示文稿打包到 CD 中

（3）弹出如图 6.58 所示的"打包成 CD"对话框。单击"添加"按钮,可以添加多个演示文稿;单击"选项"按钮,可弹出如图 6.59 所示的"选项"对话框,可设置是否包含链接的文件,是否包含嵌入的 TrueType 字体,还可设置打开文件和修改文件所用密码等;单击"复制到文件夹"按钮,可以将当前文件复制到用户指定名称和位置的新文件夹中,如图 6.60 所示;单击"复制到 CD"按钮,可以将文件复制到 CD 盘中,前提是计算机装有刻录机。

图 6.58 "打包成 CD"对话框

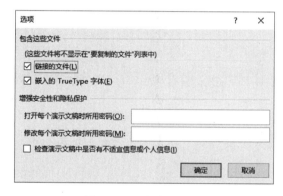

图 6.59 "选项"对话框

图 6.60 "复制到文件夹"对话框

（4）在图 6.60 中单击"确定"按钮,弹出如图 6.61 所示的对话框,提示程序会将链接文件复制到您的计算机,直接单击"是"按钮,出现"正在将文件复制到文件夹"对话框并复制文件,复制完后,用户可以关闭"打包成 CD"对话框,完成打包操作。打开打包的文件所在的位置,可以看到打包的文件夹和文件。

图 6.61 Microsoft PowerPoint 对话框

6.7.3 将演示文稿创建为视频文件

如果需要在视频播放器上播放演示文稿,或在没有安装 PowerPoint 2016 软件的计算机上播放,可将演示文稿导出为视频文件,这样既能播放幻灯片中的动画效果,也能保护幻灯片中的内容不被他人利用。

将演示文稿创建为视频文件的具体操作步骤如下所示。

(1) 打开要创建的演示文稿。

(2) 单击"文件"菜单中的"导出"菜单项,然后选择中间列表中的"创建视频"列表项,如图 6.62 所示。

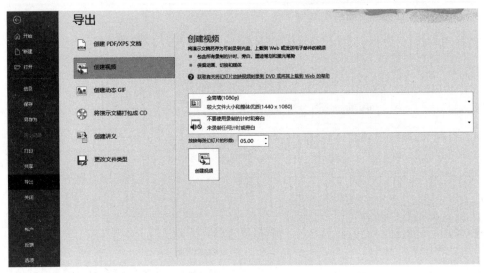

图 6.62　创建视频

(3) 在右侧的"创建视频"组中,可选择视频文件的分辨率和是否在视频文件中使用录制的计时和旁白,还可设置放映每张幻灯片的秒数。

(4) 单击右侧列表中的"创建视频"按钮,弹出如图 6.63 所示的"另存为"对话框。可将演示文稿保存为.mp4 或.wmv 的格式。

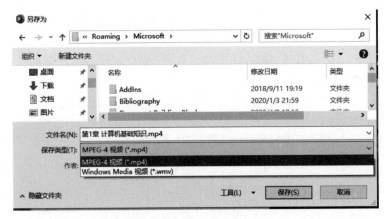

图 6.63　"另存为"对话框

6.7.4　将演示文稿创建为 PDF 文件

PowerPoint 2016 中可将演示文稿导出为 PDF 文件,这样演示文稿中的内容就不能修改。将演示文稿创建为 PDF 文件的具体操作步骤如下所示。

(1) 打开要导出的演示文稿。

(2) 单击"文件"菜单中的"导出"菜单项,然后选择中间列表中的"创建 PDF/XPS 文档"列表项,如图 6.64 所示。单击右侧列表中的"创建 PDF/XPS"按钮,弹出"发布为 PDF 或 XPS"对话框,如图 6.65 所示。设置保存位置及文件名后,单击"发布"按钮。

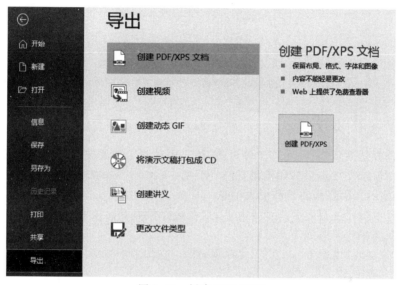

图 6.64　创建 PDF/XPS

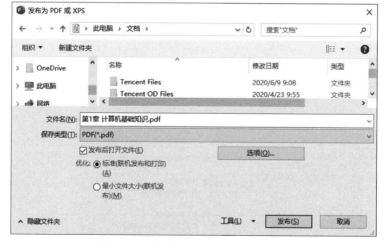

图 6.65　"发布为 PDF 或 XPS"对话框

为了方便观众了解演示文稿的内容,单击中间列表中的"创建讲义"列表项。在 Word 中创建讲义,单击中间列表中的"创建动态 GIF"列表项,可以将演示文稿导出为动态 GIF 图片格式;单击"更改文件类型"列表项,可设置演示文稿的文件类型或者导出为图片文件,如图 6.66 所示。

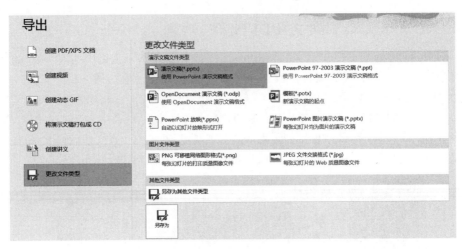

图 6.66 "更改文件类型"选项

6.7.5 打印输出设置

对于制作好的演示文稿,在打印输出前,还需要对演示文稿进行检查,检查完成后,用户可根据需要对演示文稿进行打印输出。

1. 检查演示文稿隐藏属性和个人信息

如果制作的演示文稿需要与他人共享,那么最好检查演示文稿中是否存在隐藏信息和个人信息。具体操作步骤如下所示。

(1) 单击"文件"菜单中的"信息"菜单项,然后选择中间列表中的"检查问题"下拉按钮,弹出如图 6.67 所示的下拉菜单。

(2) 在"检查问题"下拉菜单中选择"检查文档"菜单项,在打开的"文档检查器"对话框中单击"检查"按钮,即可对演示文稿进行检查,检查完成后,在"文档检查器"中显示检查结果,如图 6.68 所示。可将检查出的隐藏属性和个人信息等删除。

图 6.67 "检查问题"下拉菜单

图 6.68 "文档检查器"对话框

由于删除后不一定能恢复,因此在执行检查操作时,最好通过原始演示文稿的副本执行。

2. 检查演示文稿的兼容性

在图 6.67 中选择"检查兼容性"菜单项,可对当前演示文稿的兼容性进行检查,检查完成后,在弹出的"Microsoft PowerPoint 兼容性检查器"对话框中将显示演示文稿中各内容的兼容性,方便用户查看和解决,如图 6.69 所示。

3. 打印演示文稿

对于制作的演示文稿,除了可对其进行放映外,还可将其打印到纸张上供放映时用户参考。具体操作步骤为:单击"文件"菜单中的"打印"菜单项,如图 6.70 所示。在"打印"界面中设置打印参数,右侧可预览打印效果,确认无误后,再单击"打印"按钮进行打印。

图 6.69 "Microsoft PowerPoint 兼容性检查器"对话框

图 6.70 "打印"界面

打印参数设置包括打印的份数、要使用的打印机、打印范围是全部幻灯片还是所选幻灯片或自定义要打印的幻灯片、打印版式是一页一张幻灯片还是一页多张幻灯片,以及以备注页版式或大纲版式打印等,还可调整打印幻灯片的排序及颜色,可编辑幻灯片的页眉和页脚。

6.8 本章小结

PowerPoint 2016 是 Office 系列办公软件的另一个重要组件,其主要功能是用于制作和播放演示文稿。在幻灯片中将各种文字、表格、图形、声音等多媒体信息展示出来,通过设置幻灯片的主题、切换方式和动画效果等,使得展示效果声形俱佳、图文并茂。本章介绍了 PowerPoint 2016 的基本功能,并详细讲解了以下内容:演示文稿的新建、保存、打包及打印输出;幻灯片的基本操作,包括幻灯片版式设计、幻灯片中各种对象的插入方式;幻灯片主题、背景、大小及母版的设计;幻灯片切换方式与动画的设置;幻灯片放映方式的设置等。通过对本章的学习,读者能掌握使用 PowerPoint 2016 创建并编辑演示文稿,设置幻灯片主题、背景等效果,设置幻灯片切换及自定义动画方式,设置演示文稿的打印输出等操作方法。

思 考 题 6

1. 新建演示文稿的方法有哪 3 种?
2. 在 PowerPoint 2016 中内置了哪两种幻灯片大小?
3. 在幻灯片中可以通过哪几种方式输入文本?
4. 在幻灯片中如何创建需要的图表?
5. PowerPoint 2016 中提供了哪些母版视图? 各母版视图的作用是什么?
6. PowerPoint 2016 提供了几种类型的动画效果?
7. 能不能为同一个对象添加多个动画效果? 如何添加?
8. 能不能指定放映演示文稿中的部分幻灯片? 如何操作?

第 7 章　计算机新技术

从计算机诞生至今,计算机技术的发展可谓日新月异,新技术不断地涌现出来代替以往的技术,并且不断地改变着人们的生活方式。计算机新技术很多,本章将介绍几种影响较大的计算机新技术。

7.1　人工智能简介

人工智能(Artificial Intelligence,AI)是计算机学科的一个分支,20 世纪 70 年代以来被称为世界三大尖端技术(空间技术、能源技术、人工智能)之一,也被认为是 21 世纪三大尖端技术(基因工程、纳米科学、人工智能)之一。这是因为近 30 年来它获得了迅速发展,在很多学科领域都获得了广泛应用,并取得了丰硕的成果。人工智能已逐步成为一个独立的分支,无论在理论和实践上都已自成一个系统。

7.1.1　人工智能的定义

1. 什么是人工智能

人工智能早期定义是由约翰·麦卡锡(John McCarthy)在 1956 年的达特茅斯会议(Dartmouth Conference)上提出来的。即"使一部机器的反应方式像人一样进行感知、认知、决策、执行的人工程序或系统",它重提了阿兰·图灵在《计算机器与智能》一文中的主张。

人工智能的定义可以分为两部分来理解,即"人工"和"智能"。"人工"比较好理解,就是人设计和制造的机器、设备、系统等,争议性也不大。关于什么是"智能"就比较复杂,涉及诸如意识、自我、思维等问题。人对自身智能的理解都非常有限,对构成人的智能的必要元素也了解有限,所以目前也就很难明确的定义什么是"人工"制造的"智能"了。因此,可以说人工智能的定义要用发展的眼光去看待。

美国斯坦福大学人工智能研究中心的尼尔逊教授对人工智能下了这样一个定义:"人工智能是关于知识的学科——怎样表示知识以及怎样获得知识并使用知识的科学。"而美国麻省理工学院的温斯顿教授认为:"人工智能就是研究如何使计算机去做过去只有人才能做的智能工作。"这些说法反映了人工智能学科的基本思想和基本内容。即人工智能是研究人类智能活动的规律,构造具有一定智能的人工系统,研究如何让计算机去完成以往需要人的智力才能胜任的工作,也就是研究如何应用计算机的软硬件来模拟人类某些智能行为的基本理论、方法和技术。

2. 人工智能的演进

人工智能的演进可以分为以下 3 个层次。

第一层面,计算智能,即能存能算。这个在计算机发展的初期阶段已经可以做到,并且随着计算机技术的发展,存与算的能力也在日益提升。在计算机刚刚兴起时期,计算机的存储与运算能力可以胜任和代替许多人工工作,在那时看来,当今计算机能做的如高速准确的算术运算、数据库大容量的存储与搜索等就会被认为是智能的。

第二层面,感知智能,即能听会说、能看会认。如今人们正在使用的许多智能终端即可做到能听会说、能看会认。如智能识图、在线翻译、语音导航、无人驾驶、机器人、智能家居、艺术创作等日常所用的软件与技术,在一定程度上已经实现了感知智能,可以说当今人工智能正处于此层面,并且越做越好。

第三层面,认知智能,即能理解、会思考。随着人工智能的发展,人们希望计算机具备逻辑推理、知识理解和决策思考的能力,这是可以与人媲美的更高层次的智能,是一个愿景,也正是人工智能努力的方向。

3. 人工智能的分类

人工智能通常分为强人工智能和弱人工智能。

1) 强人工智能

强人工智能又称为"通用 AI",具备通用化的人类认知能力,具备足够的智能解决不熟悉的问题。强人工智能的研究用来创造一些以计算机为基础、能真正推理和解决问题的人工智能,强人工智能被认为是有知觉的,有自我意识的。理论上可分为两类强人工智能。

类人的人工智能:计算机像人的头脑一样思考和推理。

非类人的人工智能:计算机产生了和人不一样的意识,使用和人完全不一样的思考和推理方式,但它同样拥有智能,甚至能超越人类的智能。

2) 弱人工智能

弱人工智能又称"窄 AI",指专门针对特定任务而设计和训练的 AI,如 Apple 公司的虚拟语音助手 Siri。弱人工智能的研究用于创造一些基于计算机,但只能在有限领域推理和解决问题的人工智能(区别于通用 AI),这些机器在某些方面表现出智能,甚至比人更为智能,例如,某些图像识别机器的准确率已经超过人类,但并不真正拥有同人一样的全面智能或感觉。

弱人工智能的研究和应用领域已十分广泛,如图像识别、物体分类、自然语言处理、神经网络和机器人技术等。

相比而言,强人工智能方面的研究宽泛博大,但难度也大,所以进展缓慢。而弱人工智能因为瞄准某一个特定应用领域,范围相对窄,但是因为目标明确,已经在很多方面取得了不错的成果。

7.1.2 人工智能的发展

人工智能的发展经历了萌芽期、启动期、消沉期、突破期和发展期,目前正处在兴盛阶段。人工智能的发展是一个长期的、有延续性的过程,下面仅列举一些标志性事件。

1. 萌芽期

1943 年,人工神经网络和数学模型建立,开启了人工神经网络时代,为人工智能的提出和发展奠定基础。

1950 年,计算机与人工智能之父阿兰·图灵提出著名的"图灵测试",为智能机器的判定设置了基准："能够成功骗过人类,让后者以为自己是人类的机器,称为智能机器。"

1950 年,科幻作家阿西莫夫发表短篇科幻小说集《我,机器人》,书中提出了影响深远的"机器人三原则"。第一条:机器人不得伤害人类,或看到人类受到伤害时而袖手旁观;第二条:机器人必须服从人类的命令,除非这条命令与第一条相矛盾;第三条:机器人必须保护自己,除非这种保护与以上两条相矛盾。

2. 启动期

1956 年,约翰·麦卡锡在达特茅斯会议上,首次提出"人工智能"的概念,这标志着人工智能的诞生。期间,国际学术界人工智能研究潮流兴起,当时盛行"由上至下"的思路,即由预编程的计算机来管治人类的行为。

1968 年,首个通用式移动机器人诞生,能够通过周围环境来决定自己的行动。

3. 消沉期

1969 年,作为主要流派的联结主义与符号主义进入消沉期,强人工智能的实现遥遥无期,在计算能力的限制下,国家及公众信心持续减弱。

1973 年,AI"寒冬"论开始出现。在 AI 上的巨额投入几乎未收到任何回报和成果,对 AI 行业的资助开始大幅滑坡。

4. 突破期

1975 年,BP(Back Propagation)算法开始研究,第五代计算机开始研制,专家系统的研究和应用艰难前行,半导体技术发展,计算机成本和计算能力逐步提高,人工智能逐渐开始突破。

1981 年,"窄 AI"的概念诞生。更多的研究不再寻求通用智能,而转向了面向更小范围专业任务的"窄 AI"领域。

5. 发展期

1986 年,BP 网络实现,神经网络得到广泛认知,基于人工神经网络的算法研究突飞猛进;计算机硬件能力快速提升;互联网构建,分布式网络降低了人工智能的计算成本。

1990 年,Rodney Brooks 提出了"由下自上"的研究思路,开发能够模拟人脑细胞运作方式的神经网络,并学习人的行为。

1997 年,超级计算机"深蓝"问世,并在国际象棋人机大战中击败人类顶尖棋手、特级大师加里·卡斯帕罗夫。

2002 年,iRobot 公司打造出全球首款家用自动化扫地机器人。

2005 年,美国军方开始投资自动机器人,波士顿动力的"机器狗"是首批产品之一。

6. 高速发展期

2006 年,Hinton 等提出深度学习,人工智能再次突破性发展。

2008 年,Google 公司在 iPhone 上发布了一款语音识别应用,开启了后来数字化语音助手(Siri、Alexa、Cortana)的浪潮。

2011 年,IBM Waston 在综艺节目《危险边缘》中战胜了最高奖金得主和连胜纪录保持者。

2012 年,Google 大脑通过模仿人类大脑,利用非监督深度学习方法,从大量视频中成功学习识别出一只猫的能力。

2014 年,在图灵测试诞生 64 年后,一台名为 Eugene Goostman 的聊天机器人通过了图灵测试。同年，Google 公司向自动驾驶技术投入重金，Skype 推出实时语音翻译功能。

2016 年，Google 公司的 AlphaGo 机器人在围棋比赛中击败了世界冠军李世石。

2017 年，Apple 公司在原来个人助理 Siri 的基础上推出了智能私人助理 Siri 和智能音响 HomePod。

2018 年，"猜画小歌"在 Google 公司 AI 的神经网络驱动下，通过识别 5000 万个手绘素描，能够在规定时间内识别出各位"灵魂画手"们的涂鸦。

7.1.3　人工智能的关键技术

目前，人工智能的研究可谓如火如荼，遍地开花，涉及的关键技术也很广泛，如知识表示、机器学习、专家系统、深度学习、知识图谱、人机交互、自然语言处理、机器视觉等。本书主要从机器模拟人类学习知识的角度来简介其中的几种学习方式。

1. 机器学习

美国工程院院士 Mitchell 教授在其经典教材 *Machine Learning* 中将机器学习定义为"利用经验来改善计算机系统自身的性能"。

学习是一个过程，是人类从外界获取知识的方法。人类的知识主要是通过"学习"而得到的。学习分为间接学习和直接学习两种。

(1) 间接学习。间接学习就是通过他人的传授而获取到的知识，也可以包括从书本、视频、音频等资料所获取到的知识。

(2) 直接学习。直接学习就是人类直接通过外部世界的接触、观察、实践所获取的知识。这是人类获取知识的主要手段。

人脑的学习目前主要是一种以归纳思维为核心的行为，它将外界众多事实的个体，通过归纳的思维方法将其归纳成具有一般性效果的知识，当遇到新的问题时，可在归纳到的知识基础上，对其进行预测，给出解决方案。

机器学习的概念是建立在人类学习概念上的，是用计算机的方法模拟人类学习的方法。计算机从大量样本数据（如训练数据、样本、样例）中寻找规律，归纳出知识的机制，生成训练模型，并依据规律来判断未知的数据（测试数据），从而代替人工去完成计算、分析，给出更直观的结果帮助人们理解数据。机器学习与人脑学习的类比如图 7.1 所示。

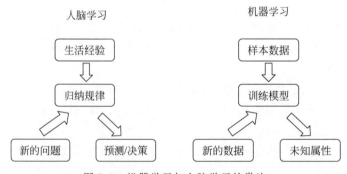

图 7.1　机器学习与人脑学习的类比

一个机器学习的结构模型由五部分组成，如图 7.2 所示。而整个学习过程从外部世界的环境开始，从中获得环境中的一些实体，经传感器转换成数据后进入计算机系统以样本形式出现并作为计算机的输入,在机器建模中进行学习,最终得到学习的结果。这种结果一般以学习模型的形式出现,是一种知识模型。

图 7.2　机器学习的结构模型

机器学习中的学习系统主要完成学习的核心功能,它是一个计算机应用系统,由三部分组成。

(1) 样本数据。在学习系统中的学习是通过数据学习的,称样本数据,有统一的数据结构,数据量大、数据正确性好。它通过传感器从外部环境中获得。

(2) 机器建模。在学习系统中,学习过程用算法表示,并用代码形式组成程序模块,通过模块执行用以建立学习模型。

(3) 学习模型。以样本数据为输入,用机器建模作运行,最终可得到学习的结果,称为学习模型。

外部世界是学习系统的学习对象。人类学习知识大都通过作用于外部世界而得到,外部世界由环境与传感器两部分组成。

(1) 环境。环境即是外部世界实体,它是获得知识的基本源泉。

(2) 传感器。环境中的实体有多种不同形式,如文字、声音、语言、动作、行为、姿态、表情等静态与动态形式,有一种接口,将它们转换成学习系统中具有一定结构形式的数据,这就是样本数据。传感器的种类很多,如模数/数模转换器、各类传感器。此外,还有如声音、图像、音频、视频等专用输入设备等。

根据学习过程中的不同经验,机器学习算法可以大致分为监督学习(Supervised Learning)和无监督学习(Unsupervised Learning)两类算法。

1) 监督学习

由带标签样本所训练模型的学习方法称监督学习。类似于人类的间接学习,或者称为"有导师"学习方法。在训练前已知输入和相应输出,其任务是建立一个由输入映射到输出的模型。这种模型在训练前已有一个带初始参数值的模型框架,而通过训练不断调整其参数值,这种需要有足够多的训练样本才能使参数值逐渐收敛,达到稳定的值。

监督学习算法常用于分类分析中,因此也称为分类器。其主要的方法有:人工神经网络方法、决策树方法、贝叶斯方法以及支持向量机方法等。带标签样本数据的获取比较困难,这是它的不足。

2) 无监督学习

由不带标签样本所训练模型的学习方法称无监督学习。类似于人类的直接学习,或者称"无师自通"的学习方法。在训练前仅已知供训练的不带标签样本,其后期的模型是通过建模过程中算法的不断自我调节、自我更新与自我完善逐步形成的。

无监督学习方式同样需要有足够多的训练样本才能使模型逐渐稳定,但数据标注的工作量大大减小了。其主要的方法有:关联规则方法、聚类分析方法等。无监督学习的样本较易获得，但所得到的模型规范性不足。

2. 深度学习

深度学习(Deep Learning)是机器学习的一种。说到深度学习，大家首先想到的肯定是AlphaGo，通过一次又一次的学习、更新算法，最终在人机大战中打败围棋大师李世石。百度的机器人"小度"多次参加最强大脑的"人机大战"，并取得胜利，也是深度学习的结果。在这之前的机器学习仅适合于特征量少、分类类型不多的应用，这种学习能力只能获得其中简单的、粗线条的、浅层次的知识，而无法得到复杂的、细致的、深层次的知识，因此常把之前的学习称为浅层学习(Shallow Learning)。这就需要有一种能获得复杂的、细致的、深层次知识的学习方法，它就是深度学习。

一个典型的深度神经网络如图 7.3 所示，通过添加更多隐藏层，以及向层内添加更多单元，深度网络可以表示复杂性不断增加的函数。给定足够大的模型和足够大的标注训练数据集，人们可以通过深度学习将输入向量映射到输出向量，完成大多数对人来说不能迅速处理的任务。

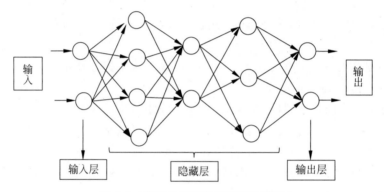

图 7.3　典型的深度神经网络示意图

深度学习具备如下两个显著特点。

1) 深度学习对浅层学习方法作扩充

浅层学习中的层次往往比较浅，如人工神经网络中仅含一层隐藏层的感知器等，可增加隐藏层，由一层增至 n 层。但隐藏层增加而引起大量权重参数的增加，必须加大训练数据的量，且必须为带标签的数据。而这类数据往往较难获取，且在训练过程中也容易造成过拟合的现象。

2) 深度学习对浅层学习方法作重大改造

在浅层学习基础上作改造，使改造后的模型权重数量增加不多，或可用大量易于获得的不带标签的数据替换带标签的数据，这种方法显然是具有可行性的。这就是深度学习方法。

神经网络层数可分为单层神经网络和多层神经网络；按照信号流向可分为前馈神经网络和反馈神经网络。常用的深度学习网络有卷积神经网络(Convolutional Neural Network，CNN)和循环神经网络(Recurrent Neural Network，RNN)。

3. 强化学习

强化学习(Reinforcement Learning)，又称再励学习、评价学习或增强学习，是机器学习方法之一，用于描述和解决智能体(Agent)在与环境的交互过程中通过学习策略以达成回报最大化或实现特定目标的问题。

强化学习理论受到行为主义心理学启发，侧重在线学习并试图在"探索-利用"间保持平衡。不同于监督学习和非监督学习，强化学习不要求预先给定任何数据，而是通过接收环境对动作的奖励(反馈)获得学习信息并更新模型参数。

强化学习的模型如图7.4所示，智能体(Agent)作为学习系统，获取外部环境的当前状态信息 s，对环境采取试探行为 a，并获取环境反馈对此动作的评价 r 和新的环境状态。如果智能体的某动作 a 导致环境正的奖赏(立即报酬)，那么智能体以后产生这个动作的趋势便会加强；反之，智能体产生这个动作的趋势将减弱。在学习系统的控制行为与环境反馈的状态及评价的反复交互作用中，以学习的方式不断修改从状态到动作的映射策略，以达到优化系统性能的目的。

图 7.4　强化学习模型示意图

4. 迁移学习

迁移学习(Transfer Learning)是一种机器学习方法，被称为"举一反三"的学习方式。迁移学习是把一个领域(源领域)的知识，迁移到另外一个领域(目标领域)，使得目标领域能够取得更好的学习效果。从相关领域中迁移标注数据或者知识结构、完成或改进目标领域或任务的学习效果。迁移学习与其他已有概念相比，着重强调学习任务之间的相关性，并利用这种相关性完成知识之间的迁移。

迁移学习按迁移方法可分为如下4类。

(1) 基于实例的迁移学习。源领域中数据的某一部分可以通过分配权重的方法重用(例如，相似的样本就给高的权重)，用于目标领域的学习。

(2) 基于特征表示的迁移学习。特征迁移是通过观察源领域图像与目标域图像之间的共同特征，然后利用观察所得的共同特征在不同层级的特征间进行自动迁移。在特征空间进行迁移，一般需要把源领域和目标领域的特征投影到同一个特征空间里进行迁移。

(3) 基于参数(模型)的迁移学习。目标领域和源领域的任务之间共享相同的模型参数或者是服从相同的先验分布。例如，利用上千万的图像训练好一个图像识别的系统后，在遇到一个新的图像领域问题时，只需把原来训练好的模型迁移到新的领域，在新的领域往往只需几万张图片就够，同样可以得到很高的精度。

(4) 基于关系知识的迁移学习。当两个领域相似时，那么它们之间会共享某种相似关系，将源领域中学习到的逻辑网络关系应用到目标领域上进行迁移，例如，生物病毒传播规律到计算机病毒传播规律的迁移。

7.1.4　人工智能的应用

人工智能在安防、金融、医疗、零售、工业制造等许多领域都展开了全面的应用，下面简单介绍几种人工智能的典型应用。

1. 机器人

机器人(Robot)是人工智能的一种应用技术，它综合应用了人工智能中的多种技术，并且是与现代机械化手段相结合所组合而成的一种机电设备。机器人具有人类一定的智能能力，它能感知外部世界的动态变化，并且通过这种感知做出反应，以一定动作行为对外部世界产生作用。机器人是一种具有独立行为能力的个体，它具有类人的功能，可具有类人的外貌,也可不具有类人的外貌。从其机器结构角度看,它是一种机械与电子相结合的机器。

目前已经应用的机器人种类很多,如工业机器人,可在特定的环境中取代人类的部分体力劳动,可在危险、恶劣、枯燥的环境下工作,在某些方面甚至超过人类的能力。再例如,服务机器人、娱乐机器人、军用机器人、医疗机器人、陪伴机器人、教育机器人等。

2. 自动驾驶技术

自动驾驶是人工智能与汽车驾驶的结合,利用先进的人工智能技术改造汽车产业,使之能协助驾驶人员最终达到完全替代驾驶人员的目标。具有自动驾驶技术的汽车则称为智能汽车。

自动驾驶汽车依靠人工智能、视觉计算、雷达、监控装置和全球定位系统协同合作,让计算机可以在没有任何人类的主动操作下,自动安全地操作机动车辆。早在 2009 年,Google 实验室就启动了无人驾驶项目,从开始测试到 2015 年,55 辆谷歌自动驾驶汽车的道路测试总里程达到 130 万英里(约约 209 万公里)。2019 年 9 月,百度和一汽联手打造了中国首批量产 L4 级自动驾驶乘用车——红旗 EV,获得 5 张北京市自动驾驶道路测试牌照。自动驾驶的技术已日益成熟,正在积极向应用领域推广。

3. 人脸识别

人脸识别的研究始于 20 世纪 60 年代,真正应用则是在 21 世纪,因为计算机强大计算力的支持以及深度学习与卷积人工神经网络的应用,人脸识别终于迎来了大规模应用的时代。人脸识别如今已经广泛用于智能手机的身份、银行、机场、高铁站、大型运动场馆的身份识别和认证。除此以外,人脸识别的应用还包含搜捕逃犯、自助服务、信息安全服务和智能咨询等许多领域。

4. 自然语言处理

自然语言处理是综合性应用技术,包括信号处理、模式识别、机器学习、数值分析等多种技术。自然语言表示形式有两种,一种是文字形式,另一种是语音形式。其中,文字形式是基础。例如,不同文字之间的翻译,语音识别、语义理解、语义合成等应用。

7.2 大数据简介

人工智能的发展离不开大数据的支撑。对于许多模型而言,没有数据或少量的数据是不足以得出准确结论的,恰如巧妇(算法)难为无米(数据)之炊。伴随着人工智能的发展,大数据的作用日益重要。由于大数据蕴藏着无限的商机,许多研究者称大数据是"未来的新石油"。

7.2.1 大数据的定义

1. 什么是大数据

在维基百科中,大数据是指规模庞大、结构复杂,难以通过现有商业工具和技术在可容忍的时间内获取、管理和处理的数据集。麦肯锡公司给出的定义是:大数据是具有大规模、分布式、多样性和/或时效性的数据,这些特点决定了必须采用新的技术架构和分析方法才能有效地挖掘这些新资源的商业价值。高德纳认为大数据是需要新处理模式才能具有更强的决策力、洞察发现力和流程优化能力的海量、高增长率和多样化的信息资产。

2. 大数据的特征

尽管各个机构对大数据的定义描述不完全一样,但从中可以看出大数据具有以下的特征。

(1) 数量庞大。一个中等规模城市的视频监控信息一天就能产生几百 TB(1TB=1024GB)的数据量。2019 年 4 月 10 日,天文学家宣布利用视界望远镜首次捕捉到黑洞真容,而视界望远镜一个晚上所产生的数据量则高达 2PB(1PB=1024TB)。另外,全球每秒发送 290 万封电子邮件,每天会有 28800 个小时的视频上传到 YouTube,每个月网民在 Facebook 上花费 7000 千亿分钟,被移动互联网使用者发送和接受的数据高达 1.3EB(1EB=1024PB),Google 上每天需要处理 24PB 的数据。

(2) 种类繁多。随着传感器、智能设备、社交媒体、物联网、移动计算等新的数据媒介不断涌现,产生的数据类型无以计数。

(3) 速度极快。大数据的数据产生速度快,例如,Facebook 每日增加的数据超过 500TB,因此要求数据处理和分析的速度也要快,用传统的数据分析方式很难完成任务,需要与之匹配的新的技术架构和分析方法。

(4) 价值不菲。目前,大数据已为不同学科的研究工作提供了宝贵机遇,体现了其科研价值。麦肯锡全球研究院称:大数据可为世界经济创造巨大价值,提高企业和公共部门的生产力和竞争力,并为消费者创造巨大的经济利益。由此可看出,大数据的经济价值和商业价值。另外,大数据还具有工业价值和社会价值等。但由于大数据的体量大、种类多、产生速度快等原因,其中的数据真伪难辨,也不全是有价值的数据,因此数据挖掘的作用很重要。例如,在一小时的视频中,往往有用的数据仅有一两秒,但是却会非常重要,可能蕴含着无限的商业价值,如何从海量的数据中挖掘出有价值的信息是十分关键的。

7.2.2 大数据的发展

下面分别从大数据技术、大数据的价值和政府支持 3 个角度来介绍大数据的发展历程。

1. 大数据技术的角度

Hadoop 诞生于 2005 年,其最初只是 Yahoo 公司用来解决网页搜索问题的一个项目,后来因其技术的高效性,被 Apache Software Foundation 公司引入并成为开源应用。Hadoop 本身不是一个产品,而是由多个软件产品组成的一个生态系统,这些软件产品共同实现功能全面和灵活的大数据分析。从技术上看,Hadoop 由两项关键服务构成:采用 Hadoop 分布式文件系统(Hodoop Distributed File System,HDFS)的可靠数据存储服务,以及利用 MapReduce 技术的高性能并行数据处理服务。

Hive 是一种建立在 Hadoop 文件系统上的数据仓库架构,并能对存储在 HDFS 中的数据进行分析和管理。它最初是因 Facebook 每天产生的海量新兴社会网络数据进行管理和机器学习的需求而产生和发展的。后来其他公司也开始使用和开发 Apache Hive,如 Netflix、Amazon 等。

Storm 是一个分布式计算框架,主要由 Clojure 编程语言编写。最初是由 Nathan Marz 及其团队创建于 BackType,这家市场营销情报企业于 2011 年被 Twitter 公司收购。之后 Twitter 公司将该项目转为开源并推向 GitHub 平台,最终 Storm 加入 Apache 孵化器计划,并于 2014 年 9 月正式成为 Apache 旗下的顶级项目之一。

2. 大数据价值的角度

2008 年末,"大数据"得到部分美国知名计算机科学研究人员的认可,业界组织计算社区联盟(Computing Community Consortium),发表了一份有影响力的白皮书《大数据计算:在商务、科学和社会领域创建革命性突破》。它使人们的思维不仅局限于数据处理的机器,并提出:大数据真正重要的是新用途和新见解,而非数据本身。此组织可以说是最早提出大数据概念的机构。

2010 年,肯尼斯·库克尔发表大数据专题报告《数据,无所不在的数据》。库克尔在报告中提到:"世界上有着无法想象的巨量数字信息,并以极快的速度增长。从经济界到科学界,从政府部门到艺术领域,很多方面都已经感受到了这种巨量信息的影响。科学家和计算机工程师已经为这个现象创造了一个新词汇:'大数据'。"库克尔也因此成为最早洞察大数据时代趋势的数据科学家之一。

2011 年,IBM 的沃森超级计算机每秒可扫描并分析 4TB(约 2 亿页文字量)的数据量,并在美国著名智力竞赛电视节目《危险边缘》上击败两名人类选手而夺冠。此举常常被认为是"人工智能的超越性一刻",也被纽约时报认为这一刻是"大数据计算的胜利"。同年 5 月,麦肯锡发布报告《大数据:创新、竞争和生产力的下一个新领域》,大数据开始备受关注,这是专业机构第一次全方面地介绍和展望大数据。

2012 年,在瑞士达沃斯召开的世界经济论坛上,大数据是主题之一,论坛上发布的报告《大数据,大影响》宣称,数据已经成为一种新的经济资产类别,就像货币或黄金一样。

2013 年,互联网巨头纷纷发布机器学习产品,IBM Watson 系统、微软小冰、苹果 Siri,标志着大数据进入深层价值阶段。

2014 年 4 月,世界经济论坛以"大数据的回报与风险"主题发布了《全球信息技术报告(第 13 版)》。报告认为,在未来几年中针对各种信息通信技术的政策甚至会显得更加重要。在接下来将对数据保密和网络管制等议题展开积极讨论。全球大数据产业的日趋活跃、技术演进和应用创新的加速发展,使各国政府逐渐认识到大数据在推动经济发展、改善公共服务、增进人民福祉,乃至保障国家安全方面的重大意义。

2015 年,Computing Research(计算研究)发布《2015 大数据市场评论》,该评论发现在过去的一年中,没有将大数据和大数据分析集成到其运营过程的企业的比例从 33% 降到了 16%。大数据开始作为企业决策的重要支撑,在商业市场上发挥巨大价值。

2019 年,《IDC:中国大数据市场生态体系研究,2019》正式发布,报告预测 2018—2023 年全球数据空间五年复合增长率(CAGR)达 25.8%,企业获得数据的来源主要分为内部自身生成数据和外部数据,然而数据采集技术、数据管理、数据安全、数据质量等问题制约了数据即服务市场的发展。

3. 政府支持的角度

2009 年,印度政府建立了用于身份识别管理的生物识别数据库,同年联合国正式启动了"全球脉动"(Global Pulse)倡议项目,旨在推动数字数据快速收集和分析方式的创新,并牵头撰写了《大数据开发:挑战与机遇》。

2009 年中,美国政府通过启动 http://data.gov 网站的方式进一步开放了数据的大门,这个网站向公众提供各种各样的政府数据。该网站的超过 4.45 万量数据集被用于保证一些网站和智能手机应用程序来跟踪从航班到产品召回再到特定区域内失业率的信息,这一行动激发了从肯尼亚到英国范围内的政府部门相继推出类似举措。

2010年，德国联邦政府启动"数字德国2015"战略，将物联网引入制造业，打造智能工厂，工厂通过CPS(Cyber Physical System，网络物理系统)实现在全球互联。

2011年，我国工业和信息化部把信息处理技术作为4项关键技术创新工程之一，其中包括了海量数据存储、数据挖掘、图像视频智能分析等大数据重要组成部分。

2012年，美国政府在白宫网站发布《大数据研究和发展倡议》，这一倡议标志着大数据已经成为重要的时代特征。之后美国政府宣布将2亿美元投资大数据领域，大数据技术从商业行为上升到国家科技战略。同年，联合国在纽约发布大数据政务白皮书，总结了各国政府如何利用大数据更好地服务和保护人民。

2013年，英国政府宣布注资6亿英镑发展8类高新技术，其中，1.89亿英镑用来发展大数据技术。同年，欧盟实施开放数据战略，旨在开放欧盟公共管理部门的所有信息。

2014年，数据开放运动已覆盖全球44个国家。我国国务院通过《企业信息公示暂行条例(草案)》，要求在企业部门间建立互联共享信息平台，运用大数据等手段提升监管水平。

2015年，我国国务院正式印发《促进大数据发展行动纲要》，明确指出推动大数据发展和应用，在未来5～10年打造精准治理、多方协作的社会治理新模式，建立运行平稳、安全高效的经济运行新机制，构建以人为本、惠及全民的民生服务新体系，开启大众创业、万众创新的创新驱动新格局，培育高端智能、新兴繁荣的产业发展新生态。标志着大数据正式上升到国家战略。

2016年，我国大数据"十三五"规划出台，涉及的内容包括，推动大数据在工业研发、制造、产业链全流程各环节的应用；支持服务业利用大数据建立品牌、精准营销和定制服务等。

2019年，我国31个省级行政区相继发布了大数据相关的发展规划，十几个省(区、市)设立了大数据管理局，8个国家大数据综合试验区、11个国家工程实验室启动建设。大数据相关政策加快完善。

2020年5月，我国工业和信息化部发布《工业和信息化部关于工业大数据发展的指导意见》，坚持以习近平新时代中国特色社会主义思想为指导，深入贯彻党的十九大和十九届二中、三中、四中全会精神，牢固树立新发展理念，按照高质量发展要求，促进工业数据汇聚共享、深化数据融合创新、提升数据治理能力、加强数据安全管理，着力打造资源富集、应用繁荣、产业进步、治理有序的工业大数据生态体系。

7.2.3 大数据的关键技术

大数据技术主要从各种类型的数据中快速获得有价值信息的技术。在大数据发展过程中涌现出了大量新的技术，它们成为大数据采集、预处理、存储和呈现的有力武器。大数据处理关键技术一般包括：大数据采集、大数据预处理、大数据存储及管理、大数据分析及挖掘、大数据展现和应用。

1. 大数据采集技术

当前数据来源多样化，如已有数据、实时数据、文件数据、消息记录数据、文字数据、图片数据、视频数据等。数据采集是指通过传感器、社交网络、通信终端、企业平台、移动互联网等方式获得的海量数据，是大数据知识服务模型的根本。采集到的数据有结构化、非结构化和半结构化数据。

大数据采集途径主要有如下 4 个方面。

（1）数据库采集。通过采集 SQL、NoSQL 等数据库中的内容，并在这些数据库之间进行负载均衡和分片，完成采集工作。

（2）系统日志采集。收集企业业务平台上日常产生的大量日志数据，提供离线和在线的大数据分析系统使用。如 Apache Kafka、Apache Flume 等数据采集平台。

（3）网络数据采集。通过网络爬虫抓取网站上的数据信息。如八爪鱼网络信息采集工具。

（4）物联网数据采集。通过物联网系统从物联网消费者设备收集数据，如安全系统、智能电器、智能电视和可穿戴健康装置等。

2．大数据预处理技术

通过数据采集获取的是原始数据，原始数据是不能直接进行分析和处理的。原始数据通常存在的缺失值、数据格式不统一、数据格式标准不相同等问题。数据预处理就是对原始数据进行初步处理，解决缺失值、格式不统一等问题，为后续的数据分析提供一个相对完整的数据集。大数据预处理主要完成对已接收数据的抽取、清洗、集成、规约等操作。

（1）数据抽取。因获取的数据可能具有多种结构和类型，数据抽取过程可以帮助人们将这些复杂的数据转化为单一的或者便于处理的结构类型，以达到快速分析处理的目的。

（2）数据清洗。对数据进行重新审核和校验的过程，其目的是删除重复信息、纠正错误信息，并提供数据一致性。清洗的任务是"清洗"掉"脏数据"，将符合规则的数据保留下来。例如，删除某些缺失值的记录，用数学方法进行插补等。

（3）数据集成。对不同数据来源、格式、特点性质的数据在逻辑上或物理上有机地集中，并存放在一致的数据仓库中的过程。

（4）数据归约。数据归约是产生更小，但保持源数据完整性的新数据集。数据归约的目的是降低无效、错误数据对建立模型的影响，提高建立模型的准确性。少量且具有代表性的数据将大幅缩减数据分析所需的时间，降低存储数据的成本。

3．大数据存储及管理技术

大数据存储与管理要用存储器把采集到的数据存储起来，建立相应的数据库，并进行管理和调用，主要关注结构化、非结构化、半结构化数据的存储。分布式文件系统是近年来流行的大数据文件存储系统。

大数据时代的存储技术主要有以下 3 种。

（1）虚拟化存储。虚拟化存储是指对存储硬件（内存、硬盘等）进行统一管理，并通过虚拟化软件对存储硬件进行抽象化表现。通过一个或多个服务，统一提供一个全面的服务功能。

（2）云存储。云存储是在云计算的概念上衍生和发展出来的新概念，是指通过集群应用、网络技术或分布式文件系统等功能，是网络中大量不同类型的存储设备通过应用软件集合起来协同工作，共同对外提供数据存储和访问功能的一个系统。

（3）分布式存储。分布式存储是相对于集中式存储而言的，集中式存储是将所有的数据集中存放，如设置专门的存储阵列来存储数据。分布式存储是通过大规模集群环境来存储数据，集群中的每个节点不仅要负责数据计算，同时还要存储一部分数据。集群中所有节点存储的数据之和才是完整的数据,集群中专门设置管理节点对数据的存储进行管理。

4. 大数据分析及挖掘技术

狭义数据分析是根据分析目的,用合适的统计分析方法及工具,对收集的数据进行处理和分析,提炼有价值的信息,如现状分析、原因分析、预测分析等。数据挖掘则是从海量数据中,通过统计学、机器学习、人工智能等方法,挖掘出未知的具有价值的信息和知识的过程。数据挖掘的输出为模型或规则。

数据挖掘方法通常包涵机器学习方法、统计方法、神经网络方法和数据库方法等。

机器学习方法则可细分为归纳学习方法(决策树、规则归纳等),基于范例学习,遗传算法等。

统计方法可细分为回归分析(多元回归、自回归等),判别分析(贝叶斯判别、费歇尔判别、非参数判别等),聚类分析(系统聚类、动态聚类等),探索性分析(主元分析法、相关分析法等)等。神经网络方法中,可细分为:前向神经网络(BP 算法等),自组织神经网络(自组织特征映射、竞争学习等)等。

数据库方法主要是多维数据分析或 OLAP(Online Analytical Processing)方法,另外还有面向属性的归纳方法。

5. 大数据展现与应用技术

挖掘大数据的价值主要是为人类的社会经济活动提供依据,从而提高各个领域的运行效率,大大提高整个社会经济的集约化程度。那么,当大数据与最后的服务层对接时,就需要以一种合理的方式与服务对象进行交互与展现,即大数据的可视化技术。可视化包括文本可视化、网络可视化、时空数据可视化和多维数据可视化等,通过可视化软件和工具来实现。

7.2.4 大数据的应用

在我国,大数据已得到了广泛的重视,目前重点应用于电商行业、金融行业以及政府决策和公共服务方面。除此以外,在医学、教育、体育运动等许多领域也都展开了应用。从技术的角度而言,大数据与人工智能、云计算、物联网等技术结合起来应用,使技术间互增互补,促进新型技术的发展。

1. 电商行业

电商行业是最早将大数据用于精准营销的行业,互联网企业使用大数据技术采集有关客户的各类数据,并通过大数据分析建立"用户画像"来抽象地描述一个用户的信息全貌,从而可以对用户进行个性化推荐、精准营销和广告投放等。随着电子商务的越来越集中,大数据在行业中的数据量变得越来越大,并且种类非常多。在未来的发展中,大数据在电子商务中有太多的想象,其中主要包括预测趋势、消费趋势、区域消费特征、顾客消费习惯、消费者行为、消费热点和影响消费的重要因素。

2. 金融行业

大数据在金融行业的应用范围较广,如分析客户的交易数据、信用数据、资产数据等,为产品设计提供决策支持。典型的案例有花旗银行利用 IBM 沃森计算机为财富管理客户推荐产品,并预测未来计算机推荐理财的市场将超过银行专业理财师;摩根大通银行利用决策树技术,降低了不良贷款率,转化了提前还款客户,一年为摩根大通银行增加了 6 亿美元的利润。

3. 政府决策

在传统的公共管理模式下,政府决策主体更多的是党政机关及相关团体。而在大数据模式下,互联网为社会多元化主体提供了参与公共管理与决策的渠道和可能性。社会各界等多元化主体都可以通过各种渠道表达自己的意见,间接参与到公共管理和决策中来,并对决策主体及决策实施过程进行监督,对公共管理及决策结果进行及时反馈,最终形成有效的良性互动,加强公共管理决策的针对性和有效性。

另外,通过云计算及数据挖掘技术,大数据可以实现对大量复杂、多变、多元数据的多触角、多渠道采集、整理、加工和动态深度挖掘分析,这将使政府管理决策者对决策对象的各个方面有全面、系统的完整认知,并能及时获取各方面的动态信息,可以对公共管理的需求、目标有更清晰的界定,对未来人们的行为取向及事物的发展趋势进行更加准确的分析判断和预测,从而有助于提高决策的有效性和科学性,进而将极大地提升政府的科学管理决策水平。

4. 公共服务

大数据为公共服务打造了一个信息共享平台,有利于整合政府各部门和各层级所掌握的数据,消除信息孤岛,从而打破职能部门的界限,加强部门间的交流与合作,实现简化行政审批和办事流程的目的。

公共服务还包含电信数据、电网数据、气象信息分析、环境监测、警务云应用系统(道路监控、视频监控、网络监控、智能交通、反电信诈骗、指挥调度等公安信息系统)等方面的数据挖掘和应用。以城市交通为例,利用大数据建立以高速公路监控和信息诱导系统、车速信息系统、优化交通系统、路口监测系统为主的综合信息平台。

7.3 云计算简介

云计算是一种新兴的共享基础架构的方法,它可以将巨大的系统池连接在一起以提供各种 IT 服务。云计算是信息技术融合趋势、网络化趋势、服务化趋势的具体表现,作为一项革命性的技术受到了产业界的普遍关注。

7.3.1 云计算的定义

1. 什么是云计算

根据维基百科的定义,云计算(Cloud Computing)是一种动态的、易扩展的且通常是通过互联网提供虚拟化的资源计算方式。百度百科定义云计算是分布式计算的一种,指的是通过网络"云"将巨大的数据计算处理程序分解成无数个小程序,然后,通过多部服务器组成的系统进行处理和分析这些小程序得到结果并返回给用户。

通过云计算技术,网络服务提供者可以在数秒之内,达到处理数以千万计甚至亿计的信息,达到和"超级计算机"同样强大效能的网络服务。之所以称为"云",是因为它在某些方面具有现实中云的特征:云一般都较大;云的规模可以动态伸缩,它的边界是模糊的;云在空中飘忽不定,无法也无须确定它的具体位置,但它确实存在于某处。还因为云计算的鼻祖之一 Amazon 公司将大家曾经称为网格计算的东西,取了一个新名称"弹性计算云",并取得了商业上的成功。

云计算是并行计算、分布式计算和网格计算的发展,或者说是这些计算科学概念的商业实现。云计算是虚拟化、效用计算、将基础设施作为服务、将平台作为服务和将软件作为服务等概念混合演进并跃升的结果。

2. 云计算的特点

从研究现状上看,云计算具有以下特点。

(1) 虚拟化技术。虚拟化突破了时间、空间的界限,是云计算最为显著的特点,虚拟化技术包括应用虚拟和资源虚拟两种。物理平台与应用部署的环境在空间上是没有任何联系的,正是通过虚拟平台对相应终端操作完成数据备份、迁移和扩展等。

(2) 动态可扩展。用户可以利用应用软件的快速部署条件来更为简单快捷地将自身所需的已有业务及新业务进行扩展。例如,计算机云计算系统中出现设备故障,对于用户来说,无论是在计算机层面上,还是在具体运用上均不会受到阻碍,可以利用计算机云计算具有的动态扩展功能来对其他服务器开展有效扩展。这样一来就能够确保任务得以有序完成。在对虚拟化资源进行动态扩展的情况下,同时能够高效扩展应用,提高计算机云计算的操作水平。

(3) 按需部署。计算机包含了许多应用、程序软件等,不同的应用对应的数据资源库不同,因此用户运行不同的应用需要较强的计算能力对资源进行部署,而云计算平台能够根据用户的需求快速配备计算能力及资源。

(4) 灵活性高。目前,市场上大多数 IT 资源、软硬件都支持虚拟化,如存储网络、操作系统和开发软硬件等。虚拟化要素统一放在云系统资源虚拟池当中进行管理,可见云计算的兼容性非常强,不仅可以兼容低配置机器、不同厂商的硬件产品,还能够通过外设获得更高性能计算。

从技术上看,大数据与云计算的关系就像一枚硬币的正反面一样密不可分。大数据必然无法用单台的计算机进行处理,必须采用分布式计算架构。大数据的特色在于对海量数据的挖掘,但它必须依托云计算的分布式处理、分布式数据库、云存储和虚拟化技术。

7.3.2 云计算的发展

追溯云计算的根源,它的产生和发展与之前所提及的并行计算、分布式计算等计算机技术密切相关,这些技术都促进着云计算的成长。但云计算的历史可以追溯到 1956 年,Christopher Strachey 发表了一篇有关虚拟化的论文,正式提出虚拟化的概念。虚拟化是现在云计算基础架构的核心,是云计算发展的基础。而后随着网络技术的发展,逐渐孕育了云计算的萌芽。

2006 年 8 月 9 日,Google 首席执行官埃里克·施密特(Eric Schmidt)在搜索引擎大会(SESSanJose2006)首次提出"云计算"的概念。这是云计算发展史上第一次正式地提出这一概念,有着巨大的历史意义。

2006 年,Amazon 公司就开始在效用计算的基础上通过 Amazon Web Services 提供接入服务。在技术上,Amazon 公司研发了弹性计算云 EC2 和简单存储服务,为企业提供计算和存储服务。

2007 年 10 月,Google 公司与 IBM 公司联合宣布,将把全球多所大学纳入类似 Google

公司的"云计算"平台之中。同年11月份，IBM推出了"蓝云"计算平台，为客户带来即买即用的云计算平台。2007年以来，"云计算"成为计算机领域最令人关注的话题之一，同样也是大型企业、互联网建设着力研究的重要方向。因为云计算的提出，互联网技术和IT服务出现了新的模式，引发了一场变革。

2008年，Microsoft公司发布其公共云计算平台（Windows Azure Platform），由此拉开了Microsoft公司的云计算大幕。同样，云计算在国内也掀起一场风波，许多大型网络公司纷纷加入云计算的阵列。

2009年1月，阿里巴巴公司在江苏南京建立首个"电子商务云计算中心"。同年11月，中国移动云计算平台"大云"计划启动。到现阶段，阿里云计算已经发展到较为成熟的阶段。

2010年，云安全联盟（Cloud Security Alliance，CSA）和Novell共同宣布了一项名为"可信任云协议的计划"，帮助云服务提供商开发被业界认可的安全和可互操作身份识别、访问和一致性管理的配置系统。

同样来源于市场调查公司Gartner的数据，全球公有云服务市场的体量，在2017年达到了2400亿美元。其中，在亚洲尤其在中国，有最高的云服务增长率。

7.3.3　云计算的关键技术

1. 虚拟化技术

虚拟化技术是指计算元件在虚拟的基础上而不是真实的基础上运行，它可以扩大硬件的容量，简化软件的重新配置过程，减少软件虚拟机相关开销和支持更广泛的操作系统。通过虚拟化技术可实现软件应用与底层硬件相隔离，它包括将单个资源划分成多个虚拟资源的裂分模式，也包括将多个资源整合成一个虚拟资源的聚合模式。虚拟化技术根据对象可分成存储虚拟化、计算虚拟化、网络虚拟化等，计算虚拟化又分为系统级虚拟化、应用级虚拟化和桌面虚拟化。在云计算实现中，计算系统虚拟化是一切建立在"云"上的服务与应用的基础。虚拟化技术目前主要应用在CPU、操作系统、服务器等多个方面，是提高服务效率的最佳解决方案。

2. 分布式海量数据存储

云计算系统由大量服务器组成，同时为大量用户服务，因此云计算系统采用分布式存储的方式存储数据，用冗余存储的方式（集群计算、数据冗余和分布式存储）保证数据的可靠性。冗余的方式通过任务分解和集群，用低配机器替代超级计算机的性能来保证低成本，这种方式保证分布式数据的高可用、高可靠和经济性，即为同一份数据存储多个副本。云计算系统中广泛使用的数据存储系统是Google的GFS（Google File System）和Hadoop团队开发的GFS的开源实现HDFS。

3. 海量数据管理技术

云计算需要对分布的、海量的数据进行处理、分析，因此，数据管理技术必需能够高效的管理大量的数据。云计算系统中的数据管理技术主要是Google的BT（BigTable）数据管理技术和Hadoop团队开发的开源数据管理模块HBase。由于云数据存储管理形式不同于传统的RDBMS数据管理方式，如何在规模巨大的分布式数据中找到特定的数据，也是云计算数据管理技术所必须解决的问题。同时，由于管理形式的不同造成传统的SQL数据库接口无法直接移植到云管理系统中来，目前一些研究在关注为云数据管理提供RDBMS

（Relational DataBase Management System）和 SQL 的接口，如基于 Hadoop 的子项目 HBase 和 Hive 等。另外，在云数据管理方面，如何保证数据安全性和数据访问高效性也是研究关注的重点问题之一。

4. 编程方式

云计算提供了分布式的计算模式，客观上要求必须有分布式的编程模式。云计算采用了一种思想简洁的分布式并行编程模型 MapReduce。MapReduce 是一种编程模型和任务调度模型，主要用于数据集的并行运算和并行任务的调度处理。在该模式下，用户只需要自行编写 Map 函数和 Reduce 函数即可进行并行计算。其中，Map 函数中定义各节点上的分块数据的处理方法；而 Reduce 函数则定义中间结果的保存方法以及最终结果的归纳方法。

5. 云计算平台管理技术

云计算资源规模庞大，服务器数量众多并分布在不同的地点，同时运行着数百种应用，如何有效地管理这些服务器，保证整个系统提供不间断的服务是巨大的挑战。云计算系统的平台管理技术能够使大量的服务器协同工作，方便地进行业务部署和开通，快速发现和恢复系统故障，通过自动化、智能化的手段实现大规模系统的可靠运营。

7.3.4 云计算的应用

较为简单的云计算技术已经普遍服务于现如今的互联网服务中，最为常见的就是网络搜索引擎和网络邮箱。例如，大家所熟知的 Google 和百度，在任何时刻，只要用移动终端就可以在搜索引擎上搜索任何自己想要的资源，通过云端共享数据资源。而网络邮箱也是如此，在过去，寄发一封邮件是一件比较麻烦的事情，同时也是很慢的过程，而在云计算技术和网络技术的推动下，电子邮箱成为了社会生活中的一部分，只要在网络环境下，就可以实现实时的邮件的寄发。

1. 存储云

存储云，又称云存储，是在云计算技术上发展起来的一个新的存储技术。云存储是一个以数据存储和管理为核心的云计算系统。用户可以将本地的资源上传至云端，可以在任何地方连入互联网来获取云端的资源。大家所熟知的 Google、Microsoft 等大型网络公司均有云存储的服务，在国内，百度云、阿里云和腾讯微云则是市场占有量最大的存储云。存储云向用户提供了存储容器服务、备份服务、归档服务和记录管理服务等，大大方便了使用者对资源的管理。

2. 医疗云

医疗云，是指在云计算、大数据、物联网等新技术基础上，结合医疗技术，使用云计算来创建医疗健康服务云平台，实现了医疗资源的共享和医疗范围的扩大。因为云计算技术的运用与结合，医疗云提高了医疗机构的效率，方便了居民就医。现在医院的预约挂号、电子病历、联网医保等都是云计算与医疗领域结合的产物，医疗云还具有数据安全、信息共享、动态扩展、布局全国的优势。

3. 金融云

金融云，是指利用云计算的模型，将信息、金融和服务等功能分散到庞大的分支机构构成的互联网"云"中，旨在为银行、保险和基金等金融机构提供互联网处理和运行服务，同时共享互联网资源,从而解决现有问题并且达到高效、低成本的目标。在 2013 年 11 月,阿里云整合阿里巴巴旗下资源并推出阿里金融云服务。另外,像苏宁金融、腾讯等企业均推出了自己的金融云服务。

4. 教育云

云计算在教育领域中的应用称为"教育云",教育云是未来教育信息化的基础架构,包括了教育信息化所需要的一切硬件计算资源,为教育领域提供云服务。具体地,教育云可以将所需要的任何教育硬件资源虚拟化,然后将其传入互联网中,以向教育机构和学生、教师提供一个方便快捷的平台。现在流行的慕课就是教育云的一种典型应用,如美国斯坦福大学两名计算机科学教授创办的 Coursera 网上开放课程;麻省理工学院和哈佛大学联手创建的 edX 大规模开放在线课堂平台;清华大学推出的中国大学 MOOC 平台——学堂在线。

7.4 物联网简介

物联网即"万物相连的互联网",是互联网基础上的延伸和扩展的网络,将各种信息传感设备与互联网结合起来而形成的一个巨大网络,实现在任何时间、任何地点,人、机、物的互联互通。

7.4.1 物联网的定义

1. 什么是物联网

物联网(Internet of things,IoT)的定义是通过射频识别(Radio Frequency Identification,RFID)、红外感应器、全球定位系统、激光扫描器等信息传感设备,按约定的协议,把任何物品与互联网相连接,进行信息交换和通信,以实现对物品的智能化识别、定位、跟踪、监控和管理的一种网络。

物联网是通信网和互联网的拓展应用和网络延伸,它利用感知技术与智能装置对物理世界进行感知识别,通过网络传输互联,进行计算、处理和知识挖掘,实现人与物、物与物的信息交互和无缝对接,达到对物理世界实时控制、精确管理和科学决策的目的。

2. 物联网技术架构

物联网技术架构主要分为 3 层,分别是感知层、网络层和应用层。

(1)感知层主要负责感知信息。作为物联网的核心,承担感知信息作用的传感器,一直是工业领域和信息技术领域发展的重点,传感器不仅感知信号、标识物体,还具有处理控制功能。

(2)网络层主要负责传输信息。传感器感知到基础设施和物品信息后,需要通过网络传输到后台进行处理。

(3)应用层主要负责处理信息。物联网概念下的信息处理技术有分布式协同处理、云计算、群集智能等。信息处理的目的是应用,例如,交通物联网的信息处理是为了分析大量数据,挖掘对百姓出行和交通管理有用的信息。

7.4.2 物联网的发展

物联网概念最早出现于比尔·盖茨 1995 年《未来之路》一书中,该书最早提及物联网概念,只是当时受限于无线网络、硬件及传感设备的发展,并未引起世人的重视。

我国中科院早在 1999 年就启动了传感网(物联网的别称)的研究,建立了一些适用的传感网。同年,在美国召开的移动计算和网络国际会议提出了,"传感网是下一个世纪人类面临的又一个发展机遇"。

2003 年,美国《技术评论》提出传感网络技术将是未来改变人们生活的十大技术之首。

2005 年 11 月 17 日,国际电信联盟(International Telecommunication Union,ITU)发布了《ITU 互联网报告 2005:物联网》,正式提出了"物联网"的概念。报告指出,无所不在的"物联网"通信时代即将来临,世界上所有的物体从轮胎到牙刷、从房屋到纸巾都可以通过 Internet 主动进行信息交换。射频识别技术、传感器技术、纳米技术、智能嵌入技术将得到更加广泛的应用。

根据 GSMA 统计数据显示,2010—2018 年全球物联网设备数量高速增长,复合增长率达 20.9%;2018 年,全球物联网设备连接数量高达 91 亿个。"万物互联"成为全球网络未来发展的重要方向,据 GSMA 预测,2025 年全球物联网设备(包括蜂窝及非蜂窝)联网数量将达到 252 亿个。

2017 年 1 月,工业和信息化部发布《信息通信行业发展规划物联网分册(2016—2020年)》,明确指出我国物联网加速进入"跨界融合、集成创新和规模化发展"的新阶段,并对各项指标制定了目标。从完成情况看,截至 2018 年 6 月,中国移动物联网连接数达到 3.8 亿,中国电信达到 7419 万,中国联通达到 8423 万,我国公众网络 M2M 连接数供给 5.4 亿,完成度达 31.76%。

截至 2019 年 6 月底,我国已经设立江苏无锡、浙江杭州、福建福州、重庆南岸区、江西鹰潭等 5 个物联网特色的新型工业化产业示范基地,主要分布在东部地区;按"十三五"期末达到 10 个物联网特色产业基地的既定目标,目前完成比例为 50%。

2019 年 6 月 26 日至 28 日,以"智联万物"为主题的世界移动大会(MWC19)在上海新国际博览中心举行。在政策、经济、社会、技术等因素的驱动下,GSMA 提出,2019—2022 年复合增长率为 9% 左右;预计到 2022 年,中国物联网产业规模将超过 2 万亿元。

7.4.3 物联网的关键技术

1. 射频识别技术

射频识别技术是一种简单的无线系统,由一个询问器(或阅读器)和很多应答器(或标签)组成。标签由耦合元件及芯片组成,每个标签具有扩展词条唯一的电子编码,附着在物体上标识目标对象,它通过天线将射频信息传递给阅读器,阅读器就是读取信息的设备。通过在各种产品和设备上贴上 RFID 标签,企业可以实时跟踪其库存和资产,从而实现更好的库存和生产计划以及优化的供应链管理。随着物联网应用的不断增加,射频识别继续巩固其在零售业中的地位,进而使智能货架、自助结账和智能镜子等物联网应用成为可能。

2. 传感器技术

信息采集是物联网的基础,而目前的信息采集主要是通过传感器、传感节点和电子标签等方式完成的。传感器可以采集大量信息,它是许多装备和信息系统必备的信息摄取手段。若无传感器对最初信息的检测、交替和捕获,所有控制与测试都不能实现。即使是最先进的计算机,若是没有信息和可靠数据,都不能有效地发挥其本身的作用。传感器作为一种检测装置,作为摄取信息的关键器件,由于其所在的环境通常比较恶劣,因此物联网对传感器技术提出了较高的要求。一是其感受信息的能力,二是传感器自身的智能化和网络化,传感器技术在这两方面应当实现发展与突破。

3. 网络与通信技术

作为给物联网提供信息传递和服务支撑的基础通道,通过增强现有网络通信技术的专业性与互联功能,以适应物联网低移动性、低数据率的业务需求,实现信息安全且可靠的传送,是当前物联网研究的一个重点。传感器网络通信技术主要包括广域网络通信和近距离通信两个方面。广域网络通信方面主要包括 IP 互联网、2G/3G/4G/5G 移动通信、卫星通信等技术;在近距离通信方面,则包含 ZigBee、自组网等近距离通信技术。

4. M2M 系统框架

M2M(Machine-to-Machine),是一种以机器终端智能交互为核心的、网络化的应用与服务,它将使对象实现智能化的控制。M2M 技术涉及 5 个重要的技术部分:机器、M2M 硬件、通信网络、中间件、应用。M2M 基于云计算平台和智能网络,可以依据传感器网络获取的数据进行决策,改变对象的行为进行控制和反馈。

5. 数据的挖掘与融合

从物联网的感知层到应用层,各种信息的种类和数量都成倍增加,需要分析的数据量也成级数增加,同时还涉及各种异构网络或多个系统之间数据的融合问题,如何从海量的数据中及时挖掘出隐藏信息和有效数据的问题,给数据处理带来了巨大的挑战,因此怎样合理、有效地整合、挖掘和智能处理海量的数据是物联网的难题。结合 P2P、云计算等分布式计算技术,成为解决以上难题的一个途径。

7.4.4 物联网的应用

物联网的应用领域涉及方方面面,在工业、农业、环境、交通、物流、安保等基础设施领域的应用,有效地推动了这些方面的智能化发展,使得有限的资源更加合理的使用和分配,从而提高了行业效率、效益。在家居、医疗健康、教育、金融与服务业、旅游业等与生活息息相关的领域的应用,从服务范围、服务方式到服务的质量等方面都有了极大的改进,大大提高了人们的生活质量;在涉及国防军事领域方面,虽然还处在研究探索阶段,但物联网应用带来的影响也不可小觑,大到卫星、导弹、飞机、潜艇等装备系统,小到单兵作战装备,物联网技术的嵌入有效提升了军事智能化、信息化、精准化,极大提升了军事战斗力,是未来军事变革的关键。下面仅介绍 3 种典型应用。

1. 智能交通

物联网技术在道路交通方面的应用比较成熟。随着社会车辆越来越普及,交通拥堵甚至瘫痪已成为城市的一大问题。对道路交通状况实时监控并将信息及时传递给驾驶人员,让驾驶人员及时做出出行调整,有效缓解了交通压力;高速路口设置道路自动收费系统(Electronic Toll Collection,ETC),免去进出口取卡、还卡的时间,提升车辆的通行效率;公交车上安装定位系统,能及时了解公交车行驶路线及到站时间,乘客可以根据搭乘路线确定出行,免去不必要的时间浪费。针对停车难的问题,不少城市推出了智慧路边停车管理系统,该系统基于云计算平台,结合物联网技术与移动支付技术,共享车位资源,提高车位利用率和用户的方便程度。

2. 智能家居

智能家居是物联网在家庭中的基础应用,随着宽带业务的普及,智能家居产品涉及方方面面。家中无人,可利用手机等产品客户端远程操作智能空调,调节室温,甚者还可以学习用户的使用习惯,从而实现全自动的温控操作,使用户在炎炎夏季回家就能享受到凉爽带来的惬意;通过客户端实现智能灯泡的开关、调控灯泡的亮度和颜色等;插座内置 WiFi,可实现遥控插座定时通断电流,甚至可以监测设备用电情况,生成用电图表让用户对用电情况一目了然,安排资源使用及开支预算;智能体重秤,监测运动效果,内置可以监测血压、脂肪量的先进传感器,内置程序根据身体状态提出健康建议;智能牙刷与客户端相连,提供刷牙时间、刷牙位置提醒,可根据刷牙的数据产生图表,口腔的健康状况;智能摄像头、窗户传感器、智能门铃、烟雾探测器、智能报警器等都是家庭不可少的安全监控设备,用户即使出门在外,也可在任意时间、任何地方查看家中任何角落的实时状况及任何安全隐患。看似烦琐的种种家居生活因为物联网变得更加轻松、美好。

3. 公共安全

近年来全球气候异常情况频发,灾害的突发性和危害性进一步加大,互联网可以实时监测环境的不安全性情况,提前预防、实时预警、及时采取应对措施,降低灾害对人类生命财产的威胁。美国布法罗大学早在 2013 年就提出研究深海互联网项目,通过将特殊处理的感应装置置于深海处,分析水下相关情况,海洋污染的防治、海底资源的探测、甚至对海啸也可以提供更加可靠的预警。该项目在当地湖水中进行实验,获得成功,为进一步扩大使用范围提供了基础。利用物联网技术可以智能感知大气、土壤、森林、水资源等方面各指标数据,对于改善人类生活环境发挥巨大作用。

7.5 本章小结

人工智能、物联网、大数据、云计算等新词常常充斥着人们的耳膜,它们并不是独立存在的名词,彼此之间存在着千丝万缕的联系。简言之,人工智能是学习层,大数据是挖掘层,云计算是承载层,物联网是数据的采集层。具体关系体现如下所示。

(1)大数据是人工智能的基石。目前的深度学习主要是建立在大数据的基础上,即对大数据进行训练,并从中归纳出可以被计算机运用在类似数据上的知识或规律。一旦缺乏数据或是少量数据以及数据准确性不足,学习算法是很难得出置信度高的结果的。

(2)云计算是人工智能和大数据的助推器。得益于云计算的发展,处理和挖掘大数据的能力才得以体现,离开云计算的大数据只能是纸上谈兵。反之,人工智能和大数据的发展需求,也将促进云计算的进一步提升。

(3)物联网为人工智能所需的大数据提供基本来源和保障。或者说正是在万物互联的理念下,各类产品的传感器会不断地将新数据上传至云端,这些数据的不断积累以及相互关联构成大数据,促进着大数据的发展,也促进着云技术的发展,同时也为人工智能的学习算法提供全面的支撑。

最后必须说明的是,计算机技术的发展日新月异,涌现的新技术也很多,人工智能、云计算、大数据和物联网技术也都包含范围极广泛,每种技术都可以独立编著一本书,甚或成立一门学科来细化知识和研究。而本章仅针对这几种技术做一个引导性的简介,如读者有兴趣,需深入查阅相关专业资料。

思 考 题 7

1. 机器学习、深度学习、强化学习、迁移学习各指什么?
2. 监督学习与非监督学习的区别?
3. 大数据是不是指数量很大的数据?
4. 云计算的特点是什么?
5. 谈谈物联网在人们生活中的应用实例。
6. 人工智能、物联网、大数据与云计算之间的关系?

参 考 文 献

［1］ 腾讯科学. 为什么人工智能（AI）如此难以预测？［EB/OL］.（2014-12-29）［2020-6-20］. https://tech. qq.com/a/20141229/006887.html.

［2］ 韩哲欣,谷国太,肖汉. 量子计算机的研究与应用［J］. 河南科学,2015,38（9）：1559-1563.

［3］ 任纪荣. 量子计算机的发展及应用前景［J］. 电子世界,2018,41（1）：97-99.

［4］ 李长云,蒋鸿,刘强. 大学计算机［M］. 北京：北京航空航天大学出版社,2013.

［5］ 李廉,王士弘. 大学计算机教程：从计算到计算思维［M］. 北京：高等教育出版社,2016.

［6］ 张亚玲. 大学计算机基础：计算思维初步［M］. 北京：清华大学出版社,2014.

［7］ JEANNETTE M W. Computational Thinking［C］//IEEE Symposium on Visual Languages and Human Centric Computing. Pittsburgh：IEEE,2006,49（3）：33-35.

［8］ 李德毅. 人工智能导论［M］. 北京：中国科学技术出版社,2018.

［9］ 徐洁磐. 人工智能导论［M］. 北京：机械工业出版社,2019.

［10］ 王万良. 人工智能导论［M］. 4 版. 北京：高等教育出版社,2017.

［11］ 杨正洪,郭良越,刘伟. 人工智能与大数据技术导论［M］. 北京：清华大学出版社,2019.

［12］ 伊恩·古德费洛,约书亚·本吉奥,亚伦·摩维尔. 深度学习［M］. 赵申剑,黎彧君,符天凡,等译. 北京：人民邮电出版社,2017.

［13］ 薛晓东,张立伟,薛飞. 大数据下公共服务的特点及趋势［J］.电子科技大学学报（社科版）,2015, 17（6）：1-4.

［14］ 王枫楠. 大数据和云计算在中国的发展研究［D］. 北京：对外经济贸易大学,2019.

［15］ 张建勋,古志民,郑超. 云计算研究进展综述［J］. 计算机应用研究,2010,27（2）：429-433.

［16］ 前瞻产业研究院. 2019 年物联网行业市场研究报告［R/OL］.（2019-8-19）［2020-6-20］. https:// bg.qianzhan.com/report/detail/1908191411410400.html.

图书资源支持

感谢您一直以来对清华版图书的支持和爱护。为了配合本书的使用，本书提供配套的资源，有需求的读者请扫描下方的"书圈"微信公众号二维码，在图书专区下载，也可以拨打电话或发送电子邮件咨询。

如果您在使用本书的过程中遇到了什么问题，或者有相关图书出版计划，也请您发邮件告诉我们，以便我们更好地为您服务。

我们的联系方式：

地　　址：北京市海淀区双清路学研大厦 A 座 714

邮　　编：100084

电　　话：010-83470236　010-83470237

客服邮箱：2301891038@qq.com

QQ：2301891038（请写明您的单位和姓名）

资源下载：关注公众号"书圈"下载配套资源。

资源下载、样书申请

书圈

获取最新书目

观看课程直播